Matemática Financeira Moderna

Dados Internacionais de Catalogação na Publicação (CIP)
(Câmara Brasileira do Livro, SP, Brasil)

Bueno, Rodrigo de Losso da Silveira.
Matemática financeira moderna / Rodrigo de Losso da Silveira Bueno, Armênio de Souza, José Carlos de Souza Santos. – São Paulo : Cengage Learning, 2021.

1. reimpr. da 1. ed. de 2011.
Bibliografia.
ISBN 978-85-221-0983-8

1. Matemática financeira I. Souza, Armênio. II. Santos, José Carlos Souza. III. Título.

10-12942   CDD-650.01513

Índice para catálogo sistemático:

1. Matemática Financeira   650.01513

Matemática Financeira Moderna

Rodrigo De Losso da Silveira Bueno
*Professor Doutor do Departamento de Economia da
Faculdade de Economia, Administração e Contabilidade da USP*

Armênio de Souza Rangel
Professor Doutor do Escola de Comunicações e Artes da USP

José Carlos de Souza Santos
*Professor Doutor do Departamento de Economia da
Faculdade de Economia, Administração e Contabilidade da USP.*

Austrália • Brasil • México • Cingapura • Reino Unido • Estados Unidos

Matemática Financeira Moderna
Rodrigo De Losso da Silveira Bueno,
Armênio de Souza Rangel e José Carlos de
Souza Santos

Gerente Editorial: Patricia La Rosa

Editora de Desenvolvimento: Gisela Carnicelli

Supervisora de Produção Editorial: Fabiana Alencar Albuquerque

Copidesque: Bel Ribeiro

Revisão: Henrique Z. de Sá e Cristiane Mayumi Morinaga

Diagramação: Casa Editorial Maluhy & Co.

Capa: Ale Gustavo

© 2011 Cengage Learning Edições Ltda.

Todos os direitos reservados. Nenhuma parte deste livro poderá ser reproduzida, sejam quais forem os meios empregados, sem a permissão, por escrito, da Editora. Aos infratores aplicam-se as sanções previstas nos artigos 102, 104, 106 e 107 da Lei nº 9.610, de 19 de fevereiro de 1998.

Esta editora empenhou-se em contatar os responsáveis pelos direitos autorais de todas as imagens e de outros materiais utilizados neste livro. Se porventura for constatada a omissão involuntária na identificação de algum deles, dispomo-nos a efetuar, futuramente, os possíveis acertos.

A editora não se responsabiliza pelo funcionamento dos links contidos neste livro que possam estar suspensos.

Para informações sobre nossos produtos, entre em contato pelo telefone **0800 11 19 39**

Para permissão de uso de material desta obra, envie seu pedido para
direitosautorais@cengage.com

© 2011 Cengage Learning. Todos os direitos reservados.

ISBN-13: 978-85-221-0983-8
ISBN-10: 85-221-0983-4

Cengage Learning
Condomínio E-Business Park
Rua Werner Siemens, 111 – Prédio 11 – Torre A – Conjunto 12
Lapa de Baixo – CEP 05069-900 – São Paulo – SP
Tel.: (11) 3665-9900 – Fax: (11) 3665-9901
SAC: 0800 11 19 39

Para suas soluções de curso e aprendizado, visite
www.cengage.com.br

Impresso no Brasil
Printed in Brazil
1. reimpr. – 2021

Para Ana Rúbia Boueri
Para Zenaide, Rita e Ana
Para Fábio, Ricardo e Júlia

Prefácio

Há muitos compêndios sobre matemática financeira no mercado. Sendo assim, o assunto não é novo de forma alguma. Então, por que mais um livro sobre esse tema? Sua razão está na firme crença dos autores de que, apesar das numerosas opções disponíveis, a apresentação do conteúdo não deixa de ser um lugar-comum, variando muito pouco a didática, mas quase nunca a profundidade e a abrangência dos assuntos tratados. Além disso, não trazem novas interpretações. Nós acreditamos, portanto, que nossa inovação está na forma diferenciada de tratar os assuntos. Essa forma tem a intenção de fazer o estudante de matemática financeira pensar mais profundamente os conceitos que são estudados, seu significado e suas implicações. Em nossa concepção, isso não só faz aprender mais e aplicar melhor os conceitos, como também prepara o estudioso, se for seu desejo, a alçar voos mais altos e abordar assuntos daí derivados mais facilmente.

A par disso, a primeira inovação que apresentamos é comparar os resultados da matemática financeira tradicional – pela qual o período de capitalização é espaçado, descontínuo ou discreto, realizado ao mês, ao semestre ou ao ano – com os resultados de uma matemática financeira pela qual a capitalização é contínua, como acontece em uma infinidade de modelos econômicos, particularmente os do mercado financeiro. Em alguns casos, os resultados obtidos são mais expressivos do que no caso tradicional, e geram uma intuição mais aguda sobre o conceito. Em paralelo, nossas demonstrações são mais elegantes e simples, se comparadas a outros livros.

Outra inovação a que nos propomos é a interpretação da taxa interna de retorno e valor presente líquido, relacionada a uma mensuração de risco via *payback*, *duration* e índice de Sharpe. Integramos esses conceitos de uma forma mais lógica e precisa, gerando interpretações alternativas sobre o assunto.

De modo geral, as partes mais complexas, em que discutimos matemática financeira em tempo contínuo, não precisam ser estudadas desde o início, pois demandam algum conhecimento de cálculo em nível de primeiro ano do ensino superior. Porém, havendo este conhecimento prévio, o estudante poderá beneficiar-se dos resultados daí derivados. De qualquer forma, indicamos com um (*) as partes que podem ser dispensadas da primeira leitura.

Além dos numerosos exercícios, inovamos também em relação a outros livros no que diz respeito aos recursos complementares existentes na página do livro no site da Editora Cengage. Há material apropriado para os estudantes e para professores. No primeiro caso, provemos um conjunto de ferramentas usando o Excel, como gráficos e calculadoras, espelhando os assuntos tratados no livro. Essas ferramentas poderão ser usadas por qualquer pessoa, desde que os autores sejam devidamente citados. Os gráficos ajudam a compreender melhor o assunto, pois são feitos de forma a relacionar as diversas variáveis sobre as quais aprendemos. Os professores poderão ter acesso ao gabarito do livro em Excel, com respostas usando as funções construídas neste programa e, conjuntamente, usando as fórmulas aprendidas no livro. Além disso, também terão acesso a arquivos PowerPoint, que refletem os assuntos de cada capítulo. Poderão, então, adaptar esses arquivos às suas necessidades.

Propomos, ao longo do livro, alguns estudos de caso, cujas respostas encontram-se também no site da editora. São estudos de casos reais, baseados na experiência dos autores do livro, com o devido sigilo preservado. Por isso, os números não são de fato os que aconteceram, mas representam fielmente a ideia dos estudos.

O livro serve como texto para cursos em Economia, Administração, Contabilidade, Engenharia, Matemática, Estatística, e mesmo para aqueles que quiserem aprender sozinhos Matemática Financeira. Além disso, acreditamos que profissionais do mercado financeiro, peritos judiciais, assistentes técnicos e advogados poderão beneficiar-se do conteúdo que expomos.

Rodrigo De Losso agradece à FAPESP e ao CNPq pelos auxílios concedidos, e que ajudaram na concepção do livro.

Os autores agradecem às inúmeras contribuições de seus alunos ao longo dos anos. Em particular, agradecem pela assistência de pesquisa de Hector M. Terceros, Hyun I. Ra, Marcela Mello, João M. V. B. Garcia e Larissa S. M. Lago. Não obstante, os erros permanecem sendo de nossa exclusiva responsabilidade. Por essa razão, antecipadamente agracedemos a quem nos alertar para eles ou enviar sugestões e críticas para o e-mail delosso@usp.br.

Finalmente, observamos que este livro é uma versão consideravelmente modificada do outro livro dos autores sobre o mesmo assunto.

Sumário

1 Regimes de Capitalização 1
   1.1 Juros 1
   1.2 Capitalização periódica a juros simples e compostos 5
       1.2.1 *Capitalização periódica a juros simples* 5
       1.2.2 *Capitalização periódica a juros compostos* 9
       1.2.3 *Utilização da HP–12C* 12
   1.3 Capitalização instantânea a juros compostos* 15
       1.3.1 *Juros contínuos* 15
       1.3.2 *Equivalência entre juros compostos e contínuos* . 19
       1.3.3 *Proporcionalidade de taxas de juros contínuos* .. 19
       1.3.4 *Taxa de juros variável* 21
       1.3.5 *Aproximação entre função discreta e contínua* .. 22
   1.4 Inconsistência do regime de juros simples 23
   1.5 Principais conceitos 26
   1.6 Formulário 26
   1.7 Leituras sugeridas 27
   1.8 Exercícios 28

2 Séries Finitas de Pagamentos Discretos com Capitalização Periódica 31
   2.1 Introdução 31
   2.2 Soma dos termos de uma progressão geométrica 32
   2.3 Série uniforme 33
       2.3.1 *Série vencida* 33
       2.3.2 *Série antecipada* 38

2.4	Séries com pagamentos variáveis	40
	2.4.1 *Utilização da HP–12C*	41
2.5	Série em progressão aritmética	42
	2.5.1 *Série gradiente crescente*	42
	2.5.2 *Série gradiente decrescente*	44
	2.5.3 *Série com valor inicial diferente da razão*	46
2.6	Série em progressão geométrica	47
2.7	Principais conceitos	50
2.8	Formulário	50
2.9	Leituras sugeridas	51
2.10	Exercícios	51
	Estudo de caso	54

3 Séries Finitas de Pagamentos com Capitalização Instantânea* — 55

3.1	Séries discretas com capitalização instantânea	55
	3.1.1 *Série uniforme postecipada*	55
	3.1.2 *Série uniforme antecipada*	57
	3.1.3 *Série em progressão aritmética: gradiente crescente*	58
	3.1.4 *Série em progressão aritmética: gradiente decrescente*	59
	3.1.5 *Série em progressão aritmética: valor inicial diferente da razão*	60
	3.1.6 *Série em progressão geométrica*	61
3.2	Séries contínuas	63
	3.2.1 *Série uniforme*	63
	3.2.2 *Série em progressão aritmética crescente*	64
	3.2.3 *Série em progressão aritmética decrescente*	66
	3.2.4 *Série em progressão geométrica*	68
3.3	Principais conceitos	69
3.4	Formulário	69
3.5	Leituras sugeridas	70
3.6	Exercícios	71

4 Séries Infinitas ou Perpetuidades — 75

4.1	Introdução	75
4.2	Séries discretas com capitalização periódica	76
	4.2.1 *Série uniforme*	76
	4.2.2 *Série em progressão aritmética: gradiente crescente*	77
	4.2.3 *Série em progressão aritmética: gradiente decrescente*	77
	4.2.4 *Série em progressão geométrica*	78
4.3	Séries discretas com capitalização instantânea	79
	4.3.1 *Série uniforme*	79
	4.3.2 *Série gradiente crescente*	80
	4.3.3 *Série geométrica*	81

4.4	SÉRIES CONTÍNUAS*	82
	4.4.1 *Série uniforme*	82
	4.4.2 *Série gradiente crescente*	83
	4.4.3 *Série geométrica*	84
4.5	AVALIAÇÃO DE PREÇOS DE AÇÕES	85
4.6	PRINCIPAIS CONCEITOS	86
4.7	FORMULÁRIO	86
4.8	LEITURAS SUGERIDAS	87
4.9	EXERCÍCIOS	88

5 Amortização de Dívidas 91

5.1	INTRODUÇÃO	91
5.2	SISTEMA AMERICANO	92
5.3	SISTEMA FRANCÊS, OU *Price*	94
	5.3.1 *Equações do sistema* Price	95
	5.3.2 *Fluxos acumulados*	97
	5.3.3 *Utilização da HP–12C*	99
5.4	SISTEMA HAMBURGUÊS, OU *SAC*	101
	5.4.1 *Equações do sistema SAC*	102
	5.4.2 *Fluxos acumulados*	103
5.5	COMPARAÇÃO ENTRE O SISTEMA *Price* E *SAC*	106
5.6	SISTEMA ALEMÃO*, OU *SAP*	108
	5.6.1 *Introdução*	108
	5.6.2 *Taxa de juros efetiva e taxa do sistema alemão*	111
	5.6.3 *Equações do sistema alemão*	112
	5.6.4 *Fluxos acumulados*	113
	5.6.5 *Comparando os sistemas SAC, PRICE e SAP*	115
5.7	PRINCIPAIS CONCEITOS	115
5.8	FORMULÁRIO	116
5.9	LEITURAS SUGERIDAS	117
5.10	EXERCÍCIOS	117
	ESTUDO DE CASO	120

6 Análise de Investimentos 121

6.1	INTRODUÇÃO	121
6.2	TAXA INTERNA DE RETORNO – *TIR*	122
	6.2.1 *Definição*	122
	6.2.2 *Unicidade da taxa interna de retorno*	124
	6.2.3 *Dinâmica da TIR**	127
	6.2.4 *Método Newton–Raphson**	130
	6.2.5 *Utilização da HP–12C*	132
6.3	TAXA INTERNA DE RETORNO MODIFICADA – *TIRM*	133

6.4 VALOR PRESENTE LÍQUIDO – *VPL* 135
    6.4.1 *Utilização da HP–12C* 137
6.5 ÍNDICE DE RENTABILIDADE 138
6.6 PROJETOS ALTERNATIVOS OU EXCLUDENTES 140
    6.6.1 *Diferentes escalas* 142
    6.6.2 *Diferentes ciclos de vida* 143
6.7 ANÁLISE DE RISCO 146
    6.7.1 Payback *simples ou contábil* 146
    6.7.2 Payback *descontado* 148
    6.7.3 *Duration* 150
    6.7.4 *Índice de Sharpe* 151
6.8 PRINCIPAIS CONCEITOS 153
6.9 FORMULÁRIO 153
6.10 LEITURAS SUGERIDAS 154
6.11 EXERCÍCIOS 155

7 Formas de Cotar a Taxa de Juros 159
7.1 INTRODUÇÃO 159
7.2 TAXA DE JUROS E CONTAGEM DE DIAS: CONVENÇÕES 160
7.3 NÚMERO DE DIAS ENTRE DIFERENTES DATAS 162
    7.3.1 *Utilização da HP–12C* 162
7.4 EQUIVALÊNCIA ENTRE AS DIFERENTES CONVENÇÕES 163
7.5 TAXA DE JUROS NOMINAL E EFETIVA 165
7.6 TAXA DE JUROS REAL E NOMINAL 166
    7.6.1 *Capitalização periódica* 166
    7.6.2 *Capitalização instantânea** 168
    7.6.3 *Fluxos de caixa e inflação* 170
7.7 PERPETUIDADES E INFLAÇÃO 172
7.8 TABELA *Price* 173
7.9 PRINCIPAIS CONCEITOS 176
7.10 FORMULÁRIO 177
7.11 LEITURAS SUGERIDAS 178
7.12 EXERCÍCIOS 178
ESTUDO DE CASO 181

8 Aplicações Financeiras 183
8.1 INTRODUÇÃO 183
8.2 MERCADOS DOMÉSTICOS DE TÍTULOS DE RENDA FIXA 184
    8.2.1 *Mercado de títulos públicos – open market* 184
    8.2.2 *Mercados de títulos privados* 192
    8.2.3 *Mercado entre instituições financeiras e o público em geral* 194

8.3	MERCADO INTERNACIONAL DE TÍTULOS DE RENDA FIXA		201
	8.3.1	Eurobonds	201
8.4	PRINCIPAIS CONCEITOS		203
8.5	FORMULÁRIO		204
8.6	LEITURAS SUGERIDAS		205
8.7	EXERCÍCIOS		205

9 Operações de Crédito 209

9.1	INTRODUÇÃO		209
9.2	COBRANÇA DO *IOF*		209
	9.2.1	*Uma única prestação: base mensal*	210
	9.2.2	*Uma única prestação: base diária*	212
	9.2.3	*IOF sobre pagamentos periódicos*	212
9.3	OPERAÇÕES DE CRÉDITO A PESSOAS FÍSICAS		216
	9.3.1	*Crédito direto ao consumidor*	216
	9.3.2	*Crédito pessoal*	217
9.4	OPERAÇÕES DE CRÉDITO A PESSOAS JURÍDICAS		217
	9.4.1	*Operações de* hot-money	217
	9.4.2	*Capital de giro*	218
	9.4.3	*Desconto de duplicatas*	219
9.5	PRINCIPAIS CONCEITOS		223
9.6	FORMULÁRIO		224
9.7	LEITURAS SUGERIDAS		225
9.8	EXERCÍCIOS		225
	ESTUDO DE CASO		228

Índice Remissivo 229

Capítulo 1

REGIMES DE CAPITALIZAÇÃO

1.1 Juros

As pessoas são impacientes no sentido de que preferem consumir tanto quanto puderem no presente. Uma possível razão para isso é a finitude da vida. Assim, confrontadas entre consumir hoje e consumir amanhã, elas escolherão consumir hoje, a menos que sejam recompensadas por postergar o consumo presente. Essa recompensa, em geral, significa consumir mais no futuro. Por exemplo, a utilidade de consumir 5 maçãs hoje é maior do que consumir as mesmas 5 maçãs amanhã. Dito de outra forma, o valor do consumo futuro é descontado, de tal sorte a ser menor hoje do que o consumo presente de uma mesma quantidade de bens.

Quem empresta certa quantia de dinheiro sacrifica o consumo presente de bens e, por esse sacrifício, exige uma recompensa ou prêmio auferido pelo recebimento de juros. Os juros significam, portanto, uma recompensa ou um prêmio pela espera. Só estamos dispostos a adiar nossos planos de consumo se pudermos aumentar suficientemente nosso consumo no futuro.[1] Por sua vez, quem toma dinheiro emprestado está disposto a pagar um prêmio para aumentar seu consumo presente de bens ou investir num negócio que lhe proporcionará retornos compensatórios no futuro.

Portanto, em cada momento do tempo ocorre uma transferência intertemporal de poder de compra entre os agentes econômicos – pessoas, empresas e governo – em função de suas preferências ou necessidades intertemporais. Numa economia monetária, com um mercado financeiro sofisticado, essa transferência de poder de compra assume as mais variadas formas contratuais: títulos, ações, empréstimos etc.

---

1. O fenômeno dos juros independe da existência ou não da inflação. Ou seja, a taxa de juros é sempre positiva, pois é um prêmio para induzir as pessoas com capital a substituir o consumo presente de bens pelo consumo futuro. Na presença de inflação, o conceito de taxa de juros deve ser redefinido. Até o Capítulo 6 não será considerado o fenômeno da inflação.

Suponha, por exemplo, que uma quantia de $ 100.00[2] seja emprestada por determinado período, e que proporcione, ao final desse período, uma recompensa, um juro de $ 20.00.

Seja $P = 100$ o *principal*, o *valor aplicado* ou o *valor presente*; $J = 20$, os *juros* ou *prêmio pela espera*; e $S = 120$, o *montante*, o *valor acumulado*, o *valor capitalizado* ou o *valor futuro*. Ao final do período considerado, o valor aplicado, ou principal, é acrescido dos juros. Portanto, podemos escrever:

$$S = P + J = 100 + 20. \tag{1.1}$$

Normalmente, os juros são expressos em relação ao principal por meio da taxa de juros (i), que pode ser cotada em termos decimais ou, mais usualmente, em percentuais.

$$i = \frac{juros}{principal} = \frac{J}{P} \Rightarrow i = \frac{J}{P} \times 100\%. \tag{1.2}$$

Portanto, podemos escrever:

$$J = iP. \tag{1.3}$$

Substituindo (1.3) em (1.1), obtemos:

$$S = P(1 + i).$$

Logo, no exemplo considerado, a taxa de juros é dada por

$$i = \frac{20}{100} = 0.2 \text{ ou } 20\%$$

e o montante da aplicação é igual a

$$S = 100(1 + 0.2) = 120.$$

Em nosso exemplo, a taxa de juros é de 20% no intervalo de tempo considerado. Se esse intervalo for de um ano, a taxa de juros é de 20% *ao ano*. Ou seja, num prazo de um ano, ganhar-se-ia a quantia de $ 20.00 para cada $ 100.00 aplicados. A remuneração é sempre relativa a determinado intervalo de tempo: ano, mês, dia. Assim, parece ser bastante simples a expressão da taxa de juros: percebe-se determinada quantia de dinheiro em determinado intervalo de tempo.

No entanto, há várias formas e convenções utilizadas pelo mercado financeiro para expressar a taxa de juros que, muitas vezes, introduzem inúmeras confusões e desencontros, pois "a lógica e a prática dos negócios nem sempre estão de acordo" [1]. A primeira

---

2. Não há necessidade de especificar a moeda em que são feitas as contas, dada a universalidade do assunto. Por isso, usa-se apenas o símbolo $ para denotar valor.
Seguindo o padrão da maioria das calculadoras, programas matemáticos e planilhas de cálculo, propositadamente usa-se o ponto para separar os decimais dos inteiros. Eventualmente, usa-se a vírgula para separar milhares de milhões, conforme o padrão inglês. Isso deve facilitar a aprendizagem.

dificuldade diz respeito ao número de dias contidos em um ano. Normalmente, a taxa de juros é expressa ou cotada ao ano. A convenção mais utilizada considera um ano fictício de 360 dias, significando 12 meses de 30 dias. Nesse caso, o *juro* é dito *comercial* ou *ordinário*. No entanto, certas aplicações financeiras consideram o ano com 365 dias. Nesse caso, o *juro* é dito *exato*. Portanto, quando se anuncia a taxa de juros anual, deve-se investigar qual a convenção utilizada.

> **Nota 1.1**
> Apesar da existência de diferentes convenções, é sempre possível estabelecer a equivalência entre elas.

Outra dificuldade diz respeito ao tipo de dia a ser considerado na cotação da taxa de juros, que sempre se refere a dias corridos, pois é um prêmio por se adiar o consumo presente de bens. A cada momento do tempo, estamos substituindo consumo presente por consumo futuro, seja em dias úteis, feriados ou finais de semana. Não tem sentido, portanto, considerar uma taxa de juros apenas por dia útil. No Brasil, há certas aplicações financeiras que só recebem remuneração por dia útil. De fato, neste país, ao se considerar uma taxa por dia útil, convenciona-se o ano com 252 dias, ou seja, 12 meses de 21 dias úteis. De novo, como se trata de uma simples convenção, é sempre possível estabelecer a equivalência com a taxa de juros por dias corridos. Por sua vez, nos demais países, a taxa de juros é sempre cotada com referência aos dias corridos.

> **Nota 1.2**
> Por facilidade de exposição, até o Capítulo 6, sempre será considerada uma taxa de juros por dias corridos, considerando-se o ano com 360 dias. No Capítulo 7, serão estudadas outras convenções e a equivalência entre elas.

Como visto, a taxa de juros mede a disposição das pessoas em adiar o consumo presente de bens. Se a taxa de juros estiver baixa, é provável que grande parte dos indivíduos prefira não adiar o consumo presente. Por sua vez, uma taxa de juros mais elevada deve estimular a poupança. Para determinada taxa de juros, as pessoas poderão poupar ou gastar sua renda em função de suas preferências intertemporais. Portanto, deve existir uma taxa de juros que torne as pessoas indiferentes entre consumo e poupança, isto é, que faça a equivalência entre consumo presente e futuro. Dessa forma, pode-se dizer que a taxa de juros estabelece a equivalência entre diferentes quantias de dinheiro em diferentes instantes do tempo. Em nosso exemplo, consumir $ 100.00 hoje é equivalente a consumir $ 120.00 daqui a um ano. Consequentemente, o dinheiro possui diferentes valores no tempo e, como decorrência, não podemos somar quantias de dinheiro de diferentes datas sem os ajustes devidos.

Exemplo 1.1

Um capital de $ 1000.00 é aplicado durante um ano a uma taxa de juros anual de 50%. Obter o montante e os juros recebidos ao final desse período.

$$P = 1000; \quad i_{aa} = 50\%; \quad S = ?; \quad J = ?$$

Aplicando a fórmula do valor futuro:

$$S = 1000(1 + 0.5) = 1500.$$

Quanto aos juros:

$$J = 0.5 \times 1000 = 500 \text{ ou } J = 1500 - 1000 = 500.$$

Exemplo 1.2

Um capital de $ 10000.00 rendeu, após um ano de aplicação, o montante de $ 25000.00. Qual a taxa de juros anual recebida nessa aplicação?

$$S = 25000; \quad P = 10000; \quad i = ?$$

Aplicando a fórmula do montante:

$$25000 = 10000(1 + i).$$

E, isolando a taxa de juros, obtemos:

$$i = \frac{S}{P} - 1 = \frac{25000}{10000} - 1 = 1.5 \text{ ou } 150\%.$$

Exemplo 1.3

Uma aplicação rendeu, após um ano, o montante de $ 600000.00, a uma taxa de juros de 50%. Calcular o valor aplicado.

$$S = 600000; \quad i = 50\%; \quad P = ?$$

Aplicando a fórmula do montante:

$$600000 = P(1 + 0.5).$$

E, isolando o valor do principal, obtemos:

$$P = \frac{S}{(1 + i)} = \frac{600000}{(1 + 0.5)} = 400000.$$

1.2 Capitalização periódica a juros simples e compostos

Não é incomum que o capital emprestado seja pago antes da data (futura) inicialmente acordada. Se isso acontecer, é preciso calcular o valor a ser pago, considerando que nessa situação os juros devidos são menores, ante o encurtamento do prazo de pagamento. Daí surge a necessidade da capitalização periódica dos juros.

Há dois tipos usuais de convenções acerca da remuneração do dinheiro: juros simples e juros compostos. No primeiro caso, a taxa de juros incide sobre o valor do principal. No segundo, os juros são incorporados ao principal sobre o qual incide novamente a taxa de juros. Portanto, os juros devidos também rendem juros, ou seja, os juros são capitalizados.[3]

No mundo dos negócios, a capitalização dos juros, isto é, sua incorporação ao principal, é feita sempre de forma periódica. Os juros só são devidos e incorporados ao principal no final do período de capitalização, ou período de pagamento de juros, que pode ser de um ano, de um mês, de um dia. Em alguns casos práticos, pode ser conveniente considerar, também, a situação em que os juros são incorporados ao principal de forma instantânea, ou seja, pagam-se juros compostos num período de capitalização que é um infinitésimo de tempo.[4] Nesse caso, juros compostos capitalizados de forma instantânea recebem o nome de juros contínuos.

1.2.1 Capitalização periódica a juros simples

Na capitalização simples, a taxa de juros incide somente sobre o principal. Portanto, os juros devidos por período são sempre iguais a iP, e o montante aumenta sempre sobre essa mesma quantia a cada período. Como decorrência, o montante cresce linearmente com o tempo, como em uma progressão aritmética.

Considere um capital aplicado durante n períodos de capitalização, sendo i a taxa de juros simples por período de capitalização. Por definição, o montante acumulado ao final de n períodos de capitalização é igual ao capital aplicado mais o total de juros recebidos J_n. Logo, podemos escrever:

$$S = P + J_n. \qquad (1.4)$$

Os juros devidos por período incidem somente sobre o principal, $J = iP$, de modo que, ao final de n períodos de capitalização, os juros acumulados serão iguais a:

$$J_n = \underbrace{iP + iP + \cdots + iP}_{n \text{ vezes}} = n \times i \times P. \qquad (1.5)$$

> **Nota 1.3**
> Observe que somamos juros recebidos em diferentes datas sem incorporar um prêmio. Essa operação só pode ser feita quando se tratar de juros simples, pois não há incidência de juros sobre juros.

---

3. A incidência de juros sobre juros é também denominada anatocismo, em linguagem jurídica.
4. A capitalização contínua é muito utilizada na matemática de mercados futuros e de opções.

Substituindo (1.5) em (1.4), obtemos a fórmula da capitalização a juros simples, sendo o termo entre parênteses denominado fator acumulação de capital:

$$S = P + i \times n \times P = P(1 + i \times n).$$

Na capitalização periódica, o montante permanece constante, e os juros só são incorporados ao principal no final de cada período de capitalização ou de pagamento de juros.

> **Nota 1.4**
> Se o principal for sacado antes do vencimento do período de capitalização, o depositante não terá direito aos juros daquele período, ou seja, os juros só são incorporados ao principal na data de aniversário da aplicação.

A fórmula do montante é suficiente para se resolver qualquer problema de juros simples, bastando, para tanto, lançar mão de operações algébricas muito simples. Se quisermos, por exemplo, determinar o valor presente, tendo como dados o valor futuro (em geral esperado), o prazo total[5] e a taxa de juros, basta isolar o valor do principal na fórmula do montante, obtendo-se:

$$P = \frac{S}{(1 + i \times n)}.$$

De forma semelhante, pode-se derivar uma fórmula para a taxa de juros e para o prazo da aplicação, lembrando que não se trata de uma nova expressão. De fato, é desnecessário derivar múltiplas versões da mesma fórmula. Por essa razão, vamos lançar mão apenas da fórmula do montante na solução de qualquer problema de juros simples e, por meio de operações algébricas básicas, encontrar as soluções para as várias situações práticas possíveis.

Exemplo 1.4
Um capital de $ 500000.00 é aplicado a juros simples pelo período de 3 anos a uma taxa de juros anual de 12%. Obter os juros recebidos e o montante.

$$P = 500000; \quad i_{aa} = 12\%; \quad S = ?; \quad J = ?$$

Aplicando a fórmula do montante, obtemos:

$$S = 500000(1 + 0.12 \times 3) = 680000.$$

Sendo os juros dados por

$$J = 500000 \times 0.12 \times 3 = 180000.$$

Ou

$$J = 680000 - 500000 = 180000.$$

---

5. Isso não vale para prazos intermediários, como ficará claro na seção sobre inconsistência de juros simples. Por isso a necessidade de prazo total.

Exemplo 1.5

Uma aplicação rendeu, após 3 anos, o montante de $ 250000.00, a uma taxa de juros anual de 25%. Calcular o valor aplicado.

$$S = 250000; \quad i_{aa} = 25\%; \quad n = 3; \quad P = ?$$

Aplicando a fórmula do montante:

$$250000 = P(1 + 0.25 \times 3)$$

e isolando o valor de P, obtemos:

$$P = \frac{S}{(1 + i \times n)} = \frac{250000}{(1 + 0.25 \times 3)} = 142857.14.$$

Na dedução da fórmula do montante a juros simples, considerou-se que o *período da taxa de juros é sempre igual ao de capitalização* ou ao de pagamento de juros. Ou seja, se a taxa de juros é anual, então o período de capitalização também deve ser anual. Como decorrência, nessa fórmula, o número n de períodos pertence ao conjunto dos Números Naturais.[6] No entanto, na maioria das situações práticas, o período da taxa de juros não coincide, necessariamente, com o de capitalização. Normalmente, a taxa de juros é sempre cotada ao ano, e necessitamos obter a taxa de juros equivalente para um subperíodo. Assim, para contemplar todas as situações em que o período da taxa de juros não coincide com o período de capitalização, na fórmula do montante, devemos considerar o número n de períodos como pertencente ao conjunto dos Números Racionais, ou seja, o conjunto dos números fracionários.

Nos exemplos já apresentados, o período de capitalização sempre coincidiu com o da taxa de juros. Vejamos, agora, a situação em que o período da taxa de juros é maior que o período de capitalização.

Exemplo 1.6

Suponha que $ 100.00 tenham sido aplicados por um período de 7 meses a uma taxa de juros de 12% *ao ano*, com capitalização mensal. Como calcular o montante ao final do sétimo mês de aplicação?

Como o montante cresce linearmente com o tempo, a taxa de juros é linearmente proporcional ao tempo. Dessa forma, se a taxa de juros anual é 12%, a taxa de juros mensal será 1%, e a taxa acumulada ao final de 7 meses será 7%. Portanto, o montante, ao final de 7 meses, será dado por:

$$P = 100; \quad i_{am} = 1\%; \quad n = 7.$$

---

6. Conjunto dos Números Naturais: $\mathbb{N} = \{1, 2, 3, ..., n\}$.

Assim:
$$S = 100(1 + 0.01 \times 7) = 100 + 7 = 107.$$

Logo, sob o regime de juros simples, a taxa de juros de 1% ao mês é equivalente à taxa de juros de 12% ao ano. Assim, se aplicarmos $ 100.00 a uma taxa de juros anual de 12%, obteremos, após 12 meses de capitalização, $ 112.00. Logo, podemos escrever:

$$i_{aa} = 12 \times i_{am} \Rightarrow i_{am} = \frac{i_{aa}}{12}.$$

Nota 1.5
Em juros simples, taxas proporcionais são sempre equivalentes.

Podemos generalizar esse resultado observando que *duas taxas de juros são ditas equivalentes quando, aplicadas a um mesmo capital, produzem o mesmo montante no mesmo período de tempo.*

Sendo i_t a taxa de juros referente a um determinado período, tal que $t > k$, $k \in \mathbf{N}$; o número de períodos de capitalização contidos no período de tempo t; e i_k a taxa de juros referente a cada período de capitalização, então pode-se escrever:

$$(1 + i_t) = (1 + k \times i_k) \Rightarrow i_t = k \times i_k \quad \text{e} \quad i_k = \frac{i_t}{k}.$$

Exemplo 1.7
Calcular a taxa de juros mensal, bimestral e semestral, sabendo-se que a taxa de juros anual é 10%.

$$i_{am} = \frac{0.10}{12} = 0.83\%; \quad i_{ab} = \frac{0.10}{6} = 1.67\%; \quad i_{as} = \frac{0.10}{2} = 5\%.$$

Exemplo 1.8
Calcular a taxa de juros bimestral, semestral e anual, sabendo-se que a taxa de juros mensal é 1.5%.

$$i_{ab} = 0.015 \times 2 = 3\%.$$
$$i_{as} = 0.015 \times 6 = 9\%.$$
$$i_{aa} = 0.015 \times 12 = 18\%.$$

Exemplo 1.9
Um capital de $ 200000.00 é aplicado a juros simples pelo período de 3 anos e meio, a uma taxa de juros anual de 12%. Obter os juros recebidos e o montante.

$$P = 200000; \quad n = 3.5 \text{ anos ou } 42 \text{ meses}; \quad i_{aa} = 12\%; \quad J = ?$$

Então, calcula-se

$$i_{am} = \frac{0.12}{12} = 0.01.$$

Aplicando a fórmula do montante, obtemos:

$$S = 200000(1 + 0.01 \times 42) = 284000.$$

Sendo os juros dados por

$$J = 284000 - 200000 = 84000.$$

1.2.2 Capitalização periódica a juros compostos

Em juros compostos, a taxa de juros incide sobre o principal acrescido de juros, ou seja, os juros também rendem juros, e o montante cresce exponencialmente com o tempo, como em uma progressão geométrica. Considere um capital aplicado durante n períodos de capitalização, sendo i a taxa de juros por período.

Por definição, podemos escrever:

$$S = P + J_n,$$

em que J_n representa os juros acumulados após n períodos.

Ao final do 1º período de capitalização, o montante será dado pela expressão:

$$S_1 = P + iP = P(1 + i).$$

A segunda parcela iP representa os juros referentes ao primeiro período.

Supondo que a taxa de juros seja a mesma em todos os períodos subsequentes, o montante, ao final do 2º período, será dado pela expressão:

$$S_2 = P(1 + i) + i \times P(1 + i) = P(1 + i)^2.$$

Note que os juros acumulados até o segundo período são $P \times i + i \times P(1+i) = P \times i(2+i)$. E, naturalmente, tornam a fórmula bem mais complicada à medida que se acumulam mais períodos. De qualquer forma, repetindo a operação para os demais períodos, obtemos após n períodos:

$$S \equiv S_n = P(1 + i)^n. \tag{1.6}$$

Nota 1.6
Pode-se observar que essa fórmula foi deduzida considerando o período da taxa de juros coincidente com o período de capitalização. Portanto, há um número inteiro de períodos de capitalização, isto é, n pertence ao conjunto dos números naturais.

Da mesma forma que nos juros simples, pode-se expressar o valor presente como função do valor futuro, da taxa de juros e do período de capitalização:

$$P = \frac{S}{(1 + i)^n}.$$

A partir dessa fórmula, podemos construir um gráfico para ver qual a relação entre valor presente e taxa de juros, e comparar os resultados entre juros simples e compostos. Há duas perguntas a responder: primeira, o que acontece com o valor presente de um montante a ser recebido no futuro se a taxa de juros aumenta? Segunda, que tipo de capitalização desconta mais o mesmo valor presente, a capitalização a juros simples ou a capitalização a juros compostos?

A Figura (1.1) mostra que, para $n = 10$ e $S = \$ 100$, uma taxa de 5% representa um valor presente de \$ 60, no caso de juros compostos; e um valor maior que esse, no caso de juros simples, representado pela linha tracejada. Disso se conclui que a capitalização composta à mesma taxa resulta num valor presente menor que a capitalização a juros simples. De fato, fixando qualquer outra taxa, pode-se ver que o valor presente gerado pelos juros simples é maior que o gerado pelos juros compostos.

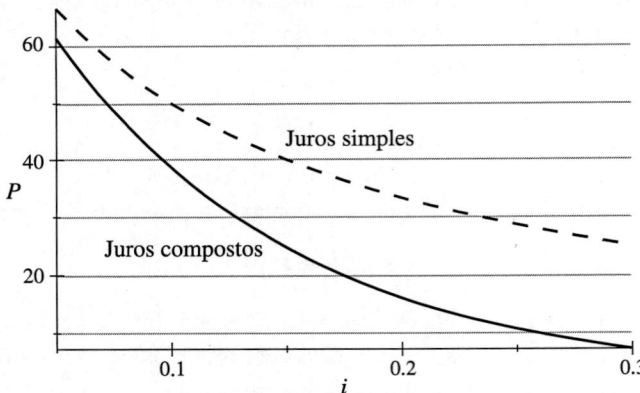

Figura 1.1 Valor presente capitalizado a juros simples e compostos: $n = 10$, $S = 100$. A linha tracejada representa juros simples; a cheia, juros compostos.

Observa-se também que a relação entre valor presente e juros é inversa, decaindo conforme os juros aumentam. No gráfico, é possível ver, por exemplo, que a uma taxa de juros de 30% com capitalização composta, o montante de \$ 100 vale algo menor que \$ 10. Pelas fórmulas, é possível ver também que juros compostos e simples se equivalem quando $n = 0$ ou $n = 1$.

> **Nota 1.7**
> Se fizéssemos o gráfico de P como função dos períodos, n, sua configuração no eixo horizontal da Figura (1.1) seria idêntica, somente substituindo i por n no eixo horizontal.

Na maioria das situações, o período da taxa de juros não coincide com o de capitalização. O período de capitalização pode ser uma fração do da taxa de juros, e vice-versa. Para contemplar todas essas situações, fazemos o número de períodos, n, pertencer ao conjunto dos Números Racionais. Da mesma forma que em juros simples, pode-se proceder à conversão de taxas para que o período de capitalização coincida com o período da taxa de juros.

Exemplo 1.10
Suponha que $ 100.00 tenham sido aplicados por um período de 7 meses, com uma taxa de juros compostos de 12% ao ano, com capitalização mensal. Como calcular o montante ao final do sétimo mês de aplicação?

Se as taxas de juros anual e mensal são equivalentes, ou seja, produzem o mesmo montante no mesmo período de tempo, então podemos escrever:

$$(1 + i_{aa}) = (1 + i_{am})^{12}.$$

Portanto, dada a taxa de juros anual, podemos obter a taxa de juros mensal equivalente por meio da seguinte expressão:

$$i_{am} = (1 + i_{aa})^{\frac{1}{12}} - 1.$$

No exemplo considerado, a taxa de juros mensal será:

$$i_{am} = (1 + 0.12)^{\frac{1}{12}} - 1 = 0.949\%.$$

Por sua vez, podemos também deduzir a taxa de juros anual tendo sido dada a taxa de juros mensal:

$$i_{aa} = (1 + i_{am})^{12} - 1.$$

Em nosso exemplo, a taxa de juros anual será:

$$i_{am} = (1 + 0.00949)^{12} - 1 = 12\%.$$

Sendo i_t a taxa de juros referente a determinado período de tempo, tal que $t > k$; k o número de períodos de capitalização contidos no período de tempo t; e i_k a taxa de juros referente a cada período de capitalização, podemos escrever:

$$(1 + i_t) = (1 + i_k)^k \Rightarrow i_k = \left[(1 + i_t)^{\frac{1}{k}} - 1\right] \text{ e } i_t = (1 + i_k)^k - 1. \quad (1.7)$$

Exemplo 1.11
Portanto, no exemplo considerado, o montante, ao final de 7 meses de capitalização, com uma taxa de juros anual de 12% será:

$$P = 100; \quad i_{aa} = 12\%.$$

$$S = 100(1 + 0.12)^{\frac{7}{12}} = 106.83.$$

Considere, agora, que a mesma quantia tenha sido aplicada pelo período de 3 anos e meio, a uma taxa de juros de 12% ao ano. Como calcular o montante ao final desse período? Primeiro, observe que 3.5 anos equivale a 42 meses. Assim:

$$S = 100(1 + 0.12)^{\frac{42}{12}} = 148.68.$$

1.2.3 Utilização da HP–12C

A calculadora *HP–12C* tornou-se uma máquina padrão em termos de mercado financeiro. Por essa razão, serão apresentadas suas funções financeiras. A *HP* adota a seguinte nomenclatura:

FV: valor futuro ou montante (S);
PV: capital, valor presente ou valor atual (P);
i: taxa de juros; e
n: número de períodos de capitalização.

A *HP*, bem como a maioria das calculadoras financeiras, adota a convenção de que se o *PV* é negativo, então o *FV* deverá ser positivo, e vice-versa. Podemos, por exemplo, escolher o *PV* como negativo.

$-PV$	FV	i	n

Exemplo 1.12
Um capital de $ 100000.00 é aplicado pelo período de 6 meses, a uma taxa de juros mensal de 2%. Calcular o montante.

$$P = 100000; \quad i_{am} = 2.0\%; \quad n = 6; \quad S = ?$$

Aplicando a fórmula do montante, obtemos:

$$S = 100000(1 + 0.02)^6 = 112616.24.$$

Resolução na *HP–12C*. Insira o valor presente com sinal negativo e pressione *PV*. Depois, insira a taxa de juros, em termos percentuais, e pressione *i*. Insira o número de períodos e pressione *n*. Finalmente, pressione *FV* para saber o montante.

$-PV$	FV	i	n
-100000	?	2	6

Exemplo 1.13
Qual o principal que, aplicado a uma taxa de juros de 10% ao ano, produz um montante de $ 5000.00 após 10 anos?

$$P = ?; \quad i_{aa} = 10.0\%; \quad n = 10; \quad S = 5000.$$

Aplicando a fórmula do montante:

$$5000 = P(1 + 0.10)^{10}.$$

E, isolando o valor de P, obtemos:

$$P = \frac{5000}{(1 + 0.10)^{10}} = 1927.72.$$

Resolução na *HP–12C*:

$-PV$	FV	i	n
?	5000	2	6

Exemplo 1.14
Uma aplicação de $ 500000.00 rendeu, após 6 meses, o montante de $ 550000.00. Calcular a taxa de juros mensal.

$$P = 500000; \quad i = ?; \quad n = 6; \quad S = 550000.$$

Aplicando a fórmula do montante:

$$550000 = 500000(1 + i)^6.$$

E, isolando o valor de i, obtemos:

$$i = \left(\frac{550000}{500000}\right)^{\frac{1}{6}} - 1 = 1.60\%.$$

Resolução na *HP–12C*:

$-PV$	FV	i	n
500000	550000	?	6

Exemplo 1.15
Durante quanto tempo um capital de $ 100000.00 deve ser aplicado a uma taxa de juros anual de 10% para que produza um montante de $ 177156.10?

$$P = 100000; \quad i = 10.0\%; \quad n = ?; \quad S = 177156.10.$$

Aplicando a fórmula do montante:

$$177156.10 = 100000(1 + 0.10)^n.$$

E, isolando o valor de n, obtemos:

$$n = \frac{\ln(177156.10)}{\ln(1.1000000)} = 6.$$

Resolução na *HP–12C*:[7]

$-PV$	FV	i	n
100000	177156.10	10	?

Podemos também utilizar a *HP* para fazer conversão de taxa de juros, em vez de usar a função exponencial. Para tanto, devemos observar que um capital igual a 1 rende, após n períodos de capitalização, o montante de $S = (1 + i)^n$. Logo, podemos escrever:

$$S = (1 + i_{am})^{12} = (1 + i_{aa}) \Rightarrow i_{aa} = \left[(1 + i_{am})^{12} - 1\right]$$

ou

$$i_{am} = (1 + i_{aa})^{\frac{1}{12}} - 1.$$

Portanto, para achar a taxa de juros equivalente, basta fazer $PV = 1$.

Exemplo 1.16
Achar a taxa de juros mensal equivalente à taxa de juros anual de 19.4%.

$$i_{am} = (1 + 0.194)^{\frac{1}{12}} - 1 = 1.49\%.$$

Resolução na *HP–12C*:

$-PV$	FV	i	n
1	1.194	?	12

Exemplo 1.17
Encontrar a taxa de juros anual equivalente à taxa de juros mensal de

$$1.5\% \, i_{aa} = (1 + 0.015)^{12} - 1 = 19.56\%.$$

Resolução na *HP–12C*:

$-PV$	FV	i	n
1	1.015	?	1/12

---

7. Se o resultado não for inteiro, a *HP* o arredonda para o próximo inteiro.

1.3 Capitalização instantânea a juros compostos*

1.3.1 Juros contínuos

Na capitalização periódica, os juros devidos são creditados somente ao final de cada período de capitalização. O montante cresce a cada intervalo discreto do tempo, que pode ser de um ano, um mês, um dia, uma hora. Chama-se a isso também *capitalização discreta*. Na capitalização instantânea, os juros são creditados a cada intervalo infinitesimal do tempo e, como decorrência, o montante cresce continuamente com o tempo. Juros contínuos são juros compostos – juros rendem juros – pagos em cada intervalo infinitesimal do tempo, ou seja, juros compostos com *capitalização instantânea ou contínua*. Da mesma forma que na capitalização periódica, na instantânea consideramos que a taxa de juros contínuos permanece constante ao longo do tempo, isto é, a taxa de juros compostos por infinitésimo é constante.

Em juros compostos, o montante é dado pela função:

$$S = P(1 + i), \text{ tal que } t \in \mathbf{Q} \tag{1.8}$$

em que **Q** é o conjunto dos Números Racionais.

Pelo fato de a capitalização ser periódica, ou seja, os juros serem creditados em intervalos discretos do tempo, fazemos t pertencer ao conjunto dos Números Racionais. A taxa de juros compostos representa a variação discreta do montante, $\frac{\Delta S}{S}$, por intervalo discreto do tempo:

$$i = \frac{\Delta S}{S} \times \frac{1}{\Delta t},$$

em que o símbolo Δ representa a variação.

A taxa de juros contínuos consiste na variação infinitesimal do montante, $\frac{dS}{S}$, num intervalo infinitesimal do tempo:

$$i = \frac{dS}{S} \frac{1}{dt}.$$

Na Equação (1.8), se fizermos t pertencer ao conjunto dos Números Reais, a função passa a ser contínua em t. A taxa de juros instantânea pode ser encontrada fazendo-se o *intervalo discreto* de tempo tender a um infinitésimo na capitalização periódica. Portanto, podemos escrever:

$$r = \lim_{\Delta t \to 0} \frac{\Delta S}{S} \frac{1}{\Delta t} = \lim_{\Delta t \to 0} \frac{P(1+i)^{t+\Delta t} - P(1+i)^t}{P(1+i)^t \Delta t} = \lim_{\Delta t \to 0} \frac{(1+i)^{\Delta t} - 1}{\Delta t}.$$

Aplicando a regra de L'Hôpital,[8] e simplificando, obtemos:

$$r = \lim_{\Delta t \to 0} (1+i)^{\Delta t} \ln(1+i) = \ln(1+i). \tag{1.9}$$

---

8. Por essa regra, quando um quociente é impróprio, significando que 0 divide 0, ou ∞ divide ∞, o limite dessa função é igual ao limite da derivada do numerador dividido pela derivada do denominador.

> **Nota 1.8**
> Na Equação (1.9), a taxa contínua é dada como função da taxa discreta.

A equação também poderia ser obtida derivando-se o montante com relação ao tempo:[9]

$$\frac{dS}{dt} = P(1+i)^t \ln(1+i).$$

Dividindo ambos os lados pelo montante, obtemos:

$$\frac{dS}{dt}\frac{1}{S} = \ln(1+i). \qquad (1.10)$$

Confrontando (1.9) e (1.10), concluímos que:

$$r = \ln(1+i) \Rightarrow (1+i) = e^r. \qquad (1.11)$$

Substituindo (1.11) em (1.8), obtemos a fórmula do montante com capitalização instantânea:

$$S = P(1+i)^t = Pe^{rt} \text{ para } t \in \mathbb{R}. \qquad (1.12)$$

Como prova de que a taxa contínua nessa fórmula indica a variação infinitesimal do montante num intervalo infinitesimal do tempo, basta derivar o montante com relação ao tempo:

$$\frac{dS}{dt} = rPe^{rt}.$$

Dividindo ambos os membros por S obtemos:

$$\frac{dS}{dt}\frac{1}{S} = \frac{rPe^{rt}}{Pe^{rt}} = r.$$

> **Nota 1.9**
> Observe que, pela Equação (1.12), tanto faz aplicar o capital P por determinado período de tempo à taxa discreta i ou à taxa contínua r, haja vista que os montantes ao final desse período discreto de capitalização serão iguais.

> **Nota 1.10**
> A capitalização contínua e discreta *à mesma taxa* gera resultados diferentes.

Para verificar o fato da observação anterior, observe que o valor presente no caso contínuo é dado pela seguinte expressão:

---
9. Por definição, o resultado do limite é exatamente a derivada da função.

$$P = \frac{S}{e^{r \times t}}.$$

Com isso, podemos confrontar a capitalização composta discreta e contínua para ver qual gera o valor presente menor, quando ambas são capitalizadas à mesma taxa.

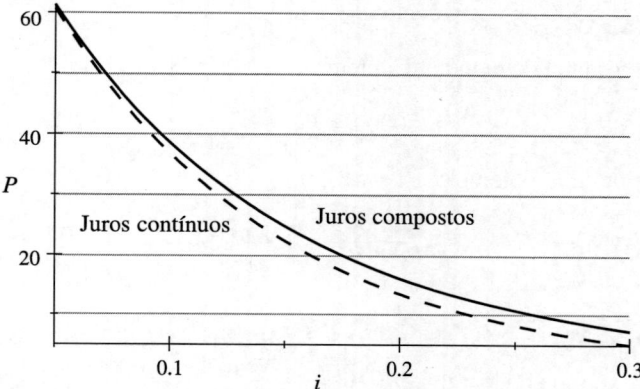

Figura 1.2 Valor presente capitalizado em períodos discreto e contínuo: $n = t = 10$, $S = 100$. A linha tracejada representa capitalização contínua; a cheia, capitalização discreta.

Observa-se na Figura (1.2) que os juros contínuos geram um valor presente menor que os juros compostos, semelhante à comparação entre juros compostos discretos e juros simples discretos.

Nota 1.11
Pela Equação (1.12), verifica-se que a taxa contínua r pode estar cotada em qualquer unidade de tempo, como ao ano, isto é, $t = 1$ ano. A unidade de tempo de expressão da taxa de juros é a mesma da variável t. Na capitalização instantânea, sendo o período de capitalização um infinitésimo de tempo, é impossível expressá-la nessa unidade. Por essa razão, ela é sempre cotada com relação a um período discreto do tempo, sendo o resultado final da soma de infinitas capitalizações de uma taxa infinitesimal num dado período.

Exemplo 1.18
Um capital de $ 15000.00 é aplicado durante 2 anos e meio, a uma taxa de juros contínuos 1.5% ao mês. Calcular o montante acumulado nesse período.

$$P = 15000; \quad t = 2.5 \text{ anos} = 30 \text{ meses}; \quad r_{am} = 1.5\%; \quad S = ?$$

Aplicando a fórmula do montante, obtemos:

$$S = 15000 e^{0.015 \times 30} = 23524.68.$$

Exemplo 1.19
Calcular o valor atual de um montante de $ 250000.00 aplicado a uma taxa contínua de 5% ao mês durante 5 anos.

$$S = 250000; \quad t = 5 \text{ anos} = 60 \text{ meses}; \quad r_{am} = 5\%; \quad P = ?$$

Aplicando a fórmula do montante, obtemos:

$$250000 = Pe^{0.05 \times 60}.$$

e, isolando o valor de P, obtemos:

$$P = \frac{250000}{e^{0.05 \times 60}} = 12446.77.$$

Exemplo 1.20
Um capital de $ 500000.00 é aplicado pelo período de 2 anos, à taxa contínua de 5% ao semestre. Calcular o montante acumulado.

$$P = 500000; \quad t = 2 \text{ anos} = 24 \text{ meses}; \quad r_{am} = 5.0\%; \quad S = ?$$

Aplicando a fórmula do montante, obtemos:

$$S = 500000 e^{0.05 \times 24} = 610701.38.$$

Exemplo 1.21
Qual o valor atual de um montante de $ 100000.00 aplicado, durante 2 anos, a uma taxa contínua de 1.5% ao mês?

$$S = 100000; \quad t = 2 \text{ anos} = 24 \text{ meses}; \quad r_{am} = 1.5\%; \quad P = ?$$

Aplicando a fórmula do montante, obtemos:

$$100000 = Pe^{0.015 \times 24}.$$

e isolando o valor de P, obtemos:

$$P = \frac{100000}{e^{0.015 \times 24}} = 69767.63.$$

Exemplo 1.22
Calcular a taxa de juros contínuos mensal contínua que, aplicada a um capital de $ 100000.00, produz um montante de $ 350000.00 após 3 anos.

$$P = 100000; \quad t = 3 \text{ anos} = 36 \text{ meses}; \quad S = 350000; \quad r_{am} = ?$$

Aplicando a fórmula do montante:

$$350000 = 100000 e^{r \times 36}.$$

e isolando o valor de r, obtemos:

$$r = \frac{1}{36} \ln\left(\frac{350000}{100000}\right) = 3.48\% \text{ ao mês}.$$

Exemplo 1.23
Calcular o tempo de aplicação de um capital de $ 150000.00 que, aplicado a uma taxa contínua de 2% ao mês com capitalização contínua, produz um montante de $ 600000.00.

$$P = 150000; \quad r_{am} = 2.0\%; \quad S = 600000; \quad t = ?$$

Aplicando a fórmula do montante:

$$600000 = 150000 e^{0.02 \times t},$$

e isolando o valor de t, aplicando o logaritmo, temos:

$$t = \frac{1}{0.02} \ln\left(\frac{600000}{150000}\right) = 69.31 \text{ meses}.$$

1.3.2 Equivalência entre juros compostos e contínuos

Tomando logaritmo de ambos os lados na Equação (1.12), obtemos a equivalência entre taxa discreta e taxa contínua, observando que a contínua equivalente é sempre menor.[10]

$$r = \ln(1 + i) \Longrightarrow e^r = 1 + i.$$

Portanto, se a taxa de juros contínuos é 10%, então a taxa de juros compostos equivalente será:

$$i = e^{0.10} - 1 = 0.105 \text{ ou } 10.5\%.$$

Se a taxa de juros compostos for 10%, então a taxa de juros contínuos será:

$$r = \ln(1 + 0.10) = 0.095 \text{ ou } 9.5\%.$$

1.3.3 Proporcionalidade de taxas de juros contínuos

Já vimos que a taxa de juros contínuos é sempre cotada com relação a um período discreto

---

10. Pela expansão de Taylor da função e^r, e dado que $r > 0$, podemos escrever:

$$e^r = 1 + r + \frac{r^2}{2!} + \frac{r^3}{3!} + \cdots = 1 + i \Rightarrow r \leq i.$$

do tempo, que pode ser um ano, um mês, um dia. Como fazemos conversão de taxas na capitalização instantânea entre esses subperíodos?

Suponha, por exemplo, uma taxa de juros contínuos anual de 12%. Qual a taxa de juros mensal equivalente? Devemos encontrar a taxa equivalente, ou seja, a taxa que produz o mesmo montante no mesmo período. Se as taxas de juros anual e mensal são equivalentes, então os montantes acumulados no mesmo período de tempo devem ser iguais:

$$Pe^{r_{aa}} = Pe^{12 \times r_{am}}.$$

Como decorrência, a relação entre taxa de juros anual e mensal é dada de forma proporcional, como em juros simples:

$$r_{aa} = 12 \times r_{am} \text{ e } r_{am} = \frac{r_{aa}}{12}.$$

Logo, teremos:

$$r_{am} = \frac{0.12}{12} = 0.01.$$

Como se pode observar, quando a capitalização é instantânea, taxas equivalentes são sempre linearmente proporcionais. Assim, se a taxa de juros contínuos anual é 12%, então a taxa mensal é 1%. Se a taxa de juros mensal é 2%, então a taxa anual é 24%. Essa é uma propriedade da capitalização instantânea, em que a taxa de juros acumulada é obtida pela soma das taxas de juros parciais:

$$e^r = e^{r_1} e^{r_2} \cdots e^{r_n} = e^{r_1 + r_2 + \cdots + r_n}.$$

Portanto:

$$r = r_1 + r_2 + \cdots + r_n. \tag{1.13}$$

Considerando a taxa de juros constante por período de capitalização, $\bar{r}$, então a taxa acumulada pela Equação (1.13) será dada por:

$$r = n\bar{r}. \tag{1.14}$$

Sendo r_t a taxa de juros contínuos referente a determinado período t; k o número de períodos subsequentes contidos no período de tempo t; e r_k a taxa de juros contínuos referente a cada subperíodo de tempo, podemos generalizar e escrever:

$$r_t = k r_k \Rightarrow r_k = \frac{r_t}{k}.$$

Do ponto de vista prático, a capitalização periódica diária é uma boa aproximação da capitalização instantânea. Como se pode observar no exemplo a seguir, os resultados obtidos são muito próximos.

Exemplo 1.24

Seja uma taxa de juros anual de 6%. A taxa diária pela capitalização periódica é dada por:

$$i = (1 + 0.06)^{\frac{1}{360}} - 1 = 0.0162\%.$$

Pela capitalização instantânea, obtemos:

$$i = \frac{0.06}{360} = 0.0167\%.$$

O resultado da Equação (1.14) também pode ser obtido supondo r cctada com relação a um período infinitesimal do tempo. A taxa instantânea acumulada num período discreto do tempo será dada pela integral definida de zero a r:

$$r = \int_0^n \bar{r}dt = \bar{r}\int_0^n dt = |_0^n \bar{r}t = \bar{r}n - \bar{r}0 = \bar{r}n. \qquad (1.15)$$

Exemplo 1.25
Calcular a taxa de juros contínuos mensal, bimestral e semestral, sabendo-se que a taxa anual é 10%.

$$r_{am} = \frac{0.10}{12} = 0.83\%; \quad r_{ab} = \frac{0.10}{6} = 1.67\%; \quad r_{as} = \frac{0.10}{2} = 5\%.$$

Exemplo 1.26
Calcular a taxa de juros contínuos bimestral, semestral e anual, sabendo-se que a taxa mensal é 1.5%.

$$r_{ab} = 0.015 \times 2 = 3\%; \quad r_{as} = 0.015 \times 6 = 9\%; \quad r_{aa} = 0.015 \times 12 = 18\%.$$

1.3.4 Taxa de juros variável

Sempre consideramos, tanto na capitalização periódica quanto na instantânea, a taxa de juros por período de capitalização constante. No entanto, podemos relaxar essa hipótese e fazê-la variável no tempo. Se a capitalização é periódica com taxa de juros simples variável, então o montante será dado por:

$$S = P[1 + (i_1 + i_2 + \cdots + i_n)] = P\left[1 + \sum_{t=1}^{n} i_t\right].$$

Exemplo 1.27
Qual o montante acumulado, ao final de 3 meses, de uma aplicação no valor de $ 15000.00, sabendo-se que a taxa de juros simples é 1.0%, 1.5% e 1.3% nos próximos três meses?

$$S = 15000\,[1 + (0.01 + 0.015 + 0.013)] = 15570.00.$$

Se a capitalização é periódica, com taxa de juros compostos variável, o montante será dado por:

$$S = P(1 + i_1)(1 + i_2)\cdots(1 + i_n) = P\prod_{t=1}^{n}(1 + i_t).$$

Exemplo 1.28
Considere que, no exemplo anterior, a taxa de juros é composta. Qual o montante acumulado após três meses?

$$S = 15000(1 + 0.01)(1 + 0.015)(1 + 0.013) = 15577.15.$$

Se a capitalização é instantânea, e a taxa de juros contínuos varia em intervalos discretos do tempo, então teremos:

$$S = Pe^{r_1+r_2+\cdots+r_n} = Pe^{\sum_{t=1}^{n}r_t}.$$

Exemplo 1.29
Suponha que, em relação ao exemplo anterior, as taxas sejam contínuas ao mês.

$$S = 15000e^{(0.01+0.015+0.013)} = 15580.97.$$

Se a capitalização é instantânea, e a taxa de juros contínuos varia em intervalos infinitesimais do tempo, então teremos:

$$S = Pe^{\int_0^t r(t)dt}. \tag{1.16}$$

Nesse caso, para encontrar a fórmula do montante, devemos resolver essa integral. Para tanto, deve-se especificar como a taxa contínua varia no tempo. Podemos definir, por exemplo, uma função matemática determinística que relaciona ambas as variáveis ou admitir que a taxa de juros tenha um comportamento estocástico no tempo. Este último caminho envolve, no entanto, um grau de complexidade dos modelos matemáticos bem maior do que foi visto até agora, fugindo ao escopo deste livro.[11]

1.3.5 Aproximação entre função discreta e contínua

A equivalência entre capitalização periódica e instantânea é dada pela equivalência das taxas contínua e discreta, de sorte que $r = \ln(1 + i)$. Ou seja, tanto faz aplicar-se a uma taxa de juros compostos de 10% quanto a uma taxa de juros contínuos de 9.5%, haja vista que o montante, após certo período, será o mesmo. No entanto, podemos entender esses dois modelos como tendo diferentes taxas de crescimento, o que equivale a responder à

---

[11]. O Capítulo 8 do livro de Tuckman (1995) [5] constitui uma boa introdução ao assunto.

seguinte questão: em que medida podemos substituir o modelo discreto pelo contínuo? Em outras palavras, em que medida o modelo contínuo pode ser usado, sem fazer a conversão de taxas, em substituição ao modelo discreto?

Se a taxa de juros for pequena, então o montante acumulado após certo período será muito próximo nos dois modelos. Se considerarmos, por exemplo, 12 períodos de capitalização, teremos os seguintes montantes, considerando-se uma taxa de juros de 0.5% por período:

Modelo discreto: $S = 100(1 + 0.005)^{12} = 106.17$

Modelo contínuo: $S = 100 \times e^{0.005 \times 12} = 106.18$.

Como se pode observar, os montantes são muito próximos quando calculados pelos dois modelos, se a taxa de juros por período de capitalização for pequena. Isso acontece devido a uma propriedade dos logaritmos: se x for suficientemente pequeno, então $\ln(1 + x) \cong x$. Portanto, o modelo contínuo é uma boa aproximação para o modelo discreto, quando esse for o caso.

1.4 Inconsistência do regime de juros simples

Em juros compostos, é sempre válida a seguinte igualdade:

$$S = P(1 + i)^n = P(1 + i)^{n_1 + n_2} = P(1 + i)^{n_1}(1 + i)^{n_2}.$$

Ou seja, se aplicarmos $ 100.00, por exemplo, a uma taxa de juros mensal de 2%, obteremos, após um ano, o montante de $ 126.82. Se adotarmos uma segunda estratégia, aplicando a mesma quantia por um período de 6 meses, à mesma taxa de juros e, posteriormente, voltarmos a aplicar o montante acumulado por mais 6 meses, obteremos, ao final de um ano, o mesmo montante de $ 126.82. Dessa forma, as duas estratégias são equivalentes, ou seja, produzem o mesmo montante, no mesmo prazo, com a mesma taxa de juros.

Isto não ocorre em regime de juros simples, por causa da seguinte diferença:

$$S = P(1 + i \times n) = P[1 + i(n_1 + n_2)] \neq P(1 + i \times n_1)(1 + i \times n_2).$$

Ou seja, se aplicarmos $ 100.00, por exemplo, a uma taxa de juros mensal de 2%, obteremos, após um ano, o montante de $ 124.00. Se aplicarmos a mesma quantia por um período de 6 meses, à mesma taxa de juros e, posteriormente, voltarmos a aplicar esse montante por mais 6 meses, obteremos, ao final de um ano, um montante que é maior do que o que seria obtido caso tivéssemos aplicado os $ 100.00 pelo prazo de um ano.

Portanto, essas duas estratégias de investimento não são equivalentes; apesar de o prazo e a taxa de juros serem os mesmos, os montantes obtidos não são iguais. *Em regime de juros simples, não se pode fracionar o prazo da aplicação, ou seja, o prazo não é cindível.* Quer dizer, a formação do montante e, consequentemente, do valor atual, não é cindível. Quando a capitalização é composta, não existe esse problema, pois a capitalização por juros compostos possui a propriedade de cindibilidade do prazo.

24 *Matemática Financeira Moderna*

A diferença se deve ao fato de que o capital aplicado e resgatado ao final de 6 meses incorpora os juros da aplicação. Quando esse montante é reaplicado por mais 6 meses, à mesma taxa de juros simples, ocorre a incidência de juros sobre juros. Na primeira estratégia, a taxa de juros segue sempre incidindo sobre o capital inicial. No exemplo considerado, ao final dos 6 primeiros meses, a aplicação deverá produzir o montante de $ 112.00 que, reaplicado novamente por mais 6 meses à mesma taxa, deverá produzir um montante de $ 125.44.

Podemos determinar a discrepância, D, entre essas duas estratégias de investimento como sendo:

$$D = P(1 + in_1)(1 + in_2) - P[1 + i(n_1 + n_2)].$$

Desenvolvendo, obtemos:

$$D = Pi^2 n_1 n_2 = (Pin_1)in_2.$$

Podemos observar que Pin_1 é o juro obtido no 1º período da aplicação, que, multiplicado por in_2, nos dá o quanto de juros renderam no 2º período os juros obtidos no primeiro período. Logo, a discrepância se deve à incidência de juros sobre juros. Assim, no regime de juros simples, o conceito de equivalência de capitais fica prejudicado, dependendo do prazo definido para a aplicação. No limite, o regime de juros simples é inconsistente, pois o investidor fugiria de prazos mais longos para outros mais curtos. Suponha que o prazo mínimo de aplicação seja de um mês, a uma taxa de juros simples de 2% ao mês. Ninguém emprestaria recursos pelo prazo de um ano a essa taxa mensal, pois não haveria incidência de juros sobre juros.

Exemplo 1.30

Suponha que a quantia de $ 200.00 seja aplicada por um período de 5 meses, à taxa de juros simples de 10% ao mês. Após 5 meses, teremos o montante acumulado de:

$$S = 200(1 + 0.10 \times 5) = 300.$$

Suponha, no entanto, que, ao final do 3º mês, a quantia aplicada seja resgatada. Qual o montante acumulado nesse período?

$$S = 200(1 + 0.10 \times 3) = 260. \qquad (1.17)$$

Qual o valor atual, ao final do 3º mês, da quantia que seria resgatada após 5 meses de aplicação?

$$P = \frac{300}{(1 + 0.10 \times 2)} = 250. \qquad (1.18)$$

Convém aqui mostrar o gráfico (Figura 1.3).

Como se pode observar, as quantias das Equações (1.17) e (1.18) são diferentes. Diferente do regime de juros compostos, em regime de juros simples o princípio da equivalência dos capitais diferidos não é válida, ou seja:

$$200(1 + 0.10 \times 3) \neq \frac{300}{(1 + 0.10 \times 2)}. \quad (1.19)$$

Para que o princípio da equivalência dos capitais fosse válido, essas duas quantias deveriam ser iguais, o que é uma impossibilidade, pois, ao desenvolver a Equação (1.19), obtemos:

$$\frac{200(1 + 0.10 \times 3)(1 + 0.10 \times 2)}{(1 + 0.10 \times 2)} \neq \frac{200(1 + 0.10 \times 5)}{(1 + 0.10 \times 2)}.$$

Portanto, a discrepância se deve ao fato de que:

$$200(1 + 0.10 \times 3)(1 + 0.10 \times 2) \neq 200(1 + 0.10 \times 5).$$

Podemos formalizar o argumento de inconsistência de outra forma, equivalente e esclarecedora. No caso de juros simples, sabemos que o montante acumulado obedece à seguinte regra:

$$S_t = P(1 + it), t = 1, 2, \ldots, n.$$

Alternativamente, se soubermos o montante acumulado no último período, podemos encontrar seu valor presente a cada instante de tempo, segundo a regra:

$$P_t = \frac{S}{[1 + i(n - t)]}.$$

A consistência acontece quando vale a seguinte relação:

$$S_t = P_t.$$

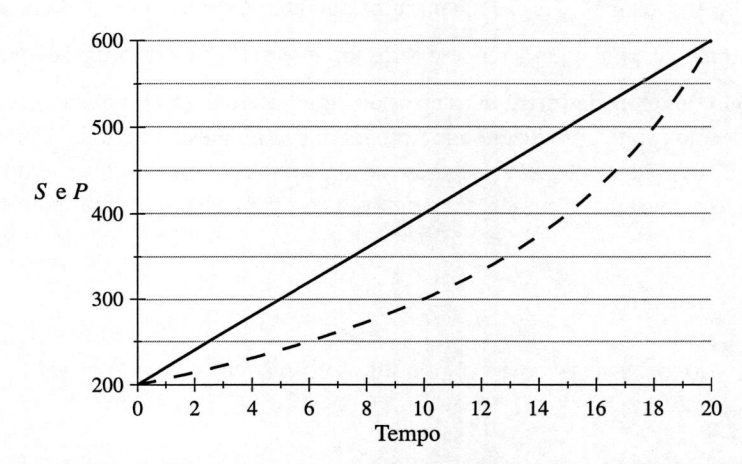

Figura 1.3 Inconsistência do regime de juro simples: S_t (linear) e P_t (tracejada) deveriam ser iguais.

No caso de juros simples, é claro que isso não ocorre, mas podemos montar um gráfico, supondo como empréstimo a quantia de $ 200.00 aplicada por um período de 20 meses, à taxa de juros simples de 10% ao mês, construindo o gráfico S_t e P_t representado na Figura (1.3).

Se houvesse consistência, as duas curvas sobrepor-se-iam. Assim, elas mostram que o valor presente capitalizado sempre será maior que o futuro trazido a valor presente, exceto nos períodos inicial e final. O leitor poderá reproduzir esse exercício para o caso de juros compostos. Verificará, então, que as $S_t = P_t$ mostram a consistência desse regime.

1.5 Principais conceitos

Juros: prêmio por adiar o consumo de bens, expresso em moeda corrente; refere-se a determinado período: ano, mês, dia.

Juro comercial ou ordinário: considera o ano com 360 dias.

Juro exato: considera o ano com 365 dias.

Taxa de juros: juros sobre o principal, cotada em termos decimais ou em percentuais; refere-se a determinado período: ano, mês, dia.

Principal: valor aplicado ou valor atual.

Montante: valor acumulado, valor capitalizado ou valor futuro.

Capitalização periódica: juros capitalizados em intervalos discretos do tempo: ano, mês, dia.

Capitalização instantânea: juros capitalizados em intervalos infinitesimais do tempo.

Juros simples: somente o capital rende juros em intervalos discretos do tempo.

Juros compostos: capital e juros rendem juros em intervalos discretos do tempo.

Juros contínuos: capital e juros rendem juros em intervalos infinitesimais do tempo.

Equivalência de taxas de juros: duas taxas de juros são equivalentes quando, aplicadas a um mesmo capital, produzem o mesmo montante no mesmo período. Em juros simples, taxas equivalentes são proporcionais; em juros compostos, taxas proporcionais não são equivalentes; em juros contínuos, taxas equivalentes são proporcionais.

1.6 Formulário

MONTANTE A JUROS SIMPLES COM TAXA DE JUROS CONSTANTE

$$S = P(1 + in).$$

EQUIVALÊNCIA DE TAXAS A JUROS SIMPLES: k = NÚMERO DE PERÍODOS EM t

$$i_t = k i_k.$$

MONTANTE A JUROS COMPOSTOS COM TAXAS DE JUROS CONSTANTE
$S = P(1 + i)^n$.

EQUIVALÊNCIA DE TAXAS A JUROS COMPOSTOS
$(1 + i_t) = (1 + i_k)^k$.

MONTANTE A JUROS CONTÍNUOS COM TAXA DE JUROS CONSTANTE
$S = Pe^{rn}$.

EQUIVALÊNCIA DE TAXAS A JUROS CONTÍNUOS
$r_t = kr_k$.

EQUIVALÊNCIA ENTRE TAXA DE JUROS COMPOSTOS E CONTÍNUOS
$r = \ln(1 + i)$.

MONTANTE A JUROS SIMPLES COM TAXA DE JUROS VARIÁVEL
$$S = P\left[1 + \sum_{t=1}^{n} i_t\right].$$

MONTANTE A JUROS COMPOSTOS COM TAXA DE JUROS VARIÁVEL
$$S = P\prod_{t=1}^{n}(1 + i_t).$$

MONTANTE A JUROS CONTÍNUOS COM TAXA DE JUROS VARIÁVEL
$$S = Pe^{\sum_{t=1}^{n} r_t}.$$

1.7 Leituras sugeridas

[1] AYRES JR., Frank. *Matemática Financeira. Resumo da Teoria, 500 problemas resolvidos*. São Paulo: McGraw–Hill, 1981.
[2] COCHRANE, John H. *Asset Pricing*. Princeton: Princeton, 2002.
[3] DE FARO, Clóvis. *Princípios e Aplicação do Cálculo Financeiro*. 2. ed. Rio de Janeiro: Livros Técnicos e Científicos, 1995.
[4] HULL, John C. *Options, Futures, and Other Derivatives*. 3. ed. Upper Saddle River: Prenctice Hall, 1997.
[5] TUCKMAN, Bruce. *Fixed Income Securities. Tools for Today's Markets*. Nova York: John Wiley & Sons, 1995.
[6] THUESEN, G. J.; FABRYCKY, W. J. *Engineering Economy*. 8. ed. Nova Jersey: Prentice Hall, 1993.
[7] ZIMA, Petr; BROWN, Robert. *Mathematics of Finance*. 2. ed. Nova York: McGraw--Hill, 1996.

1.8 Exercícios

Exercício 1.1
Um capital de $ 1000.00 é aplicado durante um ano a uma taxa de juros anual de 20%. Obter o montante recebido ao final desse período. Considere taxa de juros simples, compostos e contínuos. R: $ 1200.00, $ 1200.00 e $ 1221.40.

Exercício 1.2
Um capital de $ 100000.00 rendeu, após um ano de aplicação, o montante de $ 112500.00. Calcular a taxa de juros anual dessa aplicação considerando juros simples, compostos e contínuos.

Exercício 1.3
Uma aplicação financeira rendeu, após um ano, o montante de $ 600000.00 a uma taxa de juros de 10%. Calcular o valor aplicado supondo juros simples, compostos e contínuos.
R: $ 545454.55, $ 545454.55 e $ 542902.45.

Exercício 1.4
Calcular a taxa de juros para 12, 35, 87 e 265 dias, sabendo-se que a taxa de juros simples mensal é 1.75%.

Exercício 1.5
Calcular a taxa de juros para 14, 63, 85 e 516 dias, sabendo-se que a taxa de juros simples anual é 21.5%. R: 0.84%, 3.76%, 5.08% e 30.82%.

Exercício 1.6
Um capital de $ 200000.00 é aplicado, a juros simples, pelo período de 3 anos e meio, a uma taxa de juros anual de 12%. Obter os juros recebidos e o montante.

Exercício 1.7
Determinar o prazo de uma aplicação financeira remunerada a uma taxa de juros simples de 20.48% ao ano, sabendo-se que o montante e o capital aplicados são de $ 125000.00 e $ 95000.00, respectivamente. R: 555 dias.

Exercício 1.8
Calcular a taxa de juros compostos para 21, 56, 235 e 453 dias, sabendo-se que a taxa de juros mensal é 1.5%.

Exercício 1.9
Calcular o montante de uma aplicação financeira de $ 15000.00 pelo período de 6 meses e 35 dias, a uma taxa de juros compostos de 18.5% ao ano. R: $ 16600.36.

Exercício 1.10
Uma aplicação financeira no valor de $ 25000.00 produziu um montante de $ 32250.00 a uma taxa de juros compostos anual de 21.5%. Calcular quantos meses foram necessários para se obter esse resultado.

Exercício 1.11
Calcular o valor atual de um montante de $ 250000.00 aplicado a uma taxa de juros contínuos de 5% ao bimestre durante 5 anos e 3 meses. R: $ 51751.89.

Exercício 1.12
Suponha as seguintes taxas de juros contínuos: 0.56% ao dia, 1.34% ao mês e 21.4% ao ano. Obter as taxas de juros compostos equivalentes.

Exercício 1.13
Obter a taxa de juros contínuos referente a 37 dias e 387 dias, sabendo-se que a taxa de juros compostos anual é 23.5%. R: 2.17% e 22.69%.

Exercício 1.14
Obter a taxa de juros compostos referente a 17 dias e 371 dias, sabendo-se que a taxa de juros contínuos anual é 22.5%.

Exercício 1.15
Calcular o montante acumulado, ao final de 5 meses, de uma aplicação financeira no valor de $ 215234.00, sabendo-se que a taxa de juros simples é 1.0%, 1.5%, 1.3%, 1.4% e 1.64% nos próximos 5 meses. Resolva também supondo que essas taxas sejam compostas e contínuas. R: $ 229956.01, $ 230361.74 e $ 230471.18.

Exercício 1.16
Qual o montante obtido em uma aplicação financeira no valor de $ 50000.00 pelo prazo de um ano, sabendo-se que, nos primeiros 6 meses, a taxa de juros média foi de 1.5% ao mês e, nos últimos 6 meses, 1.6%? Resolver supondo taxa de juros simples, composta e contínua.

Exercício 1.17
Uma economia cresce a uma taxa anual de 7.0%. Qual o tempo necessário para que ela dobre de tamanho? R: 10 anos.

Exercício 1.18
Qual a melhor alternativa de investimento: aplicar $ 10000.00 durante um ano à taxa de juros compostos de 2.5% ao mês ou 8% ao trimestre?

Exercício 1.19
Um imóvel foi colocado à venda pelo preço de $ 120 mil. São oferecidas duas alternativas de pagamento: (a) $ 10 mil de entrada + 1 prestação de $ 60 mil e outra de $ 50 mil; (b) $ 35 mil de entrada + 1 prestação de $ 55 mil, e outra de $ 30 mil. Qual é a melhor alternativa de pagamento sabendo-se que um fundo de renda fixa paga uma taxa de juros compostos de 1.5% ao mês? R: A alternativa (a) é a melhor.

Exercício 1.20
Um empréstimo no valor de $ 25000.00 para liquidação daqui a 3 meses foi concedido a uma taxa de juros de 4.5% ao mês. Ao final desse período, o tomador do empréstimo, não dispondo de recursos para liquidar a dívida, faz um novo empréstimo pelo prazo de 3 meses, a uma taxa de juros de 5.0% ao mês. Qual o montante a ser pago e a taxa de juros média paga pelo tomador do empréstimo?

Capítulo 2

Séries Finitas de Pagamentos Discretos com Capitalização Periódica

2.1 Introdução

Até agora, estudamos um modelo de aplicação financeira muito simples, com um único depósito ou pagamento inicial, que permanecia aplicado durante n períodos de capitalização. Neste capítulo, estudaremos alguns modelos de aplicações financeiras em que são realizados depósitos ou pagamentos periódicos.

A situação mais simples é quando os depósitos por *período de capitalização são sempre iguais*. Nesse caso, a *série* de depósitos é dita *uniforme*. Uma segunda situação é quando os depósitos por período de capitalização variam segundo uma progressão aritmética ou geométrica. Esses três tipos de séries – *uniforme*, *aritmética* e *geométrica* – podem ser estudados segundo o tipo de capitalização: *capitalização periódica* ou *instantânea*. Além disso, os depósitos ou *pagamentos* podem ser *discretos* ou *contínuos*.

Nas séries discretas, os depósitos são realizados em cada período discreto do tempo: ano, mês, dia. Nas contínuas, eles são feitos de forma contínua, ou seja, em cada intervalo infinitesimal do tempo. Para cada um desses casos, podemos dividir as *séries* em *finitas* e *infinitas*.

Finalmente, nas séries discretas, se os depósitos ou pagamentos são feitos ao final do período de capitalização, como ocorre, por exemplo, quando compramos um determinado bem para pagamento por meio de um conjunto de prestações mensais vencidas, a *série* é dita *postecipada* ou *vencida*. Se os depósitos são feitos no início do período de capitalização, então a série é dita antecipada. Isso ocorre quando fazemos, por exemplo, depósitos periódicos em uma caderneta de poupança a partir da data de hoje.

Em resumo, as séries de pagamentos a serem estudadas são as seguintes, cada uma delas podendo ser postecipadas ou antecipadas:

1. Séries finitas de pagamentos
   a. Séries discretas com capitalização periódica:
      i. uniforme
      ii. em progressão aritmética
      iii. em progressão geométrica
   b. Séries discretas com capitalização instantânea:
      i. uniforme
      ii. em progressão aritmética
      iii. em progressão geométrica
   c. Séries contínuas:
      i. uniforme
      ii. em progressão aritmética
      iii. em progressão geométrica
2. Séries infinitas de pagamentos ou perpetuidades:
   a. uniforme discreta e contínua
   b. em progressão aritmética discreta e contínua
   c. em progressão geométrica discreta e contínua

As séries finitas com pagamentos discretos e capitalização discreta serão estudadas neste capítulo. No próximo, serão estudadas as séries discretas com capitalização contínua e as com pagamentos contínuos. Já as séries infinitas ou perpetuidades serão estudadas no Capítulo 4.

2.2 Soma dos termos de uma progressão geométrica

Antes do estudo das séries financeiras, é necessário apresentar o cálculo da soma dos termos de uma progressão geométrica, pois esse é um resultado que será amplamente utilizado ao longo deste livro.

Seja a seguinte sequência de números:

$$A = \{a_1, a_2, a_3, \ldots, a_n\}.$$

Dizemos que essa sequência com n termos constitui uma *progressão geométrica*, ou *PG*, se a razão, q, entre dois números subsequentes quaisquer for sempre constante. Ou seja,

$$q = \frac{a_k}{a_{k-1}}.$$

Podemos, a seguir, reescrever esta sequência, colocando cada um dos seus termos em função da razão e do primeiro termo:

$$A = \{a_1, a_1 \times q, a_1 \times q^2, \ldots, a_1 \times q^{n-1}\}.$$

A soma dos termos dessa PG será dada por:

$$S = a_1 + a_1 \times q + a_1 \times q^2 + \cdots + a_1 \times q^{n-1}. \quad (2.1)$$

Sendo o seu termo geral expresso por:

$$a_k = a_1 \times q^{k-1} \text{ para } k \in \mathbb{N}.$$

Se a seguir multiplicarmos essa série pela razão obtemos:

$$S \times q = a_1 \times q + a_1 \times q^2 + a_1 \times q^3 + \cdots + a_1 \times q^n. \quad (2.2)$$

Subtraindo a Equação (2.2) da (2.1), obtemos:

$$S(1 - q) = a_1 - a_1 \times q^n = a_1(1 - q^n).$$

Portanto, a soma dos termos da PG será dada por:

$$S = a_1 \times \frac{(q^n - 1)}{(q - 1)} \text{ tal que } q \neq 1.$$

Se $q > 1$, a PG é crescente, e se $q < 1$, é decrescente. Se $q = 1$, então a soma dos termos da PG se reduz a:

$$S = a_1 + a_2 + a_3 + \cdots + a_n = n \times a_1.$$

Exemplo 2.1
Obter a soma dos termos de uma PG com 10 termos, cuja razão é 2.5, sendo o primeiro igual a 2.

$$a_1 = 2; \quad q = 2.5; \quad n = 10.$$

$$S = a_1 \frac{(q^n - 1)}{(q - 1)} = 2 \frac{(2.5^{10} - 1)}{(2.5 - 1)} = 12714.32.$$

2.3 Série uniforme

2.3.1 Série vencida

Uma série uniforme é dita vencida, ou postecipada, se os pagamentos ou depósitos periódicos, R, são realizados ao final do período de capitalização. Essa série pode ser representada pelo fluxo de caixa mostrado na Figura (2.1).

Desejamos saber qual o montante acumulado, S, após n depósitos iguais e sucessivos de valor R. Observe que, nesse modelo, o número de depósitos efetuados é sempre igual ao número de períodos de capitalização, e a taxa de juros é sempre efetiva por período de capitalização. Se a taxa de juros for, por exemplo, cotada em termos anuais, e os depósitos

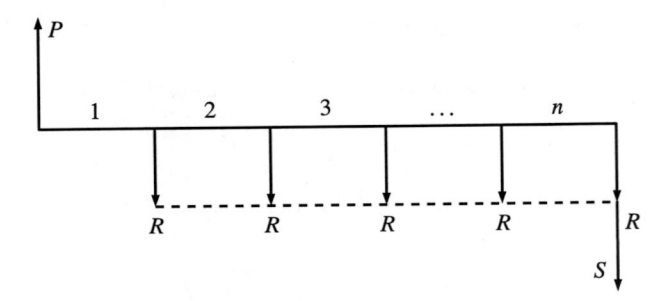

Figura 2.1 Fluxo de caixa da série uniforme vencida.

feitos mensalmente, então deveremos obter a taxa mensal equivalente à anual dada. Para obtermos o valor acumulado após n períodos de capitalização, devemos levar cada um dos depósitos efetuados a valor futuro. Dessa forma, podemos escrever:

$$S = R + R(1 + i) + R(1 + i)^2 + \cdots + R(1 + i)^{n-1}.$$

Os termos dessa série formam uma progressão geométrica crescente de razão $(1 + i)$ com n termos. Podemos, portanto, calcular a soma dos termos dessa progressão geométrica, obtendo:

$$S = R\left[\frac{(1+i)^n - 1}{(1+i) - 1}\right] = R\left[\frac{(1+i)^n - 1}{i}\right].$$

A expressão entre colchetes é também denominada *fator acumulação de capital* (FAC). Observe que, para obter o valor futuro da série uniforme, basta multiplicar o valor do depósito R pelo FAC, cujo valor depende apenas do número de períodos de capitalização n e da taxa de juros i. Como decorrência, podemos calcular o FAC para diferentes valores de i e n, conforme se verifica na Figura (2.2).

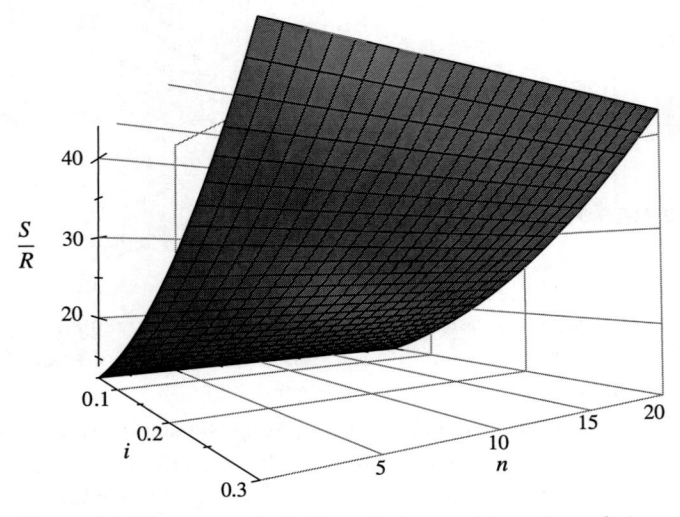

Figura 2.2 Fator acumulação de capital para vários valores de i e n.

O *FAC* responde quantas vezes o *R* está dentro do valor futuro, pois $FAC = \frac{S}{R}$. Verifica-se, então, que um aumento da taxa de juros implica um aumento do *FAC*. Isso também acontece quando se aumenta *n*. Por exemplo, sendo $i = 10\%$ e $n = 10$ períodos, o *FAC* será aproximadamente 16. Ou seja, se foram pagas 10 prestações de *R*, uma vez obtido o montante da série uniforme, podemos obter seu valor atual *P* simplesmente trazendo o montante para a data inicial da série de pagamentos ou trazendo para a data atual cada um dos pagamentos, conforme a equação a seguir:

$$P = R\left[\frac{(1+i)^n - 1}{i}\right]\frac{1}{(1+i)^n} = \frac{R}{(1+i)} + \frac{R}{(1+i)^2} + \cdots + \frac{R}{(1+i)^n}.$$

Portanto, o valor atual será dado pela equação:

$$P = R\left[\frac{(1+i)^n - 1}{i(1+i)^n}\right]. \qquad (2.3)$$

A expressão entre colchetes é também denominada *fator valor atual* (*FVA*) ou fator de desconto. Assim, para obtermos o valor atual de uma série de depósitos, devemos simplesmente multiplicar cada pagamento pelo *FVA*, cujo valor depende apenas do número de períodos de capitalização e da taxa de juros. De modo análogo, podemos calcular o *FVA* para diferentes valores de *i* e *n*, como mostrado no gráfico do *FVA* representado na Figura (2.3).

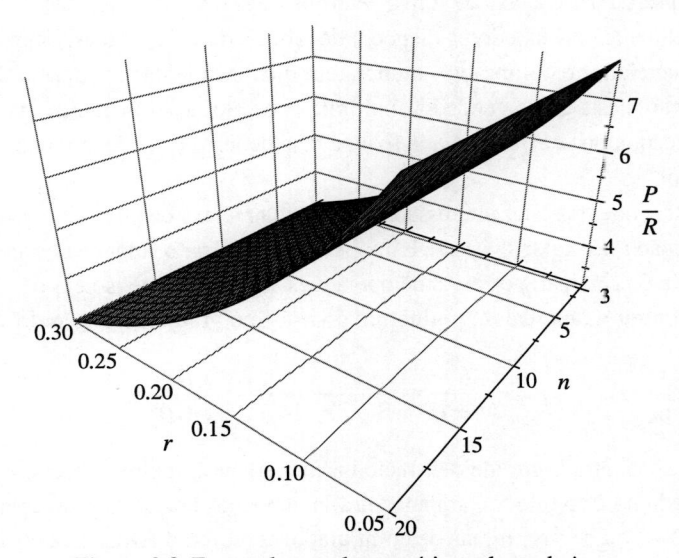

Figura 2.3 Fator valor atual para vários valores de *i* e *n*.

A interpretação é a mesma do caso anterior, mas, agora, o *FVA* indica o número de vezes que *R* está contido no valor presente, *P*, que em muitos casos é bastante interessante saber. Por exemplo, sendo $i = 10\%$ e $n = 10$ períodos, o *FVA* será aproximadamente 6.2.

Se imaginarmos que $S = 16R$ e $P = 6.2R$, pode-se dizer que os juros pagos são equivalentes a $9.8R$. Ou seja, os juros representam 61.3% do montante final ou, alternativamente, representam 159% do valor inicial. Essa conta pode ser feita mais direta e rapidamente, notando que:

$$\frac{J}{P} \equiv \frac{S - P}{P} = \frac{P(1 + i)^n - P}{P} = (1 + i)^n - 1.$$

O que é importante notar aqui? Há dois fatores que afetam o montante de juros pagos ao final de um empréstimo. Um deles é a taxa de juros. O outro é o número de períodos capitalizados. Quanto maior o número de períodos a capitalizar, maior será o total de juros a serem pagos; não por causa da taxa de juros, mas em decorrência da comodidade de pagar um valor menor a cada período em razão da extensão do número de prestações a serem pagas.

Da Equação (2.3), podemos isolar o valor de R, obtendo:

$$R = P\left[\frac{(1 + i)^n \times i}{(1 + i)^n - 1}\right].$$

A expressão entre colchetes é também denominada *fator recuperação de capital* (*FRC*). O valor do *FRC* depende apenas de i e n. Assim, podemos calculá-lo para diferentes valores de i e n. No caso do financiamento de determinado bem, dados o valor a ser financiado P, o número de prestações e a taxa de juros, determinamos o valor da prestação. Nas vendas a prazo, normalmente os vendedores dispõem de tabelas de *FRC*. Ao escolher determinado bem a ser financiado, o comprador anuncia em quantas prestações deseja fazê-lo. Com essa informação, basta que o vendedor multiplique o valor a ser financiado pelo *FRC* para obter a prestação, uma vez que a loja já fixou a taxa de juros a ser cobrada no crédito direto ao consumidor.

Finalmente, podemos estar interessados em calcular a taxa de juros de um financiamento dadas a prestação R e o valor à vista P. É impossível encontrar o valor da taxa de juros, dados as prestações e o principal, por meio de operações algébricas que isolem o valor de i, pois devemos encontrar a raiz real do polinômio do n-ésimo grau da equação do valor atual:

$$P = \frac{R}{(1 + i)} + \frac{R}{(1 + i)^2} + \cdots + \frac{R}{(1 + i)^n}.$$

Essa taxa é encontrada por meio de métodos numéricos aproximados, como será visto de forma detalhada no Capítulo 5. Para encontrá-la, devemos lançar mão de uma calculadora como a *HP–12C* ou de programas de computadores, como o EXCEL, que automatizam esse processo numérico de determinação da taxa de juros.

Utilização da HP–12C
A *HP–12C* utiliza as teclas *END* e *BEGIN* para diferenciar as séries postecipadas e antecipadas. *END* significa que os pagamentos são realizados ao final do período de

capitalização, ou seja, a série é postecipada. *BEGIN* significa que os pagamentos são realizados no início do período de capitalização, ou seja, a série é antecipada. Nomenclatura adotada pela *HP*:

PV: capital, valor presente ou valor atual;
i: taxa de juros em porcentagem;
PMT: pagamentos periódicos constantes;
FV: montante, valor acumulado;
END: série postecipada;
BEGIN: série antecipada.

A *HP*, bem como a maioria das calculadoras financeiras, adota a convenção de que, se o *PV* é negativo, o *FV* deverá ser positivo, e vice-versa. Podemos, por exemplo, adotar o *PV* como negativo.

Resolução na *HP*:

Teclas	−PV	PMT	FV	i	n
g END ou g BEGIN					

Exemplo 2.2
Determinar o montante de uma série de 20 pagamentos mensais vencidos, no valor de $ 150.00, sabendo-se que a taxa de juros mensal é de 2%.

$$R = 150; \quad n = 20; \quad i_{am} = 2\%.$$

Aplicando a fórmula do montante, obtemos:

$$S = 150\left[\frac{(1 + 0.02)^{20} - 1}{0.02}\right] = 3644.61.$$

Resolução na *HP*:

Teclas	−PV	PMT	FV	i	n
g END		150	?	2.0	20

Exemplo 2.3
Calcular o valor atual de uma série de 100 pagamentos mensais vencidos, no valor de $ 500.00, sabendo-se que a taxa de juros mensal é de 1.5%.

$$R = 500; \quad n = 100; \quad i_{am} = 1.5\%.$$

Aplicando a fórmula do montante, obtemos:

$$P = 500\left[\frac{(1 + 0.015)^{100} - 1}{0.015(1 + 0.015)^{100}}\right] = 25812.35.$$

Exemplo 2.4
Resolução na HP:

Teclas	-PV	PMT	FV	i	n
g END	?	500		1.5	100

Exemplo 2.5
Um automóvel foi adquirido em 24 prestações mensais postecipadas. Sabendo-se que o preço à vista é $ 25000.00 e que a taxa de juros mensal cobrada no financiamento é de 3.0%, calcular o valor da prestação mensal.

$$P = 25000; \quad n = 24; \quad i_{am} = 3.0\%.$$

Isolando o valor de R na fórmula do valor atual, obtemos:

$$R = 25000 \left[\frac{(1 + 0.03)^{24} \times 0.03}{(1 + 0.03)^{24} - 1} \right] = 1476.19.$$

Exemplo 2.6
Resolução na HP:

Teclas	-PV	PMT	FV	i	n
g END	25000	?		3.0	24

2.3.2 Série antecipada

Na série uniforme antecipada, os depósitos são feitos no início do período de capitalização. Uma série uniforme antecipada de pagamentos pode ser representada pelo fluxo de caixa mostrado na Figura (2.4).

Comparando-se a série postecipada com a antecipada, podemos observar que a única diferença entre elas reside no fato de que cada um dos n pagamentos da série antecipada encontra-se defasado de um período em relação à postecipada. Portanto, para se obter o montante da série uniforme antecipada, basta multiplicar o montante da série uniforme postecipada por $(1 + i)$:

$$S = R \left[\frac{(1 + i)^n - 1}{i} \right] (1 + i).$$

Já o principal será dado pela expressão:

$$P = R \left[\frac{(1 + i)^n - 1}{i} \right] \frac{1}{(1 + i)^n} (1 + i). \tag{2.4}$$

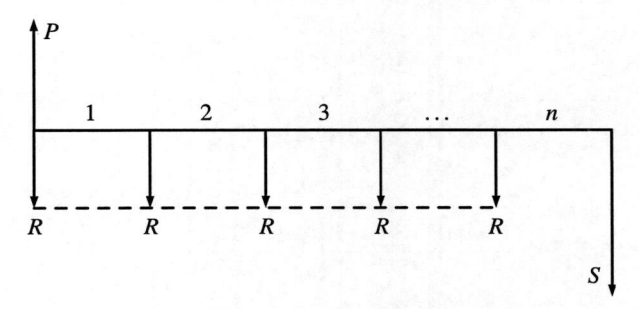

Séries Finitas de Pagamentos Discretos com Capitalização Periódica

Figura 2.4 Fluxo de caixa da série uniforme antecipada.

Da Equação (2.4), podemos isolar o valor de R, obtendo:

$$R = P\left[\frac{(1+i)^n \times i}{(1+i)^n - 1}\right]\frac{1}{(1+i)}.$$

Utilização da HP–12C
A única diferença com relação à série postecipada é que devemos acionar a tecla *BEGIN*, ao invés da *END*.
Resolução na *HP*:

Teclas	−PV	PMT	FV	i	n
g BEGIN					

Exemplo 2.7
Determinar o montante de uma série de 50 pagamentos mensais antecipados, no valor de $ 500.00, sabendo-se que a taxa de juros mensal é de 3%.

$$R = 500; \quad n = 50; \quad i_{am} = 3.0\%.$$

$$S = 500\left[\frac{(1+0.03)^{50} - 1}{0.03}\right](1+0.03) = 58090.39.$$

Exemplo 2.8
Resolução na *HP*:

Teclas	−PV	PMT	FV	i	n
g BEGIN		500	?	3.0	50

Exemplo 2.9
Calcular o valor atual de uma série de 300 pagamentos mensais antecipados, no valor de $ 250.00, sabendo-se que a taxa de juros mensal é de 2.5%.

$$R = 250; \quad n = 300; \quad i_{am} = 2.5\%.$$

$$P = 250 \left[\frac{(1 + 0.025)^{300} - 1}{0.025} \right] \frac{(1 + 0.025)}{(1 + 0.025)^{300}} = 10243.78.$$

Exemplo 2.10
Resolução na *HP*:

Teclas	−PV	PMT	FV	i	n
g BEGIN	?	250		2.5	300

Exemplo 2.11
Determinar o montante de uma série de 20 pagamentos mensais postecipados, no valor de $ 500.00, mais uma entrada de $ 1000.00, sabendo-se que a taxa de juros mensal é de 1.5%.

$$E = 1000; \quad R = 500; \quad n = 20; \quad i_{am} = 1.5\%.$$

$$S = 500 \left[\frac{(1 + 0.015)^{20} - 1}{0.015} \right] + 1000(1 + 0.015)^{20} = 12908.69.$$

Exemplo 2.12
Resolução na *HP*:

Teclas	−PV	PMT	FV	i	n
g END		250	?	1.5	20

Basta adicionar ao resultado obtido:

Teclas	−PV	PMT	FV	i	n
g END	1000		?	1.5	20

2.4 Séries com pagamentos variáveis

Uma série com pagamentos variáveis postecipados pode ser representada pelo fluxo de caixa, sendo R_t o depósito ou pagamento periódico, tal que $t = 1, 2, \ldots, n$.

Para encontrar o montante, devemos levar cada um dos depósitos efetuados a valor futuro:

$$S = R_n + R_{n-1}(1 + i) + R_{n-2}(1 + i)^2 + \cdots + R_1(1 + i)^{n-1}.$$

Nesse caso, como os depósitos são variáveis e não obedecem a nenhuma regra de formação, não é possível obter uma fórmula compacta para o montante, como no caso da série uniforme. Se os pagamentos são variáveis, mas obedecem a uma regra de formação, como no caso das séries em progressão aritmética e geométrica, que serão estudadas a seguir, é possível encontrar uma fórmula compacta para o montante.

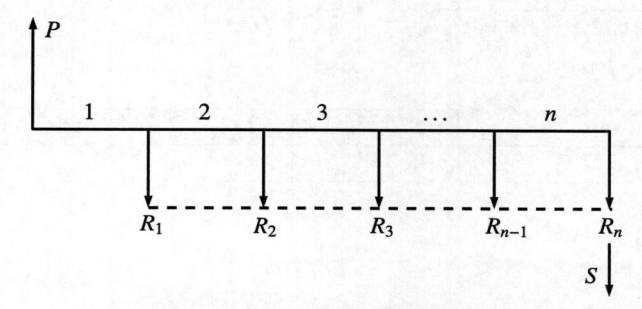

Figura 2.5 Fluxo de caixa periódico variável.

O valor atual da série com pagamentos variáveis será dado por:

$$P = \frac{R_1}{(1+i)} + \frac{R_2}{(1+i)^2} + \cdots + \frac{R_n}{(1+i)^n}.$$

É uma tarefa árdua encontrar o montante e o valor atual desse tipo de série, pois devemos levar cada um dos fluxos a valores futuro e atual. Para tanto, devemos lançar mão de calculadoras com fluxos variáveis, como é o caso da *HP–12C*, ou utilizar programas de computadores, como o EXCEL.

2.4.1 Utilização da *HP–12C*
Nomenclatura adotada pela *HP* para fluxos variáveis:

CF_0: capital, valor presente ou atual;
i: taxa de juros em porcentagem;
CFj: pagamentos periódicos variáveis;
Nj: número de pagamentos que se repetem;
NPV: valor presente líquido (valor atual);
IRR: taxa interna de retorno (taxa de juros);[1]
END: série postecipada;
$BEGIN$: série antecipada.

---

1. As funções *NPV* (*net present value*) e *IRR* (*internal rate of return*) serão mais bem detalhadas no Capítulo 6.

Exemplo 2.13
Calcular o valor atual de uma série de 10 pagamentos mensais, sendo os 5 primeiros iguais a $ 1000.00 e os restantes iguais a $ 2000.00, sabendo-se que a taxa de juros mensal é de 2.0%.

$$P = \frac{1000}{(1+0.02)} + \frac{1000}{(1+0.02)^2} + \cdots + \frac{2000}{(1+0.02)^9} + \frac{2000}{(1+0.02)^{10}} = 13251.71$$

Resolução na *HP*:

Teclas	$-gCF_0$	gCF_j	gN_j	gCf_j	gN_j	$fNPV$	i
g END		1000	5	2000	5	?	2

Exemplo 2.14
Uma geladeira foi vendida em 12 prestações mensais, sendo as 6 primeiras no valor de $ 100.00 e as demais de $ 150.00. Sabendo-se que o valor à vista é $ 1200.00, determinar a taxa de juros cobrada pela loja.

$$1200 = \frac{100}{(1+i)} + \frac{100}{(1+i)^2} + \cdots + \frac{150}{(1+i)^{11}} + \frac{150}{(1+i)^{12}} \Rightarrow i = 3.28\%$$

Resolução na *HP*:

Teclas	$-gCF_0$	gCF_j	gN_j	gCf_j	gN_j	$fIRR$
g END	1200	100	6	150	6	?

2.5 Série em progressão aritmética

Nas séries em progressão aritmética (*PA*), os depósitos ou pagamentos periódicos crescem ou decrescem segundo um valor constante, ou seja, são feitos segundo uma progressão aritmética ou *PA*. Se o primeiro termo da série for igual à razão da *PA*, ela é chamada *série gradiente*. O procedimento mais simples é calcular o montante dessa série. Se o primeiro termo da série não for igual à razão da *PA*, procuramos decompô-la em uma série gradiente mais uma série uniforme.

2.5.1 Série gradiente crescente

Uma série gradiente postecipada crescente – primeiro termo igual à razão – pode ser representada pelo fluxo de caixa da Figura (2.6).

Levando cada pagamento a valor futuro, obtemos a expressão do montante:

$$S = R(1+i)^{n-1} + 2R(1+i)^{n-2} + \cdots + (n-1)R(1+i) + nR. \tag{2.5}$$

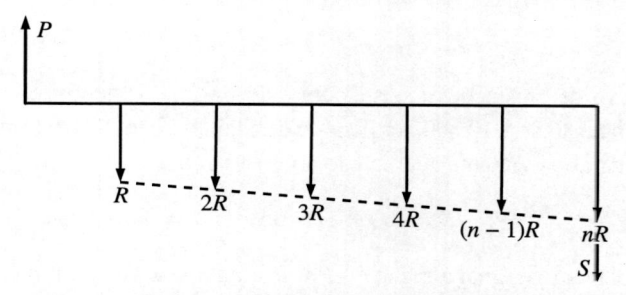

Figura 2.6 Fluxo de caixa da série gradiente crescente.

Podemos multiplicar a Equação (2.5) por $(1 + i)$, obtendo:

$$S(1 + i) = R(1 + i)^n + 2R(1 + i)^{n-1} + \cdots + (n - 1)R(1 + i)^2 + nR(1 + i). \tag{2.6}$$

Subtraindo da Equação (2.6) a (2.5), obtemos:

$$Si = \left[R(1 + i) + R(1 + i)^2 + \cdots + R(1 + i)^{n-1} + R(1 + i)^n\right] - nR.$$

Nessa expressão, os termos entre colchetes constituem uma *PG* de razão $(1 + i)$, cujo primeiro termo é $R(1 + i)$. Portanto, podemos calcular a soma:

$$Si = R(1 + i)\left[\frac{(1 + i)^n - 1}{i}\right] - nR.$$

Dividindo essa expressão por i e colocando R em evidência, obtemos o montante da série gradiente crescente:

$$S = \frac{R}{i}\left\{(1 + i)\left[\frac{(1 + i)^n - 1}{i}\right] - n\right\}.$$

O valor atual da série de pagamentos será dado trazendo-se cada um dos pagamentos ou o montante a valor atual:

$$P = \frac{R}{(1 + i)} + \frac{2R}{(1 + i)^2} + \cdots + \frac{(n - 1)R}{(1 + i)^{n-1}} + \frac{nR}{(1 + i)^n}.$$

Ou seja,

$$P = \frac{R}{i}\left\{(1 + i)\left[\frac{(1 + i)^n - 1}{i}\right] - n\right\}\frac{1}{(1 + i)^n}.$$

Se a série gradiente for antecipada, basta multiplicar, da mesma forma que nas séries uniformes, o montante e o valor atual da série postecipada por $(1 + i)$.

Exemplo 2.15
Suponha um fluxo de prestações mensais em que o primeiro depósito é $ 100.00 e os demais crescem à razão de $ 100.00 por período de capitalização. Se a taxa de juros mensal for de 2.5%, calcular o montante acumulado após três anos.

$$S =?; \quad R = 100; \quad n = 36; \quad i_{am} = 2.5\%.$$

O primeiro depósito é igual à razão da PA. Portanto, trata-se de uma série gradiente postecipada, e o montante será:

$$S = \frac{100}{0.025}\left\{(1 + 0.025)\left[\frac{(1 + 0.025)^{36} - 1}{0.025}\right] - 36\right\} = 90935.79.$$

Exemplo 2.16
Suponha que a partir da data de hoje sejam feitos 48 depósitos mensais consecutivos em um fundo de renda fixa, que paga uma taxa de juros mensal de 1.4%. Calcular o montante acumulado após 48 meses, sabendo-se que o primeiro depósito é $ 50.00, e que os demais depósitos são acrescidos de $ 50.00 por período.

$$S =?; \quad R = 50; \quad n = 48; \quad i_{am} = 1.4\%.$$

$$S = \frac{50}{0.014}\left\{(1 + 0.014)\left[\frac{(1 + 0.014)^{48} - 1}{0.014}\right] - 48\right\}(1 + 0.014) = 75101.06.$$

2.5.2 Série gradiente decrescente
Uma série gradiente postecipada decrescente – último termo igual à razão – pode ser representada pelo fluxo de caixa mostrado na Figura (2.7):

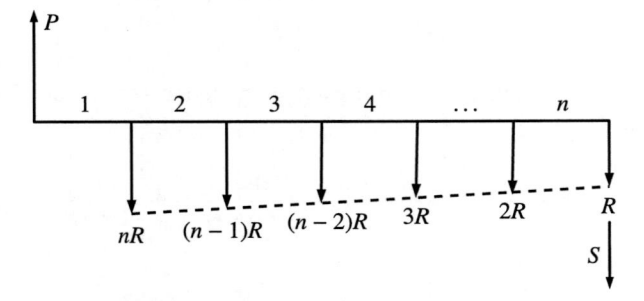

Figura 2.7 Fluxo de caixa da série gradiente decrescente.

O montante será dado pela equação:

$$S = R + 2R(1 + i) + \cdots + (n - 1)R(1 + i)^{n-2} + nR(1 + i)^{n-1}. \quad (2.7)$$

Podemos multiplicar essa equação por $(1 + i)$, obtendo:

$$S(1 + i) = R(1 + i) + 2R(1 + i)^2 + \cdots + (n - 1)R(1 + i)^{n-1} + nR(1 + i)^n. \qquad (2.8)$$

Subtraindo da Equação (2.7) a (2.8), obtemos:

$$-Si = \left[R + R(1 + i) + R(1 + i)^2 + \cdots + R(1 + i)^{n-1}\right] - nR(1 + i)^n.$$

Nessa expressão, os termos entre colchetes constituem uma *PG* de razão $(1 + i)$, cujo primeiro termo é R. Portanto, podemos calcular a soma:

$$-Si = R\left[\frac{(1 + i)^n - 1}{i}\right] - nR(1 + i)^n.$$

Dividindo essa expressão por $-i$ e colocando $\frac{R}{i}$ em evidência, obtemos o montante:

$$S = \frac{R}{i}\left\{n(1 + i)^n - \left[\frac{(1 + i)^n - 1}{i}\right]\right\}.$$

O valor atual da série de pagamentos será dado trazendo-se cada um dos pagamentos ou o montante a valor atual:

$$P = \frac{R}{(1 + i)^n} + \frac{2R}{(1 + i)^{n-1}} + \cdots + \frac{(n - 1)R}{(1 + i)^2} + \frac{nR}{(1 + i)}.$$

Desse modo,

$$P = \frac{R}{i}\left\{n(1 + i)^n - \left[\frac{(1 + i)^n - 1}{i}\right]\right\}\frac{1}{(1 + i)^n}.$$

Exemplo 2.17

Suponha um fluxo de 36 prestações mensais em que o primeiro depósito é $ 3600.00 e os demais decrescem à razão de $ 100.00 por período de capitalização. Se a taxa de juros mensal for de 2.5%, calcular o montante acumulado após 3 anos.

$$S = ?; \quad R = 100; \quad n = 36; \quad i_{am} = 2.5\%.$$

O último depósito é igual à razão da *PA*.[2]

$$a_n = 3600 - 35 \times 100 = 100.$$

Portanto, trata-se de uma série gradiente decrescente postecipada, e o montante será:

$$S = \frac{100}{0.025}\left\{36(1 + 0.025)^{36} - \left[\frac{(1 + 0.025)^{36} - 1}{0.025}\right]\right\} = 121079.43.$$

---

2. Fórmula do termo geral de uma *PA*: $a_n = a_1 + (n - 1)q$.

2.5.3 Série com valor inicial diferente da razão

Uma série em *PA* crescente, cujo primeiro termo é diferente da razão da *PA*, pode ser decomposta em uma série gradiente mais uma série uniforme. Considere o fluxo de caixa na Figura (2.8).

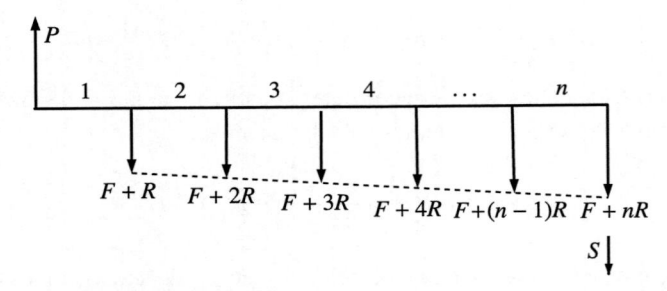

Figura 2.8 Fluxo de caixa da série com valor inicial diferente da razão.

A razão da *PA* é R, enquanto o primeiro termo é $F + R$. Assim, *não é uma série gradiente*. Esse fluxo de caixa pode ser decomposto, conforme as Figuras (2.9) e (2.10).

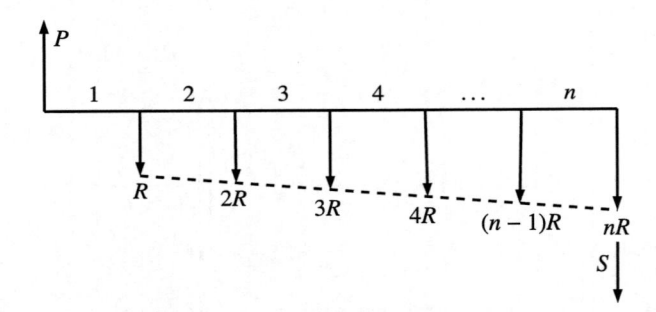

Figura 2.9 Decomposição na série gradiente.

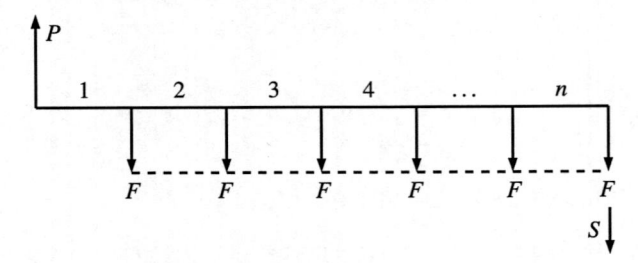

Figura 2.10 Decomposição na série uniforme.

Portanto, o montante dessa série em *PA* será igual à soma dos montantes das séries gradiente e uniforme:

$$S = \frac{R}{i}\left\{(1+i)\left[\frac{(1+i)^n - 1}{i}\right] - n\right\} + F\left[\frac{(1+i)^n - 1}{i}\right].$$

Se os pagamentos forem antecipados, basta multiplicar as expressões anteriores por $(1 + i)$. No caso de uma série decrescente, adotando-se o mesmo procedimento, o montante será dado por:

$$S = \frac{R}{i}\left\{n(1 + i)^n - \left[\frac{(1 + i)^n - 1}{i}\right]\right\} + F\left[\frac{(1 + i)^n - 1}{i}\right].$$

Exemplo 2.18

Suponha que a partir do próximo mês sejam feitos 25 depósitos mensais consecutivos em um fundo de renda fixa, que paga uma taxa de juros mensal de 1.2%. Calcular o montante acumulado, sabendo-se que o primeiro depósito é de $ 500.00 e que os demais depósitos são acrescidos de $ 50.00 por mês.

Trata-se de uma série gradiente postecipada crescente em que o primeiro depósito é diferente da razão. Logo, decompomos em duas séries: uma série uniforme com depósitos de $ 450.00 e uma gradiente, cujo primeiro termo de $ 50.00 é igual à razão.

$S = ?;\quad F + R = 500;\quad R = 50;\quad F = 450;\quad n = 25;\quad i_{am} = 1.2\%.$

Montante série gradiente:

$$S_1 = \frac{50}{0.012}\left\{(1 + 0.012)\left[\frac{(1 + 0.012)^{25} - 1}{0.012}\right] - 25\right\} = 17923.57.$$

Montante série uniforme:

$$S_2 = 450\left[\frac{(1 + 0.012)^{25} - 1}{0.012}\right] = 13029.39.$$

Total = 17923.57 + 13029.39 = 30925.96.

2.6 Série em progressão geométrica

Nas séries em *PG*, os depósitos ou pagamentos periódicos crescem ou decrescem a uma porcentagem constante, ou seja, são feitos segundo uma progressão geométrica. Uma série geométrica pode ser representada pelo fluxo de caixa:

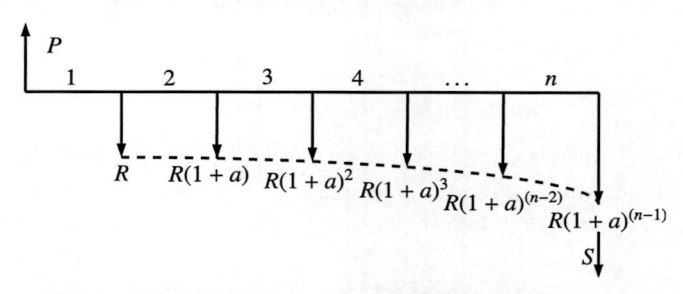

Figura 2.11 Fluxo de caixa da série em progressão geométrica.

Sendo $R_1 = R$ o primeiro depósito, R_n o n-ésimo depósito e α a taxa de crescimento dos depósitos na série geométrica, então os depósitos crescem à taxa de crescimento α de acordo com a equação:

$$R_n = R_1(1 + \alpha)^{n-1}.$$

Observe que os termos dessa série constituem uma PG de razão $(1 + \alpha)$. Se $\alpha = 0$, então a série se reduz a uma série uniforme. Se $\alpha > 0$, então a razão da PG é maior que 1, e a série de pagamentos é crescente. Se $\alpha < 0$, então a razão da PG é menor que 1, e a série de pagamentos é decrescente.

Para obtermos o valor acumulado após n períodos de capitalização, devemos levar cada um dos depósitos efetuados a valor futuro. Dessa forma, fazendo o primeiro depósito igual a R, podemos escrever:

$$S = R(1 + i)^{n-1} + R(1 + \alpha)(1 + i)^{n-2} + \cdots + R(1 + \alpha)^{n-2}(1 + i) + R(1 + \alpha)^{n-1}.$$

Essa série constitui uma PG cuja razão é $\delta = \frac{(1+\alpha)}{(1+i)}$. Podemos, portanto, calcular a soma dos termos dessa PG:

$$S = R(1 + i)^{n-1} \left\{ \frac{\left[\frac{(1+\alpha)}{(1+i)}\right]^n - 1}{\left[\frac{(1+\alpha)}{(1+i)} - 1\right]} \right\}.$$

Simplificando, o montante será dado pela expressão:

$$S = R \left[\frac{(1+i)^n - (1+\alpha)^n}{i - \alpha} \right].$$

Nota 2.1
Essa expressão só é válida se $\alpha \neq i$, de modo que a razão da PG deve ser diferente de 1, isto é, $\delta = \frac{(1+\alpha)}{(1+i)} \neq 1$.

O valor atual será dado descontando-se S por $(1 + i)^n$, isto é:

$$P = R \left[\frac{(1+i)^n - (1+\alpha)^n}{i - \alpha} \right] \frac{1}{(1+i)^n}.$$

Como já vimos, se a série for antecipada, basta multiplicar tanto o montante quanto o principal por $(1 + i)$.

Exemplo 2.19
Qual o montante e o valor atual de uma série de 50 depósitos mensais consecutivos depositados em um fundo de renda fixa a uma taxa de juros de 5% ao mês? O primeiro depósito, no valor de $ 1000.00, é feito depois de um mês, e cresce à taxa de 1% ao mês.

$$S = ?; \quad \alpha = 1\% \text{ ao mês}; \quad i_{am} = 5\%; \quad n = 50.$$

$$S = 1000\left[\frac{(1 + 0.05)^{50} - (1 + 0.01)^{50}}{0.05 - 0.01}\right] = 245569.20.$$

O valor presente é dado por:

$$P = \frac{245569.20}{(1 + 0.05)^{50}} = 21414.55.$$

Devemos considerar, agora, a situação em que $\alpha = i$. Observe que os depósitos crescem à taxa α e decrescem à taxa i. Como ambas as taxas são iguais, o valor futuro de cada um dos depósitos efetuados será igual. Dessa forma, podemos escrever:

$$S = \underbrace{R(1 + i)^{n-1} + R(1 + i)(1 + i)^{n-2} + \cdots + R(1 + i)^{n-2}(1 + i) + R(1 + i)^{n-1}}_{n \text{ parcelas}}.$$

Todos os termos dessa série são iguais a $R(1 + i)^n$ e, portanto, o montante será dado por:

$$S = nR(1 + i)^{n-1}.$$

O valor atual dessa série será dado pela expressão:

$$P = \frac{nR(1 + i)^{n-1}}{(1 + i)^n} = \frac{nR}{(1 + i)}.$$

Se a série for antecipada, o montante será dado pela expressão:

$$S = nR(1 + i)^n.$$

Já o valor atual será dado por:

$$P = nR.$$

Exemplo 2.20

Suponha que os pagamentos mensais de um empréstimo no valor de $ 1000.00 cresçam à taxa mensal de 1.5%. Sabe-se que a taxa de juros é de 1.5% ao mês. Determinar o valor da primeira parcela e o montante acumulado após 20 pagamentos.

$$P = 1000; \quad \alpha = 1.5\% \text{ ao mês}; \quad i_{am} = 1.5\%; \quad n = 20.$$

Valor da primeira parcela:

$$1000 = \frac{20}{(1 + 0.015)}R \Rightarrow R = 50.75.$$

Valor do montante:

$$S = 20 \times 50.75(1 + 0.015)^{19} = 1346.86.$$

2.7 Principais conceitos

Série de pagamentos: depósitos ou pagamentos periódicos.

Séries finitas: número finito de pagamentos.

Séries infinitas: número infinito de pagamentos.

Séries discretas: pagamentos em intervalos discretos do tempo.

Séries contínuas: pagamentos em intervalos infinitesimais do tempo.

Série postecipada: pagamentos feitos no final do período de capitalização.

Série antecipada: pagamentos feitos no início do período de capitalização.

Série uniforme: pagamentos constantes.

Série em progressão aritmética: pagamentos crescem ou decrescem segundo um valor constante.

Série gradiente: pagamentos em progressão aritmética em que o primeiro termo é igual à razão.

Série geométrica: pagamentos crescem ou decrescem segundo uma porcentagem constante.

2.8 Formulário

SÉRIE UNIFORME POSTECIPADA

$$S = R\left[\frac{(1+i)^n - 1}{i}\right].$$

SÉRIE GRADIENTE CRESCENTE POSTECIPADA

$$S = \frac{R}{i}\left\{(1+i)\left[\frac{(1+i)^n - 1}{i}\right] - n\right\}.$$

SÉRIE GRADIENTE DECRESCENTE POSTECIPADA

$$S = \frac{R}{i}\left\{n(1+i)^n - \left[\frac{(1+i)^n - 1}{i}\right]\right\}.$$

SÉRIE GEOMÉTRICA POSTECIPADA

$$S = R\left[\frac{(1+i)^n - (1+\alpha)^n}{i - \alpha}\right].$$

> **Nota 2.2**
> Nas séries antecipadas, essas fórmulas devem ser multiplicadas por $(1 + i)$.

> **Nota 2.3**
> Para encontrar o principal, basta multiplicar as fórmulas anteriores por $(1 + i)^{-n}$.

2.9 Leituras sugeridas

[1] DE FARO, Clóvis. *Princípios e Aplicação do Cálculo Financeiro*. 2. ed. Rio de Janeiro: Livros Técnicos e Científicos: 1995.
[2] HAZZAN, Samuel; POMPEO, José Nicolau. *Matemática Financeira*. 4. ed. São Paulo: Atual, 1993.
[3] THUESEN, G. J.; FABRYCKY, W. J. *Engineering Economy*. 8. ed. New Jersey: Prentice Hall, 1993.
[4] VIEIRA SOBRINHO, José D. *Matemática Financeira*. 6. ed. São Paulo: Atlas, 1997.

2.10 Exercícios

Exercício 2.1
Determinar o montante e o valor atual de uma série de 100 pagamentos mensais vencidos no valor de $ 250.00, sabendo-se que a taxa de juros compostos mensal é de 3%.
R: $ 151821.93 e $ 7899.73.

Exercício 2.2
Calcular o montante e o valor atual de uma série de 150 pagamentos mensais antecipados no valor de $ 350.00, sabendo-se que a taxa de juros mensal é de 2.5%.

Exercício 2.3
Um automóvel foi vendido parcelado em 24 prestações mensais, sendo as 12 primeiras no valor de $ 1250.00 e as demais no valor de $ 1650.00. Sabendo-se que o valor à vista é de $ 22500.00, determinar a taxa de juros cobrada pela loja. R: 3.55%.

Exercício 2.4
Suponha que a partir da data de hoje sejam feitos 100 depósitos mensais em um fundo de renda fixa, que paga uma taxa de juros mensal de 1.2%. Calcular o montante acumulado sabendo-se que o primeiro depósito é $ 150.00 e que os demais são acrescidos de $ 150.00 por período.

Exercício 2.5
Suponha que a partir da data de hoje sejam feitos 35 depósitos mensais consecutivos em um fundo de renda fixa, que paga uma taxa de juros mensal de 1.5%. Calcular o montante acumulado sabendo-se que o primeiro depósito é de $ 1500.00 e que os demais são acrescidos de $ 150.00 por mês. R: $ 176923.65.

Exercício 2.6
Calcular o montante e o valor atual de uma série de 120 pagamentos mensais antecipados que crescem à taxa de 2.5% ao mês, sabendo-se que a taxa de juros mensal é de 0.9% e que o primeiro pagamento é de $ 4500.00.

Exercício 2.7
Suponha que os pagamentos mensais de um empréstimo no valor de $ 5000.00 cresçam à taxa mensal de 1.5%. Sabendo-se que a taxa de juros é de 1.2% ao mês, determinar o valor da primeira parcela e o montante acumulado após 50 pagamentos. R: $ 94.03 e $ 9078.11.

Exercício 2.8
Uma televisão foi adquirida pelo preço à vista de $ 950.00 para ser pago em 12 prestações mensais. Sabendo-se que a taxa de juros cobrada pela loja é de 3% ao mês e que a primeira parcela vence em 18 dias, determinar o valor da prestação do financiamento.

Exercício 2.9
Adquiri uma casa cujo valor à vista é $ 150000.00. Deverei amortizar essa dívida em 20 prestações mensais iguais e sucessivas. A primeira prestação deverei pagar somente ao final do 3º mês. Calcular o valor das prestações, sabendo-se que a taxa de juros cobrada no financiamento é de 3.5% ao mês. R: $ 11701.59.

Exercício 2.10
É viável um sistema de aposentadoria no qual o indivíduo trabalha por um período de 35 anos e, em média, vive mais 30 anos na condição de aposentado? Suponha uma situação em que a aposentadoria representa 20% do salário e em que a contribuição para um fundo de aposentadoria é de 8% do salário.

Exercício 2.11
Um automóvel foi colocado à venda pelo preço à vista de $ 14490.00 ou, então, 2 planos de pagamento a prazo: 48 parcelas de $ 414.00, mais uma entrada de $ 2580.00; ou 48 parcelas de $ 505.00. Qual dos dois planos deve ser escolhido?
R: O primeiro plano é preferível.

Exercício 2.12
Um automóvel, no valor de $ 25500.00, pode ser adquirido por meio de 24 prestações mensais iguais de $ 1415.00. Na compra à vista, é oferecido um bônus de $ 1500.00. Qual a melhor opção de compra, sabendo-se que a taxa de juros é de 2.45% ao mês?

Exercício 2.13
Um empréstimo de $ 50000.00 deverá ser pago em 10 prestações mensais iguais vencidas. Além das prestações mensais, deverão ser pagas duas parcelas adicionais de $ 5000.00 e $ 7500.00 no 3º e 6º meses. Qual o valor da prestação mensal, sabendo-se que a taxa de juros cobrada é de 20% ao ano? R: $ 4167.86.

Exercício 2.14
Um carro está sendo ofertado pelo preço à vista de $ 25000.00. O pagamento a prazo poderá ser feito em 24 prestações mensais. Sabendo-se que o valor das 12 primeiras prestações é o dobro das 12 últimas e que a taxa de juros é de 4.5% ao mês, calcular o valor das prestações.

Exercício 2.15
Uma empresa deseja adquirir um equipamento cujo preço à vista é de $ 5500.00. A venda do equipamento pode ser financiada de três formas:
 a. $ 1000.00 de entrada e 24 prestações de $ 290.00.
 b. 20 prestações mensais de $ 400.00, sem entrada.
 c. um único pagamento, no prazo de 4 meses, de $ 6500.00.
 Qual a melhor forma de pagamento, se a taxa de juros é de 3.5% ao mês?
 R: O plano A é o melhor.

Exercício 2.16
Uma empresa tomou um empréstimo de $ 500000.00 para ser pago em 12 prestações mensais iguais e sucessivas, a uma taxa de juros de 2.5% ao mês. Ao pagar a 5ª prestação, em função de dificuldades financeiras, a empresa solicitou ao banco que refinanciasse o saldo devedor para ser pago em 20 prestações. Sabendo-se que a taxa de juros cobrada pelo banco é de 3.0% ao mês, calcular o valor da prestação do refinanciamento.

Exercício 2.17
Determinar o valor da razão de uma série gradiente postecipada crescente de 84 termos, sabendo-se que a taxa de juros é de 2.3% ao mês, e o montante, de $ 950000.00. Calcular também o último termo da PA. R: $ 127.09 e $ 10675.74.

Exercício 2.18
Calcular o montante de um fluxo de caixa no 100º pagamento, sabendo-se que o primeiro pagamento, no valor de $ 6000.00, é feito na data de hoje, e que os pagamentos subsequentes se reduzem até a 50ª parcela segundo uma PA de razão igual a 100. Posteriormente, até a 100ª parcela, os pagamentos crescem segundo uma PA, sendo que o último termo é de $ 6000.00. Considerar uma taxa de juros de 1% por período de capitalização.

Exercício 2.19
Comprei um terreno para ser pago em 30 prestações mensais, sendo a primeira de $ 650.00, vencível dentro de 30 dias, e cada uma das seguintes 10% maior que a anterior. Qual o preço à vista, se a taxa de juros do financiamento for de 2% ao mês? R: $ 70145.62.

Exercício 2.20

Durante um período de 10 anos, recebi uma renda que crescia a uma taxa de 1.5% ao mês. Ao mesmo tempo, minhas despesas decresceram a uma taxa de 2% ao mês. Qual deve ser minha despesa inicial para que, ao final de 10 anos, eu tenha reunido um patrimônio de $ 100000.00, sabendo-se que a renda inicial é de $ 5000.00, e que a taxa de juros é de 1.75% ao mês?

Estudo de caso

Considere o ano de 2009 e a cobrança de IPVA dos veículos, de acordo com as seguintes regras:

- Para pagamento à vista, em janeiro, há desconto de 3% sobre o valor total do imposto.
- Para pagamento em fevereiro, não há desconto.
- Para pagamento em três vezes, não há desconto, mas a primeira parcela deve ser paga em janeiro.
- As datas de pagamento para um veículo cuja placa tem final 3 são: 13/01/09, 13/02/09 e 13/03/09.
- As datas de pagamento para um veículo cuja placa tem final 9 são: 22/01/09, 27/02/09 e 24/03/09.

Pede-se:
1. Calcule a taxa de juros anual, se o imposto for pago em parcela única sem desconto.
2. Calcule a taxa de juros anual se o imposto for pago em 3 parcelas.
3. Há algum final de placa mais vantajoso, em termos de cobrança de juros?
4. Discuta os efeitos dessas regras do ponto de vista do dono de uma frota de veículos de uso comercial.

Capítulo 3

Séries Finitas de Pagamentos com Capitalização Instantânea*

3.1 Séries discretas com capitalização instantânea

3.1.1 Série uniforme postecipada

Como foi visto no capítulo anterior, para encontrar o montante de uma série de pagamentos basta levar a valor futuro cada um dos pagamentos, capitalizando-os a juros compostos. A única diferença dos procedimentos adotados no Capítulo 2 com relação às séries que serão aqui estudadas reside no fato de que os pagamentos devem ser levados a valor futuro, capitalizando-os pela taxa de juros contínuos, e não pela taxa de juros composta discreta.

O valor futuro S, após n depósitos discretos R remunerados à taxa de juros contínuos r, será dado por:

$$S = R + Re^r + Re^{2r} + \cdots + Re^{(n-1)r}.$$

Essa sequência constitui uma série em progressão geométrica de razão e^r, cuja soma será dada por:

$$S = R\left(\frac{e^{rn} - 1}{e^r - 1}\right). \qquad (3.1)$$

A demonstração desse resultado segue passos semelhantes aos feitos na derivação da série uniforme discreta, por isso será omitida aqui. Quanto à configuração de $\frac{S}{R}$ e $\frac{P}{R}$, pode-se dizer que seu formato e interpretação permanecem iguais aos apresentados no capítulo anterior.

O valor atual será dado por:

$$P = R\left(\frac{e^{rn} - 1}{e^r - 1}\right)\frac{1}{e^{rn}}.$$

Da mesma forma que antes, podemos derivar a proporção de juros pagas em relação ao valor presente. Ela é dada por ($e^{rn} - 1$). Podemos comparar essa expressão com $[(1 + i)^n - 1]$, do caso discreto, quando $r = i$. A Figura (3.1) mostra que o caso contínuo implica juros mais altos.

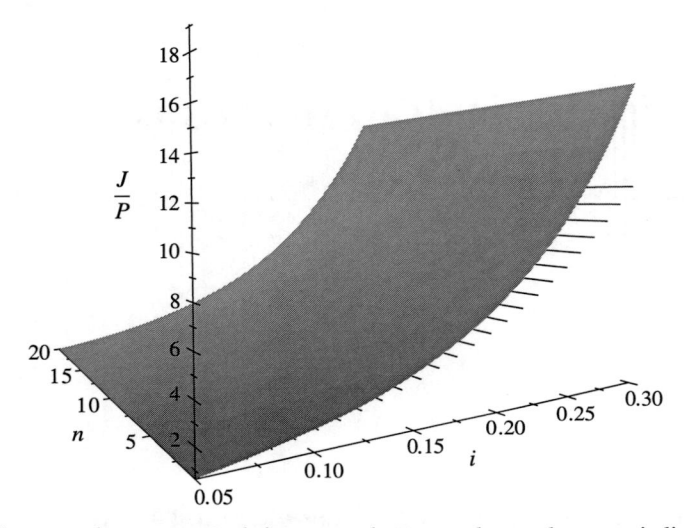

Figura 3.1 Comparando a proporção de juros em relação ao valor atual com capitalização contínua e discreta, quando $i = r$.

Exemplo 3.1
Determinar o montante de uma série de 20 pagamentos mensais vencidos no valor de $ 150.00, sabendo-se que a taxa de juros contínuos mensal é 2%.

$$S = ?; \quad R = 150; \quad n = 20; \quad r_{am} = 2.0\%.$$

$$S = 150 \left[\frac{e^{0.02 \times 20} - 1}{e^{0.02} - 1} \right] = 3651.92.$$

Qual seria o montante acumulado se fosse taxa de juros compostos?

$$S = 150 \left[\frac{(1 + 0.02)^{20} - 1}{0.02} \right] = 3644.61.$$

Observe que, com a capitalização instantânea, o montante acumulado é maior do que se fosse periódica, considerando-se a taxa de juros contínuos igual à de juros compostos. Se quiséssemos obter o mesmo montante, então deveríamos encontrar a taxa de juros compostos equivalente, ou seja, que produz o mesmo montante no mesmo período de tempo:

$$i = (e^{0.02} - 1) \times 100\% = 2.02013\%.$$

Essa taxa de juros compostos produziria o mesmo montante:

$$S = 150\left[\frac{(1 + 0.0202013)^{20} - 1}{0.0202013}\right] = 3651.92.$$

3.1.2 Série uniforme antecipada

Da mesma forma que na série com capitalização discreta, a série uniforme antecipada encontra-se defasada de um período. Portanto, o montante acumulado, após n depósitos discretos remunerados à taxa de juros contínuos r, será dado pelo produto da Equação (3.1) por e^r:

$$S = Re^r\left(\frac{e^{rn} - 1}{e^r - 1}\right).$$

O valor atual será dado por:

$$P = Re^r\left(\frac{e^{rn} - 1}{e^r - 1}\right)\frac{1}{e^{rn}}.$$

Exemplo 3.2
Considere uma aplicação mensal no valor de $ 150.00 durante 12 meses em um fundo de renda fixa que paga uma taxa de juros contínuos mensal de 1.5%. Calcular o montante acumulado nesse período.

$$S = ?; \quad R = 150; \quad n = 12; \quad r_{am} = 1.5\%.$$

$$S = 150e^{0.15}\left(\frac{e^{0.15 \times 12} - 1}{e^{0.15} - 1}\right) = 5437.84.$$

O valor atual dessa quantia seria de:

$$P = \frac{5437.84}{e^{0.15 \times 12}} = 898.87.$$

Exemplo 3.3
Calcular o montante acumulado no período de 2 anos de um conjunto de prestações mensais no valor de $ 450.00, incluindo uma entrada de mesmo valor, sabendo-se que a taxa de juros contínuos mensal é de 1.5%.

$$S = ?; \quad R = 450; \quad n = 24; \quad r_{am} = 1.5\%.$$

$$S = 450e^{0.15}\left(\frac{e^{0.15 \times 24} - 1}{e^{0.15} - 1}\right) = 115004.47.$$

Exemplo 3.4
Calcular o montante acumulado no período de 12 meses de um conjunto de prestações mensais no valor de $ 650.00 mais uma entrada de $ 1000.00, sabendo-se que a taxa de juros contínuos mensal é de 1.5%.

$$S =?; \quad R = 650; \quad n = 12; \quad r_{am} = 1.5\%;$$

$$S = 1000e^{0.015 \times 12} + 650e^{0.15}\left(\frac{e^{0.15 \times 12} - 1}{e^{0.15} - 1}\right) = 24761.17.$$

3.1.3 Série em progressão aritmética: gradiente crescente

O montante acumulado S, após n depósitos discretos remunerados à taxa de juros contínuos r, será dado por:

$$S = nR + (n-1)Re^r + \cdots + 2Re^{(n-2)r} + Re^{(n-1)r}. \quad (3.2)$$

Multiplicando essa equação por e^r, obtemos:

$$Se^r = nRe^r + (n-1)Re^{2r} + \cdots + 2Re^{(n-1)r} + Re^{nr}. \quad (3.3)$$

Subtraindo a Equação (3.2) da (3.3), obtemos:

$$S(e^r - 1) = -nR + \left[Re^r + Re^{2r} + \cdots + Re^{(n-1)r} + Re^{nr}\right].$$

A expressão entre colchetes é uma *PG* de razão e^r. Calculando a soma dos termos dessa *PG* obtemos:

$$S(e^r - 1) = -nR + Re^r\left[\frac{e^{rn} - 1}{e^r - 1}\right].$$

Colocando R em evidência e isolando o valor de S, obtemos a fórmula do montante:

$$S = \frac{R}{e^r - 1}\left\{e^r\left[\frac{e^{rn} - 1}{e^r - 1}\right] - n\right\}.$$

O valor atual será dado por:

$$P = \frac{R}{e^r - 1}\left\{e^r\left[\frac{e^{rn} - 1}{e^r - 1}\right] - n\right\}\frac{1}{e^{rn}}.$$

Se a série for antecipada, basta multiplicar esses resultados por e^r.

Exemplo 3.5
Suponha um fluxo de prestações mensais em que o primeiro depósito é $ 100.00 e os demais crescem à razão de $ 100.00 por período de capitalização. Se a taxa de juros contínuos mensal for de 2.5%, calcular o montante acumulado após 3 anos.

$$S =?; \quad R = 100; \quad n = 36; \quad r_{am} = 2.5\%.$$

O primeiro depósito é igual à razão da *PA*. Portanto, trata-se de uma série gradiente postecipada, e o montante será:

$$S = \frac{100}{e^{0.025} - 1}\left\{e^{0.025}\left[\frac{e^{0.025 \times 36} - 1}{e^{0.025} - 1}\right] - 36\right\} = 91316.83.$$

3.1.4 Série em progressão aritmética: gradiente decrescente

O montante acumulado S, após n depósitos discretos remunerados à taxa de juros contínuos r, será dado por:

$$S = nRe^{(n-1)r} + (n-1)Re^{(n-2)r} + \cdots + 2Re^r + R. \tag{3.4}$$

Multiplicando essa equação por e^r obtemos:

$$Se^r = nRe^{nr} + (n-1)Re^{(n-1)r} + \cdots + 2Re^{2r} + Re^r. \tag{3.5}$$

Subtraindo a Equação (3.4) da (3.5), obtemos:

$$S(e^r - 1) = nRe^{nr} - \left[Re^{(n-1)r} + Re^{(n-2)r} + \cdots + Re^{2r} + Re^r\right].$$

A expressão entre colchetes é uma *PG* de razão e^r. Calculando a soma dessa *PG*, obtemos:

$$S(e^r - 1) = nRe^{nr} - R\left[\frac{e^{rn} - 1}{e^r - 1}\right].$$

Colocando R em evidência e isolando o valor de S, obtemos a fórmula do montante:

$$S = \frac{R}{e^r - 1}\left\{ne^{rn} - \left[\frac{e^{rn} - 1}{e^r - 1}\right]\right\}.$$

O valor atual será dado por:

$$P = \frac{R}{e^r - 1}\left\{ne^{rn} - \left[\frac{e^{rn} - 1}{e^r - 1}\right]\right\}\frac{1}{e^{rn}}.$$

Se a série for antecipada, basta multiplicar esses resultados por e^r. Observe que essas fórmulas também poderiam ter sido obtidas substituindo-se $(1 + i)$ por e^r na fórmula do montante com juros compostos.

Exemplo 3.6

Suponha um fluxo de prestações mensais em que o primeiro depósito é $ 3600.00 e os demais decrescem à razão de $ 100.00 por período de capitalização. Se a taxa de juros contínuos mensal for de 2.5%, calcular o montante acumulado após 3 anos.

$$S = ?; \quad R = 100; \quad n = 36; \quad r_{am} = 2.5\%.$$

O último depósito é igual à razão da *PA*.

$$a_n = 3600 - 35 \times 100 = 100.$$

Portanto, trata-se de uma série gradiente decrescente postecipada, e o montante será:

$$S = \frac{100}{e^{0.025} - 1} \left\{ 36 e^{0.025 \times 36} - \left[\frac{e^{0.025 \times 36} - 1}{e^{0.025} - 1} \right] \right\} = 122015.41.$$

3.1.5 Série em progressão aritmética: valor inicial diferente da razão

Como foi visto no Capítulo 2, uma série em *PA* crescente cujo primeiro termo é diferente da razão da *PA* pode ser decomposta em uma série gradiente mais uma uniforme, de modo que o montante da série em *PA* será igual à soma dos montantes da gradiente e uniforme:

$$S = \frac{R}{e^r - 1} \left\{ e^r \left[\frac{e^{rn} - 1}{e^r - 1} \right] - n \right\} + F \left[\frac{e^{rn} - 1}{e^r - 1} \right].$$

Se os pagamentos forem antecipados, basta multiplicar a expressão anterior por e^r.

No caso de uma série decrescente, adotando-se o mesmo procedimento, o montante será dado por:

$$S = \frac{R}{e^r - 1} \left\{ n e^{rn} - \left[\frac{e^{rn} - 1}{e^r - 1} \right] \right\} + F \left[\frac{e^{rn} - 1}{e^r - 1} \right].$$

Exemplo 3.7

Suponha que, a partir do próximo mês, sejam feitos 25 depósitos mensais consecutivos em um fundo de renda fixa que paga uma taxa de juros contínuos mensal de 1.2%. Calcular o montante acumulado, sabendo-se que o primeiro depósito é de $ 500.00 e que os demais depósitos crescem $ 50.00 por mês.

Trata-se de uma série gradiente postecipada crescente, sendo que o primeiro depósito é diferente da razão. Logo, decompomos em duas séries: uma, uniforme, com depósitos de $ 450.00, e outra, gradiente, cujo primeiro termo é $ 50.00 e é igual à razão.

$$F + R = 500; \quad R = 50; \quad F = 450; \quad n = 25; \quad r_{am} = 1.2\%.$$

Montante série gradiente:

$$S_1 = \frac{50}{e^{0.012} - 1} \left\{ e^{0.012} \left(\frac{e^{0.012 \times 25} - 1}{e^{0.012} - 1} \right) - 25 \right\} = 17934.38.$$

Montante série uniforme:

$$S_2 = 450 \left(\frac{e^{0.012 \times 25} - 1}{e^{0.012} - 1} \right) = 13041.14.$$

Portanto, o montante total será:

$$S = 17934.38 + 13041.14 = 30975.52.$$

3.1.6 Série em progressão geométrica

Como no caso discreto, considere uma série em progressão geométrica, porém capitalizada a taxas contínuas. Para obtermos o valor acumulado após n períodos de capitalização, devemos levar cada um dos depósitos efetuados a valor futuro utilizando a taxa de juros contínuos r. Dessa forma, podemos escrever:

$$S = Re^{r(n-1)} + R(1+\alpha)e^{r(n-2)} + \cdots + R(1+\alpha)^{n-2}e^r + R(1+\alpha)^{n-1}.$$

Essa série constitui uma PG cuja razão é $\delta = \frac{(1+\alpha)}{e^r}$. Podemos, portanto, calcular a soma dos termos dessa PG:

$$S = Re^{r(n-1)} \frac{\left[\left(\frac{1+\alpha}{e^r}\right)^n - 1\right]}{\left[\left(\frac{1+\alpha}{e^r}\right) - 1\right]} = R\left[\frac{e^{rn} - (1+\alpha)^n}{e^r - (1+\alpha)}\right].$$

Portanto, o montante será dado pela expressão:

$$S = R\left[\frac{e^{rn} - (1+\alpha)^n}{e^r - (1+\alpha)}\right].$$

Nota 3.1
Essa expressão somente é válida se $(1+\alpha) \neq e^r$, de modo que a razão da PG deve ser diferente de 1, isto é, $\delta = \frac{(1+\alpha)}{e^r} \neq 1$.

O valor atual será dado pela expressão:

$$S = R\left[\frac{e^{rn} - (1+\alpha)^n}{e^r - (1+\alpha)}\right] \frac{1}{e^{rn}}.$$

Se a série for antecipada, basta multiplicar tanto o montante quanto o principal por e^r. Observe que essas fórmulas também poderiam ter sido obtidas substituindo-se $(1+i)$ na fórmula do montante da série discreta com juros compostos por e^r.

Exemplo 3.8
Calcular o montante e valor atual de uma aplicação capitalizada continuamente à taxa de juros de 5% ao mês, sabendo-se que os pagamentos de $ 100.00 crescem à taxa de 1% ao mês, durante 7 meses.

$$R = 100; \quad r_{am} = 5\%; \quad \alpha = 1\% \text{ ao mês}; \quad n = 7.$$

$$S = 100 \left[\frac{e^{0.05 \times 7} - (1 + 0.01)^7}{e^{0.05} - (1 + 0.01)} \right] = 840.62.$$

O valor atual é dado por:

$$P = \frac{840.62}{e^{0.05 \times 7}} = 592.37.$$

Devemos considerar, agora, a situação em que $(1 + \alpha) = e^r$. Observe que os depósitos crescem à taxa $(1 + \alpha)$ e decrescem à taxa r. Como ambas as taxas são iguais, o valor futuro de cada um dos depósitos efetuados será igual. Dessa forma, podemos escrever:

$$S = Re^{r(n-1)} + Re^r e^{r(n-2)} + \cdots + Re^{r(n-2)} e^r + Re^{r(n-1)}.$$

Todos os termos dessa série são iguais a $Re^{r(n-1)}$ e, portanto, o montante será dado por:

$$S = nRe^{r(n-1)}.$$

O valor atual dessa série será dado pela expressão:

$$P = \frac{nRe^{r(n-1)}}{e^{rn}} = \frac{nR}{e^r}.$$

Se a série for antecipada, então o montante será dado pela expressão:

$$S = nRe^{rn}.$$

Já o valor atual será dado por:

$$P = nR.$$

Exemplo 3.9

Suponha que os pagamentos mensais de um empréstimo no valor de $ 1000.00 cresçam à taxa mensal de 1.5%. Sabendo-se que a taxa de juros contínuos é de 1.5% ao mês, determinar o valor da primeira parcela e o montante acumulado após 20 pagamentos.

$$P = 1000; \quad r_{am} = 1.5\%; \quad \alpha = 1.5\% \text{ ao mês}; \quad n = 20.$$

Valor da primeira parcela:

$$1000 = \frac{20R}{e^{0.015}} \Rightarrow R = 50.76.$$

Valor do montante:

$$S = 20 \times 1000 e^{0.015(20-1)} = 26595.24.$$

3.2 Séries contínuas

3.2.1 Série uniforme

Nas séries contínuas, os depósitos são uma função contínua do tempo $R(t)$. Para encontrar o valor atual desse tipo de série, devemos obter a soma de todos os depósitos contínuos, e cada um destes deve ser levado a valor atual do instante $t = 0$ até o instante $t = n$, ou seja, cada um dos valores da função $R(t)$ deve ser dividido por e^{rt}. Portanto, temos a função depósitos contínuos a valor atual: $R(t)e^{-rt}$. Uma vez que cada um dos valores da função $R(t)$ esteja a valor atual, podemos calcular o valor da soma, usando integral:

$$P = \int_{t=0}^{n} R(t)e^{-rt}dt.$$

Resta-nos, agora, especificar a forma da função $R(t)$. No caso particular de uma série uniforme, temos que $R(t) = R$ para $t \in \mathbb{R}$. Portanto, o valor atual da série será:

$$P = \int_{t=0}^{n} Re^{-rt}dt = R\int_{t=0}^{n} e^{-rt}dt = -\frac{R}{r}e^{-rt}\Big|_{t=0}^{n} =$$
$$= \left(-\frac{R}{r}e^{-rn}\right) - \left(-\frac{R}{r}\right) = R\left(\frac{1-e^{-rn}}{r}\right).$$

Logo:

$$P = R\left(\frac{e^{rn}-1}{r}\right)\frac{1}{e^{rn}}.$$

O montante será obtido multiplicando-se essa expressão por e^{rn}:

$$S = R\left(\frac{e^{rn}-1}{r}\right).$$

Nota 3.2
Devido ao fato de os depósitos serem contínuos, não há diferença entre série antecipada e postecipada.

Exemplo 3.10
Calcular o montante e valor atual de uma série de pagamentos contínuos no valor de $ 100.00 pelo prazo de 8 meses, sabendo-se que a taxa de juros contínuos mensal é de 10%.

$$P = ?; \quad R = 100; \quad r_{am} = 10\%; \quad n = 8;$$

$$S = 100\left(\frac{e^{0.10\times 8}-1}{0.10}\right) = 1225.54.$$

$$P = \frac{1225.54}{e^{0.10\times 8}} = 550.67.$$

3.2.2 Série em progressão aritmética crescente

O termo geral dessa série será dado pela função contínua do tempo:

$$R(t) = R + bt \text{ para } t \in \mathbb{R}_+ \text{ e } b \in \mathbb{R}_+$$

em que $b = \frac{dR(t)}{dt} = \frac{R(t)-R}{t}$ e indica a variação do montante a cada intervalo infinitesimal do tempo. Sendo uma função linear, essa variação infinitesimal é constante e igual à variação discreta no intervalo de 0 a n.

Devemos observar que o primeiro termo R é diferente da razão b. Para encontrar o valor atual, devemos levar cada um dos pagamentos contínuos a valor atual e calcular sua soma, ou seja, devemos calcular a integral:

$$\int_{t=0}^{n} (R + bt)e^{-rt}dt,$$

cuja solução é:

$$\int_{t=0}^{n} (R + bt)e^{-rt}dt = \int_{t=0}^{n} Re^{-rt}dt + \int_{t=0}^{n} bte^{-rt}dt.$$

O primeiro termo do lado direito da equação é a integral de uma série uniforme que já sabemos calcular. Resta-nos, portanto, calcular a integral do segundo termo, cuja solução é:

$$P = \int_{t=0}^{n} bte^{-rt}dt = b \int_{t=0}^{n} te^{-rt}dt. \tag{3.6}$$

Para resolver essa integral, basta observar a seguinte integral padrão:

$$\int xe^{x}dx = e^{x}(x - 1).$$

Para reduzir a Equação (3.6) à integral padrão, façamos uma mudança de variável:

$$x = -rt \Rightarrow t = -\frac{x}{r} \Rightarrow dt = -\frac{dx}{r}.$$

Substituindo em (3.6), obtemos:

$$P = b \int_{t=0}^{n} -\frac{x}{r}e^{x}\frac{dx}{-r} = \frac{b}{r^2} \int_{t=0}^{n} xe^{x}dx = \frac{b}{r^2}e^{-rt}(-rt - 1)\Big|_{0}^{n}.$$

Resolvendo a integral definida de 0 a n, obtemos:

$$P = \frac{b}{r^2}e^{-rn}(-rn - 1) + \frac{b}{r^2} = \frac{b}{r^2}(-nre^{-rn} - e^{-rn} + 1).$$

3. Séries Finitas de Pagamentos com Capitalização Instantânea

Multiplicando por e^{rn} e simplificando, obtemos o montante:

$$S = \frac{b}{r^2}(-rn - 1 + e^{rn}) = \frac{b}{r^2}(e^{rn} - 1 - rn) = \frac{b}{r}\left[\left(\frac{e^{rn} - 1}{r}\right) - n\right].$$

Portanto, o montante total será dado:

$$S = R\left(\frac{e^{rn} - 1}{r}\right) + \frac{b}{r}\left[\left(\frac{e^{rn} - 1}{r}\right) - n\right]. \tag{3.7}$$

Nessa expressão, o primeiro termo corresponde ao montante de uma série uniforme contínua com pagamentos iguais a R. O segundo termo é o montante de uma série em PA, cujo primeiro termo é 0, e que cresce à razão infinitesimal b. Portanto, a uma série uniforme com pagamentos iguais a R, estamos adicionando uma série em PA crescente para obtermos o montante. Se quisermos calcular o montante de uma série gradiente, devemos fazer $R = b$ na Equação (3.7):

$$S = b\left(\frac{e^{rn} - 1}{r}\right) + \frac{b}{r}\left[\left(\frac{e^{rn} - 1}{r}\right) - n\right].$$

Simplificando, obtemos:

$$S = \frac{b}{r}\left\{(1 + r)\left(\frac{e^{rn} - 1}{r}\right) - n\right\}.$$

Nota 3.3
Observe que, nessa fórmula, se a taxa de juros contínuos está cotada ao mês, por exemplo, a razão da PA indica a variação do montante ao mês, e o prazo da aplicação também está medido em meses. Além disso, note a semelhança com a fórmula obtida para pagamentos discretos.

Exemplo 3.11
Calcular o montante de uma série de pagamentos contínuos em PA pelo prazo de 50 meses, sabendo-se que a taxa de juros instantânea mensal é de 1.2% e que o primeiro e o último pagamentos são de $ 100.00 e $ 500.00, respectivamente.

Os pagamentos constituem uma PA:

$$500 = 100 + 50b \Rightarrow b = 8.$$

A série não é gradiente, pois os pagamentos crescem à razão de $ 8.00 ao mês, enquanto o primeiro termo é $ 100.00. No entanto, podemos decompor essa série em uma série uniforme mais uma gradiente:

$$S = 100\left(\frac{e^{0.012 \times 50} - 1}{0.012}\right) + \frac{8}{0.012}\left[\left(\frac{e^{0.012 \times 50} - 1}{0.012}\right) - 50\right] = 19190.92.$$

Exemplo 3.12
Calcular o montante de uma série de pagamentos contínuos em PA pelo prazo de 10 meses, sabendo-se que crescem à razão de $ 100.00 ao mês, que a taxa de juros é de 1.5% ao mês e que o primeiro pagamento é de $ 100.00.

A série é gradiente, pois o primeiro termo é igual à razão da PA:

$$S = \frac{100}{0.015}\left\{(1+0.015)\left(\frac{e^{0.015\times 10}-1}{0.015}\right)-10\right\} = 6338.56.$$

3.2.3 Série em progressão aritmética decrescente

O termo geral dessa série será dado pela função contínua do tempo:

$$R(t) = R - bt \text{ para } t \in \mathbb{R}_+ \text{ e } b \in \mathbb{R}_+ \text{ tal que } R(t) \geq 0 \Rightarrow n \leq \frac{R}{b}. \quad (3.8)$$

Em que $b = -\frac{dR(t)}{dt} = -\frac{R(t)-R}{t}$ e indica a variação do montante a cada intervalo infinitesimal do tempo. Sendo uma função linear, essa variação infinitesimal é constante e igual à variação discreta no intervalo de 0 a n.

Devemos observar que o primeiro termo R é diferente da razão b. Para encontrar o valor atual, devemos levar cada um dos pagamentos contínuos a valor atual e calcular sua soma usando a integral:

$$\int_{t=0}^{n}(R-bt)e^{-rt}dt,$$

cuja solução é:

$$\int_{t=0}^{n}(R-bt)e^{-rt}dt = \int_{t=0}^{n}Re^{-rt}dt - \int_{t=0}^{n}bte^{-rt}dt.$$

O primeiro termo do segundo membro da equação é a integral de uma série uniforme de pagamentos iguais a R, e a integral do segundo termo já foi calculada para o caso da série crescente. Portanto, o montante será dado por:

$$S = R\left(\frac{e^{rn}-1}{r}\right) - \frac{b}{r}\left[\left(\frac{e^{rn}-1}{r}\right)-n\right]. \quad (3.9)$$

Nesta expressão, o segundo termo é o montante de uma série em PA, cujo primeiro termo é zero e cresce à razão infinitesimal b. Portanto, de uma série uniforme com pagamentos iguais a R, estamos descontando uma série em PA crescente para obtermos o montante da série decrescente. Se quisermos calcular o montante de uma série gradiente, devemos fazer o último termo igual à razão:

$$R(n) = b \Rightarrow R = b(n+1). \quad (3.10)$$

Portanto, a condição $n \leq \frac{R}{b}$ é sempre verificada na série gradiente.

Substituindo (3.10) na Equação (3.9), obtemos:

$$S = b(n+1)\left(\frac{e^{rn}-1}{r}\right) - \frac{b}{r}\left[\left(\frac{e^{rn}-1}{r}\right) - n\right].$$

Simplificando, finalizamos com:

$$S = \frac{b}{r}\left\{ne^{rn} - (1-r)\left[\frac{e^{rn}-1}{r}\right]\right\}.$$

Nota 3.4
Se a taxa de juros contínuos está cotada ao mês, por exemplo, a razão da PA indica que a variação do montante será medida em meses, assim como o prazo da aplicação.

Exemplo 3.13
Calcular o montante de uma série de pagamentos contínuos em PA pelo prazo de 1 ano, sabendo-se que esses pagamentos decrescem à razão de $ 50.00 ao mês, que a taxa de juros contínuos é de 1.5% ao mês e o primeiro pagamento é de $ 1000.00.

Vimos que a condição para o cálculo do montante é:

$$n \le \frac{R}{b} = \frac{1000}{50} = 20.$$

Como $n = 12$, então o montante será dado por:

$$S = 1000\left(\frac{e^{0.015 \times 12}-1}{0.015}\right) - \frac{50}{0.015}\left[\left(\frac{e^{0.015 \times 12}-1}{0.015}\right) - 12\right] = 9321.74.$$

Exemplo 3.14
Calcular o montante de uma série de pagamentos contínuos em PA pelo prazo de 18 meses, sabendo-se que esses pagamentos decrescem à razão de $ 100.00 ao mês, que a taxa de juros é de 1.5% ao mês e o primeiro pagamento é de $ 1900.00.

O último termo dessa PA é:

$$R(n) = 1900 - 100 \times 18 = 100.$$

O último termo é igual à razão. Portanto, trata-se de uma série gradiente.

$$S = \frac{100}{0.015}\left\{18e^{0.015 \times 18} - (1 - 0.015)\left(\frac{e^{0.015 \times 18}-1}{0.015}\right)\right\} = 21500.19.$$

3.2.4 Série em progressão geométrica

O termo geral dessa série é dado pela função contínua do tempo:

$$R(t) = Re^{\alpha t} \text{ para } t \in \mathbb{R}_+$$

em que $\alpha = \frac{dR(t)}{dt} \frac{1}{R(t)}$ é a taxa de variação contínua dos depósitos. Como se trata de uma PG, essa variação percentual infinitesimal é constante. Devemos levar cada um dos pagamentos contínuos a valor atual e calcular sua soma, ou seja, devemos calcular a integral:

$$P = \int_0^n R(t)\,dt = \int_0^n Re^{\alpha t} e^{-rt} dt = \int_0^n Re^{(\alpha-r)t} dt = R \frac{1}{(\alpha-r)} e^{(\alpha-r)t} \Big|_0^n. \quad (3.11)$$

Resolvendo a integral definida de 0 a n, obtemos o valor atual:

$$P = R \left(\frac{e^{rn} - e^{\alpha n}}{r - \alpha} \right) \frac{1}{e^{rn}}.$$

O montante será:

$$S = R \left(\frac{e^{rn} - e^{\alpha n}}{r - \alpha} \right).$$

Nota 3.5

Nessa fórmula, se a taxa de juros contínuos está cotada ao mês, por exemplo, a razão da PG indica a taxa de variação do montante ao mês, e o prazo da aplicação também está medido em meses.

Nota 3.6

A expressão anterior só é válida se $\alpha \neq r$.

Exemplo 3.15

Calcular o montante de um conjunto de prestações contínuas que crescem a uma taxa mensal de 2.0% pelo prazo de 24 meses, sabendo-se que a taxa de juros contínuos mensal é de 1.4% e que o primeiro pagamento é de $ 150.00.

$$S = 150 \left(\frac{e^{0.014 \times 24} - e^{0.02 \times 24}}{0.014 - 0.02} \right) = 5418.38.$$

No caso em que $\alpha = r$, a integral dada pela Equação (3.11) fica:

$$P = \int_0^n R(t)\,dt = \int_0^n Re^{\alpha t} e^{-rt} dt = \int_0^n Re^{(\alpha-r)t} dt = tR\big|_0^n = nR.$$

Portanto, o valor atual será dado por:

$$P = nR.$$

E o montante por:
$$S = nRe^{rn}.$$

Exemplo 3.16
Calcular o montante de um conjunto de prestações contínuas que crescem a uma taxa mensal de 1.5% pelo prazo de 5 anos, sabendo-se que a taxa de juros contínuos mensal é de 1.5% e que o primeiro pagamento é de $ 100.00.

$$S = 60 \times 100 e^{0.015 \times 60} = 14757.62.$$

3.3 Principais conceitos

Série discreta com capitalização instantânea: pagamentos periódicos capitalizados pela taxa de juros contínuos.

Série uniforme: pagamentos discretos constantes.

Série em progressão aritmética: pagamentos discretos que crescem ou decrescem segundo um valor constante.

Série geométrica: pagamentos discretos que crescem ou decrescem segundo uma porcentagem constante.

Séries contínuas: pagamentos em intervalos infinitesimais do tempo capitalizados pela taxa de juros contínuos.

Série uniforme: pagamentos contínuos constantes.

Série em progressão aritmética: pagamentos contínuos que crescem ou decrescem segundo um valor constante.

Série geométrica: pagamentos contínuos que crescem ou decrescem segundo uma porcentagem constante.

3.4 Formulário

SÉRIE UNIFORME DISCRETA COM CAPITALIZAÇÃO INSTANTÂNEA

$$S = R \left(\frac{e^{rn} - 1}{e^r - 1} \right).$$

SÉRIE GRADIENTE CRESCENTE DISCRETA COM CAPITALIZAÇÃO INSTANTÂNEA

$$S = \frac{R}{e^r - 1} \left\{ e^r \left[\frac{e^{rn} - 1}{e^r - 1} \right] - n \right\}.$$

SÉRIE GRADIENTE DECRESCENTE DISCRETA COM CAPITALIZAÇÃO INSTANTÂNEA

$$S = \frac{R}{e^r - 1}\left\{ne^{rn} - \left[\frac{e^{rn} - 1}{e^r - 1}\right]\right\}.$$

SÉRIE GEOMÉTRICA DISCRETA COM CAPITALIZAÇÃO INSTANTÂNEA

$$S = R\left[\frac{e^{rn} - (1 + \alpha)^n}{e^r - (1 + \alpha)}\right].$$

SÉRIE UNIFORME CONTÍNUA

$$S = R\left(\frac{e^{rn} - 1}{r}\right).$$

SÉRIE GRADIENTE CRESCENTE CONTÍNUA

$$S = \frac{b}{r}\left\{(1 + r)\left(\frac{e^{rn} - 1}{r}\right) - n\right\}.$$

SÉRIE GRADIENTE DECRESCENTE CONTÍNUA

$$S = \frac{b}{r}\left\{ne^{rn} - (1 - r)\left(\frac{e^{rn} - 1}{r}\right)\right\}.$$

SÉRIE GEOMÉTRICA CONTÍNUA

$$S = R\left(\frac{e^{rn} - e^{\alpha n}}{r - \alpha}\right).$$

> **Nota 3.7**
> Nas séries discretas, as séries antecipadas são obtidas multiplicando-se as fórmulas anteriores por e^r.

> **Nota 3.8**
> Para obter o principal, basta multiplicar as fórmulas anteriores por e^{-rn}.

3.5 Leituras sugeridas

[1] DE FARO, Clóvis. *Elementos de Engenharia Econômica*. 3. ed. São Paulo: Atlas, 1979.
[2] THUESEN, G. J.; FABRYCKY, W. J. *Engineering Economy*. 8. ed. New Jersey: Prentice Hall, 1993.

3.6 Exercícios

EXERCÍCIO 3.1
Calcular o montante de uma série de 150 pagamentos mensais vencidos no valor de $ 450.00, sabendo-se que a capitalização é instantânea e que a taxa de juros contínuos mensal é 1.2%. R: $ 188227.88.

EXERCÍCIO 3.2
Uma geladeira foi adquirida em 18 prestações mensais. O preço à vista é $ 950.00 e a taxa de juros contínuos anual cobrada no financiamento é 36.0%. Calcular o valor da prestação mensal, sabendo-se que a capitalização é instantânea. R: $ 69.34.

EXERCÍCIO 3.3
Calcular o montante de uma série de 250 pagamentos mensais antecipados no valor de $ 250.00, sabendo-se que a taxa de juros contínuos mensal é de 3.5% e que a capitalização é instantânea. R: $ 45862512.51.

EXERCÍCIO 3.4
Calcular o valor atual de uma série de 35 pagamentos mensais antecipados no valor de $ 180.00, sabendo-se que a taxa de juros contínuos mensal é de 2.7% e que a capitalização é instantânea. R: $ 4130.74.

EXERCÍCIO 3.5
Calcular o montante de uma série de 52 prestações mensais de $ 450.00, mais uma entrada de igual valor, sabendo-se que a taxa de juros contínuos semestral é de 15.0% e que a capitalização é instantânea. R: $ 49100.00.

EXERCÍCIO 3.6
Determinar o montante de um conjunto de 90 pagamentos mensais postecipados no valor de $ 115.00, mais uma entrada de $ 1500.00, sabendo-se que a taxa de juros contínuos mensal é de 2.5% e que a capitalização é instantânea. R: $ 57789.18.

EXERCÍCIO 3.7
Calcular o montante de uma série de 50 pagamentos bimestrais vencidos, sendo os 25 primeiros iguais a $ 150.00 e os restantes iguais a $ 250.00. Considere uma taxa de juros contínuos anual igual a 42.0% e capitalização instantânea. R: $ 72995.60.

EXERCÍCIO 3.8
Calcular o montante de uma série de 25 pagamentos mensais vencidos que crescem segundo uma *PA* de razão igual a $ 325.00, sabendo-se que a capitalização é instantânea e que a taxa de juros contínuos semestral é 15.0%. Considere o primeiro termo igual à razão da *PA*.
R: $ 130509.96.

Exercício 3.9
Calcular o montante de uma série de 125 pagamentos mensais antecipados que crescem segundo uma *PA* de razão igual a R$ 125.00, sabendo-se que a capitalização é instantânea e que a taxa de juros contínuos mensal é 1.5%. Considere o primeiro termo igual à razão da *PA*. R: $ 2063918.27.

Exercício 3.10
Considere um conjunto de 151 prestações mensais vencidas em que o primeiro depósito é $ 22650.00 e que os demais decrescem à razão de $ 150.00 por período de capitalização. Se a taxa de juros contínuos mensal for de 4.5%, calcular o montante acumulado, sabendo-se que a capitalização é instantânea. R: $ 376438863.75.

Exercício 3.11
Considere um conjunto de 65 prestações mensais antecipadas que decrescem segundo uma *PA* de razão igual a $ 120.00. Calcular o montante, sabendo-se que o último termo é igual à razão da *PA* e que a taxa de juros contínuos semestral é igual a 20%. Considere capitalização instantânea. R: $ 1201457.94.

Exercício 3.12
Calcular o montante de 55 depósitos mensais vencidos, sabendo-se que o primeiro depósito é de $ 500.00, e que os demais depósitos crescem $ 150.00 por mês. Considere uma taxa de juros contínuos anual de 35% e capitalização instantânea. R: $ 468861.72.

Exercício 3.13
Calcular o montante de 106 depósitos mensais vencidos, sabendo-se que o primeiro depósito é de $ 7500.00, e que os demais depósitos decrescem $ 50.00 por mês. Considere uma taxa de juros contínuos mensal anual de 1.3% e capitalização instantânea.
R: $ 1239204.60.

Exercício 3.14
Calcular o montante e o valor atual de uma série de 100 depósitos mensais em um fundo de renda fixa a uma taxa de juros contínuos de 1.6% ao mês. O primeiro depósito, no valor de $ 2500.00, é feito depois de um mês, e os demais crescem à taxa de 1% ao mês. Considere capitalização instantânea. R: $ 185156.96.

Exercício 3.15
Calcular o montante e o valor atual de uma série de 120 pagamentos mensais postecipados, que crescem à taxa de 2.5% ao mês, sabendo-se que a taxa de juros contínuos mensal é de 0.9% e que o primeiro pagamento é de $ 450.00. Considere capitalização instantânea.
R: $ 462803.85 e $ 157106.12.

Exercício 3.16
Calcular o montante e valor atual de uma série de pagamentos contínuos no valor de $ 1500.00, pelo prazo de 18 meses, sabendo-se que a taxa de juros contínuos mensal é de 10%. R: $ 75744.71 e $ 12520.52.

Exercício 3.17

Calcular o montante de uma série de pagamentos contínuos em *PA* pelo prazo de 100 meses, sabendo-se que a taxa de juros contínuos mensal é de 1.5% e que o primeiro e o último pagamentos são de $ 1000.00 e $ 5000.00, respectivamente.   R: $ 361584.78.

Exercício 3.18

Calcular o montante de uma série de pagamentos contínuos em *PA* pelo prazo de 2 anos, sabendo-se que esses pagamentos decrescem à razão de $ 100.00 ao mês, que a taxa de juros contínuos é de 2.5% ao mês e que o primeiro pagamento é de $ 2450.00.

R: $ 51605.58.

Exercício 3.19

Calcular o montante de um conjunto de prestações contínuas que crescem a uma taxa mensal de 2.5%, pelo prazo de 36 meses, sabendo-se que a taxa de juros contínuos mensal é de 1.5% e que o primeiro pagamento é de $ 250.00.   R: $ 18589.91.

Exercício 3.20

Calcular o primeiro pagamento de um conjunto de prestações contínuas que crescem a uma taxa mensal de 1.5%, pelo prazo de cinco anos, sabendo-se que a taxa de juros contínuos mensal é 2.0% e que o principal é $ 50000.00.   R: $ 964.57.

Capítulo 4

Séries Infinitas ou Perpetuidades

4.1 Introdução

Séries infinitas ou perpetuidades são séries com infinitos pagamentos ou depósitos. Suponha que se queira, a partir de um depósito em um fundo de renda fixa feito na data de hoje, receber uma renda perpétua (ou uma perpetuidade). Suponha, ainda, uma série uniforme discreta com capitalização periódica em que seu valor atual é dado pela equação:

$$P = \frac{R}{(1+i)} + \frac{R}{(1+i)^2} + \cdots + \frac{R}{(1+i)^n}.$$

À medida que n aumenta, o termo $\frac{R}{(1+i)}$ é cada vez menor, de modo que o valor atual de cada depósito adicional é, também, cada vez menor. Intuitivamente, podemos pensar que a soma do valor atual da série pode convergir para determinado resultado à medida que n se tornar grande. Logo, devemos encontrar o limite dessa série quando $n \to \infty$. Assim, o problema de qualquer série infinita é encontrar o valor atual que, à medida que aumenta o número de pagamentos, tende para determinado valor que, aplicado a determinada taxa de juros, deverá produzir uma renda perpétua. A Figura (4.1) representa bem o que acontece.

O que é interessante observar na figura é que, quando os períodos de capitalização são suficientemente grandes, eles se tornam indistinguíveis da capitalização infinita. Na figura, observa-se que para $n_1 \ll \infty$, há uma diferença considerável, $d_1 = P(n = \infty) - P(n_1)$, sendo $P(n = \infty) = \frac{R}{i}$. Porém, à medida que n aumenta, atingindo $n_2 < \infty$, a diferença, $d_2 = \frac{R}{i} - P(n_2)$, vai se tornando realmente muito pequena. Isso será tanto mais verdade quanto maior for i.

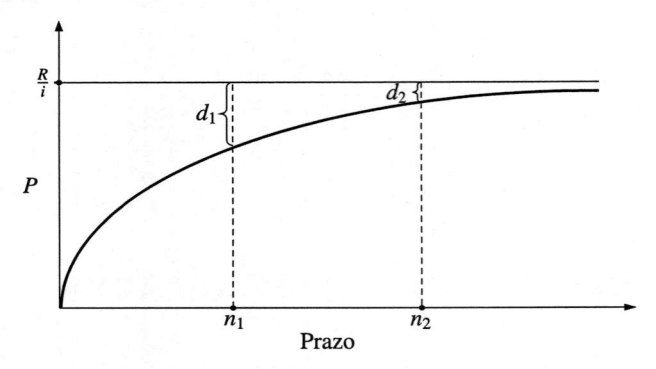

Figura 4.1 A representação do retorno de uma série infinita.

Por que esse tipo de análise é importante? Podemos estar interessados em constituir um fundo de renda fixa que proporcione uma renda perpétua a ser utilizada por nossos filhos, netos e bisnetos. Um exemplo de grande interesse são organizações não governamentais cujo fundador geralmente doa determinada quantia em dinheiro, de modo a manter a organização em funcionamento indefinidamente. Então, a pergunta que se faz é: qual deve ser o capital mínimo necessário aplicado em um fundo de renda fixa que gere recursos suficientes para manter a estrutura funcionando indefinidamente?

4.2 Séries discretas com capitalização periódica

4.2.1 Série uniforme

O valor atual de uma série uniforme postecipada[1] com depósitos discretos e juros compostos é dado por:

$$P = R\left[\frac{(1+i)^n - 1}{i}\right]\frac{1}{(1+i)^n} = \left[\frac{1 - \frac{1}{(1+i)^n}}{i}\right].$$

O limite dessa expressão quando $n \to \infty$ fica:

$$P = \lim_{n\to\infty}\left[\frac{1 - \frac{1}{(1+i)^n}}{i}\right] = \frac{R}{i}. \tag{4.1}$$

Portanto, se quisermos receber uma renda perpétua igual a R, devemos depositar, na data de hoje, uma quantia igual a P. Ou seja, para usufruir de uma renda perpétua igual a R, o principal da aplicação deve ser mantido intocável, e poderemos sacar apenas o serviço da aplicação iP, que corresponde ao recebimento dos juros da aplicação.

---

1. Não tem sentido analisar perpetuidades em séries antecipadas, pois a questão é determinar a renda perpétua gerada por um depósito feito na data de hoje.

Séries Infinitas ou Perpetuidades **77**

Exemplo 4.1
Suponha que se queira receber uma renda mensal perpétua de $ 1500.00. Quanto deverá ser depositado na data de hoje em um fundo de renda fixa que paga uma taxa de juros compostos mensal de 0.5%?

$$R = 1500; \quad i_{am} = 0.5\%; \quad P = ?$$

$$P = \frac{1500}{0.005} = 300000.$$

Observe que, para um depósito feito na data de hoje no valor de $ 300000.00, os juros mensais correspondem a $ 1500.00. Portanto, a renda perpétua corresponde exatamente aos juros da aplicação, mantendo-se o capital aplicado intocado.

4.2.2 Série em progressão aritmética: gradiente crescente
O valor atual de uma série gradiente crescente postecipada com depósitos discretos e capitalização periódica é dado por:

$$P = \frac{R}{i}\left\{(1+i)\left[\frac{(1+i)^n - 1}{i}\right] - n\right\}\frac{1}{(1+i)^n} = \frac{R}{i}\left\{(1+i)\left[\frac{1 - \frac{1}{(1+i)^n}}{i}\right] - \frac{n}{(1+i)^n}\right\}.$$

Portanto, devemos encontrar o limite dessa expressão quando $n \to \infty$. Aplicando a regra de L'Hôpital ao segundo termo da expressão entre chaves, obtemos:

$$P = \lim_{n\to\infty}\frac{R}{i}\left\{(1+i)\left[\frac{1 - \frac{1}{(1+i)^n}}{i}\right] - \frac{1}{(1+i)^n \ln(1+i)}\right\} = \frac{R}{i^2}(1+i).$$

Exemplo 4.2
Quanto devo depositar na data de hoje em um fundo de renda fixa que paga uma taxa de juros compostos mensal de 1.0%, para usufruir de uma renda perpétua mensal que se inicia com $ 100.00 e cresce $ 100.00 ao mês?

$$R = 100; \quad \text{razão} = 100; \quad i_{am} = 0.5\%.$$

$$P = \frac{100}{(0.01)^2}(1 + 0.01) = 1010000.$$

4.2.3 Série em progressão aritmética: gradiente decrescente
O valor atual de uma série gradiente decrescente com depósitos discretos e capitalização periódica é dado por:

$$P = \frac{R}{i}\left\{n(1+i)^n - \left[\frac{(1+i)^n - 1}{i}\right]\right\}\frac{1}{(1+i)^n} = \frac{R}{i}\left\{n - \left[\frac{1 - \frac{1}{(1+i)^n}}{i}\right]\right\}.$$

Portanto, devemos encontrar o limite dessa expressão quando $n \to \infty$.

$$P = \lim_{n \to \infty} \frac{R}{i} \left\{ n(1+i)^n - \left[\frac{(1+i)^n - 1}{i} \right] \right\} \frac{1}{(1+i)^n} = +\infty.$$

Nesse caso, o limite não converge. Observe que esse resultado contradiz um raciocínio afoito: se a série crescente é convergente, a decrescente, como os termos se reduzem, deveria convergir mais rapidamente. No entanto, como ela é decrescente, o n-ésimo termo pode ser escrito:

$$a_n = a_1 + (n-1)r \Rightarrow a_1 = a_n + (n-1)r.$$

Pesquisando o limite dessa expressão quando $n \to \infty$ temos:

$$a_1 = \lim_{n \to \infty} [a_n + (n-1)r] = +\infty.$$

Ou seja, o primeiro termo, na data de hoje, é infinitamente grande, e assim também é o valor atual. Ou seja, como o último termo é um infinitésimo e a progressão possui infinitos termos, o primeiro termo tem de ser infinitamente grande. Para os demais casos – série gradiente com depósitos discretos e capitalização instantânea e série com depósitos contínuos –, as séries gradientes decrescentes também não convergem pela mesma razão.

Nota 4.1
O resultado não é intuitivo, mas passará a sê-lo admitindo-se que é necessário existir pagamentos infinitos em cada instante futuro de tempo, sem exceção. Para que haja pagamentos em todos os períodos futuros, é preciso que o primeiro termo seja infinitamente grande. Se em algum momento do futuro cessarem os pagamentos, retornamos ao caso dos fluxos finitos, contradizendo a razão desta seção.

4.2.4 Série em progressão geométrica

O valor atual de uma série em PG com depósitos discretos e capitalização discreta é dado por:

$$P = R \left[\frac{(1+i)^n - (1+\alpha)^n}{(1+i) - (1+\alpha)} \right] \frac{1}{(1+i)^n} = R \left[\frac{1 - \frac{(1+\alpha)^n}{(1+i)^n}}{(1+i) - (1+\alpha)} \right].$$

Portanto, devemos encontrar o limite dessa equação quando $n \to \infty$. Observe que nessa expressão *necessariamente* $\alpha < i$, pois, caso contrário, não haveria convergência desse limite, ou seja:

$$\text{Se } \alpha > i \text{ então } P = \lim_{n \to \infty} \frac{(1+\alpha)^n}{(1+i)^n} = \lim_{n \to \infty} \left[\frac{(1+\alpha)}{(1+i)} \right]^n = +\infty.$$

$$\text{Se } \alpha < i \text{ então } P = \lim_{n \to \infty} \frac{(1+\alpha)^n}{(1+i)^n} = \lim_{n \to \infty} \left[\frac{(1+\alpha)}{(1+i)} \right]^n = 0.$$

Portanto, teremos:

$$P = \lim_{n\to\infty} R\left[\frac{1 - \frac{(1+\alpha)^n}{(1+i)^n}}{(1+i)-(1+\alpha)}\right] = \lim_{n\to\infty} R\left[\frac{1-\left[\frac{(1+\alpha)}{(1+i)}\right]^n}{(1+i)-(1+\alpha)}\right] = R\left(\frac{1}{i-\alpha}\right).$$

Se $\alpha = i$, então o valor atual será dado por:

$$P = nR.$$

Nesse caso, o limite não converge, pois:

$$P = \lim_{n\to\infty} nR = +\infty.$$

Exemplo 4.3
Quanto devo depositar na data de hoje em um fundo de renda fixa que paga uma taxa de juros compostos mensal de 1.0%, para usufruir uma renda perpétua mensal que se inicia com $ 100.00 e cresce à taxa de 0.5% ao mês?

$$R = 100; \quad \alpha = 0.5\%; \quad i_{am} = 1.0\%.$$

$$P = \frac{100}{0.01 - 0.005} = 20000.$$

4.3 Séries discretas com capitalização instantânea

4.3.1 Série uniforme
O valor atual de uma série uniforme postecipada com depósitos discretos e capitalização instantânea é dado por:

$$P = R\left(\frac{e^{rn}-1}{e^r-1}\right)\frac{1}{e^{rn}} = R\left(\frac{1-\frac{1}{e^{rn}}}{e^r-1}\right).$$

O limite dessa equação quando $n \to \infty$ fica:

$$P = \lim_{n\to\infty} R\left(\frac{1-\frac{1}{e^{rn}}}{e^r-1}\right) = R\left(\frac{1}{e^r-1}\right).$$

Já vimos que, pela expansão de Taylor, podemos escrever:

$$e^r = 1 + r + \frac{r^2}{2!} + \frac{r^3}{3!} + \cdots.$$

Se r é pequeno, podemos desconsiderar os termos de ordem superior. Logo, concluímos:

$$e^r \simeq 1 + r.$$

Podemos, portanto, para pequenos valores da taxa de juros, fazer a seguinte aproximação:

$$\frac{R}{e^r - 1} \approx \frac{R}{r}.$$

Se fizermos a série com depósitos discretos e capitalização discreta, equivalente à série com depósitos discretos e capitalização instantânea, devemos observar:

$$P = R\left(\frac{1}{e^r - 1}\right) = \frac{R}{i} \Rightarrow e^r - 1 = i \Rightarrow r = \ln(1 + i).$$

Exemplo 4.4
Suponha que se queira receber uma renda mensal perpétua de $ 1500.00. Quanto deverá ser depositado na data de hoje em um fundo de renda fixa que paga uma taxa de juros contínuos mensal de 0.5%?

$$R = 100; \quad \alpha = 0.5\%; \quad P = ?$$

$$P = \frac{1500}{e^{0.005} - 1} = 299250.63.$$

4.3.2 Série gradiente crescente
O valor atual de uma série gradiente crescente com depósitos discretos e capitalização instantânea é dado por:

$$P = \frac{R}{e^r - 1}\left[e^r\left(\frac{e^{rn} - 1}{e^r - 1}\right) - n\right]\frac{1}{e^{rn} - 1} = \frac{R}{e^r - 1}\left(\frac{e^r}{e^r - 1} - \frac{n}{e^{rn} - 1}\right).$$

Portanto, devemos encontrar o limite dessa expressão quando $n \to \infty$. Aplicando a regra de L'Hôpital ao segundo termo da expressão entre chaves, obtemos:

$$P = \lim_{n \to \infty} \frac{R}{e^r - 1}\left(\frac{e^r}{e^r - 1} - \frac{1}{re^{rn}}\right) = R\frac{e^r}{(e^r - 1)^2}.$$

Exemplo 4.5
Quanto devo depositar na data de hoje em um fundo de renda fixa que paga uma taxa de juros contínuos mensal de 1.0%, para usufruir uma renda perpétua mensal que se inicia com $ 100.00 e cresce $ 100.00 ao mês?

$$R = 100; \quad \text{razão} = 100; \quad r_{am} = 1.0\%.$$

$$P = 100\frac{e^{0.01}}{(e^{0.01} - 1)^2} = 999991.67.$$

4.3.3 Série geométrica

O valor atual de uma série em PG com depósitos discretos e capitalização instantânea é dado por:

$$P = R\left[\frac{e^{rn} - (1+\alpha)^n}{e^r - (1+\alpha)}\right]\frac{1}{e^{rn}} = R\left[\frac{1 - \frac{(1+\alpha)^n}{e^{rn}}}{e^r - (1+\alpha)}\right].$$

Portanto, devemos encontrar o limite dessa equação quando $n \to \infty$. Observe que nessa equação $\alpha < (e^r - 1)$, pois, caso contrário, não haveria convergência desse limite.

Se $\alpha > (e^r - 1)$ então $P = \lim_{n\to\infty}\frac{(1+\alpha)^n}{e^{rn}} = \lim_{n\to\infty}\left(\frac{1+\alpha}{e^r}\right)^n = +\infty$.

Se $\alpha < (e^r - 1)$ então $P = \lim_{n\to\infty}\frac{(1+\alpha)^n}{e^{rn}} = \lim_{n\to\infty}\left(\frac{1+\alpha}{e^r}\right)^n = 0$.

Portanto, teremos:

$$P = \lim_{n\to\infty}\left\{\frac{\left[\frac{(1+\alpha)}{e^r}\right]^n - 1}{(1+\alpha) - e^r}\right\} = R\left[\frac{1}{e^r - (1+\alpha)}\right].$$

Se $\alpha = i$, então o valor atual será dado por:

$$P = \frac{nR}{e^r}.$$

Nesse caso, o limite não existe, pois:

$$\lim_{n\to\infty}\frac{nR}{e^r} = +\infty.$$

Considerando que a expansão por Taylor do termo e^r em torno de zero é aproximadamente igual a $(1 + r)$, podemos fazer a seguinte aproximação para pequenos valores da taxa de juros:

$$P = R\left[\frac{1}{e^r - (1+\alpha)}\right] \approx \frac{R}{r - \alpha}.$$

Exemplo 4.6

Quanto devo depositar na data de hoje em um fundo de renda fixa que paga uma taxa de juros contínuos mensal de 1.0%, para usufruir uma renda perpétua mensal de $ 100.00 que cresce à taxa de 0.5% ao mês?

$$R = 100; \quad \alpha = 0.5\% \text{ ao mês}; \quad r_{am} = 1.0\%.$$

$$P = 100\left[\frac{1}{e^{0.01} - (1 + 0.005)}\right] = 19801.33.$$

4.4 Séries contínuas*

4.4.1 Série uniforme
O valor atual de uma série uniforme com depósitos contínuos é dado por:

$$P = R\left(\frac{e^{rn}-1}{r}\right)\frac{1}{e^{rn}} = R\left(\frac{1-\frac{1}{e^{rn}}}{r}\right).$$

Portanto, devemos encontrar o limite dessa equação quando $n \to \infty$.

$$P = \lim_{n\to\infty} R\left(\frac{1-\frac{1}{e^{rn}}}{r}\right) = \frac{R}{r}.$$

Observe que essa equação é muito semelhante àquela obtida para depósitos discretos e capitalização discreta na equação (4.1). Podemos, neste caso, encontrar a equivalência entre as duas séries:

$$P = \frac{R}{i} = \frac{R}{r} \Rightarrow i = r.$$

Exemplo 4.7
Suponha que se queira receber uma renda mensal perpétua contínua de $ 1500.00. Quanto deverá ser depositado na data de hoje em um fundo de renda fixa que paga uma taxa de juros contínuos mensal de 0.5%

$$R = 1500; \quad r_{am} = 1.0\%; \quad P = ?$$

$$P = \frac{1500}{0.005} = 300000.$$

Podemos observar que esse resultado é idêntico ao obtido no primeiro exemplo, em que as retiradas eram mensais com capitalização periódica. Já observamos que a equivalência entre as duas séries é dada fazendo-se $r = i$. Ou seja, o principal seria de $ 300000.00, com retiradas contínuas ou discretas. Como é possível que os resultados sejam idênticos?

Nas séries contínuas, fazemos retiradas a cada infinitésimo do tempo. Se desejamos retirar $ 1500.00 a cada infinitésimo, é evidente que o principal deve ser bem maior que o relativo à série discreta, em que é feita uma única retirada ao final do mês. Na série contínua, faríamos infinitas retiradas no valor de $ 1500.00 no espaço de um mês. Na realidade, essa confusão advém da forma como é cotada a taxa de juros contínuos. Esta é uma taxa infinitesimal referente a um período de capitalização infinitesimal. Como já foi observado, é impossível expressá-la nessa unidade de tempo; é sempre expressa com relação a um período discreto do tempo. No exemplo considerado, ela está cotada ao mês, sendo o resultado, portanto, de infinitas capitalizações de uma taxa infinitesimal nesse espaço de tempo. Suponha, como uma aproximação razoável para uma série contínua, que o mês seja dividido em horas. Dada a taxa de juros contínuos mensal de 0.5%, qual a taxa por hora equivalente?

$$r_{ah} = \frac{0.005}{720} = 0.00000694.$$

Se aplicarmos essa taxa ao principal de $ 300000.00, obtemos uma renda aproximadamente contínua de $ 2.083 por hora. Multiplicando esse valor por 720, que é o número de retiradas que faríamos no espaço de 1 mês, obtemos exatamente $ 1500.00. Portanto, na fórmula da série contínua, se a taxa contínua está expressa ao mês, sendo a acumulação de taxas infinitesimais, a retirada também está expressa ao mês, *de modo que o resultado representa a soma de infinitas retiradas infinitesimais durante o período discreto de cotação da taxa de juros; nesse caso, um mês.*

Para finalizar, suponha agora que se queira uma retirada contínua de $ 1500.00 a cada infinitésimo do tempo, por exemplo, por hora. Portanto, a taxa de juros por hora deveria ser de 0.5%. Multiplicando essa taxa por $ 300000.00, obteríamos uma retirada a cada hora de $ 1500.00. Qual seria, nesse caso, a taxa de juros contínuos mensal equivalente?

$$r_{am} = 720 \times 0.005 = 360\%.$$

As retiradas acumuladas ao mês dariam:

$$\sum_{t=1}^{720} R(t) = 720 \times 1500 = 1080000.$$

Esse valor, descontado pela taxa de 360% ao mês, daria exatamente $ 300000.00, como se pode observar:

$$P = \frac{1080000}{3.6} = 300000.$$

Se a taxa fosse de 0.5% ao mês para uma retirada mensal de $ 1080000.00, o principal deveria ser de:

$$P = \frac{1080000}{0.005} = 261000000.$$

4.4.2 Série gradiente crescente

O valor atual de uma série gradiente crescente com depósitos contínuos e capitalização instantânea é dado por:

$$P = \frac{b}{r}\left[(1+r)\left(\frac{e^{rn}-1}{r}\right) - 1\right]\frac{1}{e^{rn}} = \frac{b}{r}\left[(1+r)\left(\frac{1-\frac{1}{e^{rn}}}{r}\right) - \frac{1}{e^{rn}}\right].$$

Portanto, devemos encontrar o limite dessa equação quando $n \to \infty$.

$$P = \lim_{n\to\infty}\frac{b}{r}\left[(1+r)\left(\frac{1-\frac{1}{e^{rn}}}{r}\right) - \frac{1}{e^{rn}}\right] = \frac{b}{r^2}(1+r).$$

Exemplo 4.8
Quanto devo depositar na data de hoje em um fundo de renda fixa que paga uma taxa de juros contínuos mensal de 1.0%, para usufruir de uma renda perpétua contínua mensal que se inicia com $ 100.00 e cresce continuamente $ 100.00 ao mês?

$$R = 100; \quad r_{am} = 1.0\%; \quad P = ?$$

$$P = \frac{100}{(0.01)^2}(1 + 0.01) = 1010000.$$

4.4.3 Série geométrica
O valor atual de uma série em PG com depósitos contínuos é dado por:

$$P = R\left(\frac{e^{rn} - e^{r\alpha}}{r - \alpha}\right)\frac{1}{e^{rn}} = R\left[\frac{1 - e^{(\alpha-r)n}}{r - \alpha}\right].$$

Portanto, devemos encontrar o limite dessa equação quando $n \to \infty$. Observe que nessa equação $\alpha < r$, pois, caso contrário, não haveria convergência desse limite.

$$\text{Se } \alpha > r, \text{ então } P = \lim_{n \to \infty} \frac{(1 + \alpha)^n}{e^{rn}} = \lim_{n \to \infty} e^{(\alpha-r)n} = +\infty.$$

$$\text{Se } \alpha < r, \text{ então } P = \lim_{n \to \infty} \frac{(1 + \alpha)^n}{e^{rn}} = \lim_{n \to \infty} e^{(\alpha-r)n} = 0.$$

Portanto, teremos:

$$P = \lim_{n \to \infty} R\left[\frac{1 - e^{(\alpha-r)n}}{r - \alpha}\right] = \frac{R}{r - \alpha}.$$

Se $\alpha = r$, o valor atual será dado por:

$$P = nR.$$

Nesse caso, o limite não converge, pois:

$$\lim_{n \to \infty} nR = +\infty.$$

Exemplo 4.9
Quanto devo depositar na data de hoje em um fundo de renda fixa que paga uma taxa de juros contínuos mensal de 1.0%, para usufruir de uma renda perpétua contínua que se inicia com $ 100.00 e cresce à taxa de 0.5% ao mês?

$$R = 100; \quad r_{am} = 1.0\%; \quad \alpha = 0.5\% \text{ ao mês.}$$

$$P = \frac{100}{0.01 - 0.005} = 20000.$$

4.5 Avaliação de preços de ações

Uma interessante aplicação de perpetuidade é o modelo de Gordon, pelo qual avaliam-se preços de ações. A posse de ações propicia ao investidor o auferimento de dividendos periódicos. Portanto, o preço de uma ação nada mais é que o fluxo de dividendos futuros descontado. A taxa de desconto é o custo de oportunidade para o acionista carregar ações.[2] Portanto, podemos escrever:

$$P = \frac{D_1}{(1+i)} + \frac{D_2}{(1+i)^2} + \cdots + \frac{D_n}{(1+i)^n},$$

em que
 P é o preço da ação;
 D_t é o dividendo anual recebido na data t;
 i é a taxa de desconto anual;
 n é o número de anos.

As políticas de distribuição de dividendos por parte das empresas são as mais variadas possíveis. Admita, inicialmente, que o dividendo distribuído anualmente por ação seja constante e igual a D. Nesse caso, podemos escrever:

$$P = \frac{D}{(1+i)} + \frac{D}{(1+i)^2} + \cdots + \frac{D}{(1+i)^n}.$$

Como se pode observar, trata-se de uma série uniforme de pagamentos. Admitindo-se que a empresa seja estável, o fluxo de dividendos pode ser considerado infinito. Nesse caso, os dividendos constituem uma perpetuidade com pagamentos constantes, e o preço da ação será dado por:

$$P = \frac{D}{i}.$$

No entanto, muitas empresas propiciam aos possuidores de suas ações um dividendo anual que cresce a uma taxa constante α. Sendo D_0 o primeiro dividendo pago, os recebimentos constituem uma série geométrica de pagamentos:

$$P = \frac{D_0}{(1+i)} + \frac{D_0(1+\alpha)}{(1+i)^2} + \cdots + \frac{D_0(1+\alpha)^{n-1}}{(1+i)^n}.$$

Admitindo pagamentos infinitos, o preço da ação será dado pelo valor atual de uma perpetuidade com pagamentos que crescem à taxa constante α:

$$P = \frac{D_0}{i - \alpha}.$$

---

2. É a taxa mínima exigida para carregar as ações, representada pelo rendimento de um fundo de renda fixa livre de risco ou títulos do governo, desconsiderando os riscos do negócio.

Nessa equação, é preciso que $i > \alpha$. Podemos observar que, se $\alpha = 0$, caímos no caso anterior de dividendos constantes. No caso em que $i = \alpha$, teremos:

$$P = nD_0.$$

Exemplo 4.10
Uma empresa está pagando um dividendo anual de \$ 5.00 por ação. Estimar o preço justo da ação, sabendo-se que o retorno exigido pelo investidor para carregar essa ação é de 20% ao ano.

$$P = \frac{5}{0.20} = 25.$$

Exemplo 4.11
O dividendo anual pago por uma empresa é de \$ 10.00 pelo lote de mil ações. Nos anos seguintes, a empresa pretende remunerar melhor seus acionistas, proporcionando um aumento permanente dos dividendos de 10% ao ano. Estimar qual o preço do lote de mil ações, considerando que a taxa de retorno exigida pelo investidor é de 20% ao ano.

$$P = \frac{10}{0.2 - 0.1} = 100.$$

4.6 Principais conceitos

Séries infinitas: infinitos pagamentos ou depósitos.

Convergência do valor atual para um limite: conforme aumenta o número de pagamentos, o valor atual tende para um determinado valor ou limite.

Perpetuidade: depósito que proporciona uma renda perpétua com infinitas retiradas.

Série uniforme: infinitas retiradas constantes.

Série gradiente crescente: infinitas retiradas que crescem a uma razão constante.

Série geométrica: infinitas retiradas que crescem a uma porcentagem constante.

4.7 Formulário

SÉRIE UNIFORME DISCRETA COM CAPITALIZAÇÃO PERIÓDICA

$$P = \frac{R}{i}.$$

SÉRIE UNIFORME DISCRETA COM CAPITALIZAÇÃO INSTANTÂNEA

$$P = R\left(\frac{1}{e^r - 1}\right).$$

SÉRIE UNIFORME CONTÍNUA

$$P = \frac{R}{r}.$$

SÉRIE GRADIENTE CRESCENTE DISCRETA COM CAPITALIZAÇÃO PERIÓDICA

$$P = \frac{R}{i^2}(1+i).$$

SÉRIE GRADIENTE CRESCENTE DISCRETA COM CAPITALIZAÇÃO INSTANTÂNEA

$$P = \frac{R}{(e^r - 1)^2} e^r.$$

SÉRIE GRADIENTE CRESCENTE CONTÍNUA

$$P = \frac{b}{r^2}(1+r).$$

SÉRIE GEOMÉTRICA DISCRETA COM CAPITALIZAÇÃO PERIÓDICA

$$P = \frac{R}{i - \alpha}.$$

SÉRIE GEOMÉTRICA DISCRETA COM CAPITALIZAÇÃO INSTANTÂNEA

$$P = R\left(\frac{1}{e^r - (1 + \alpha)}\right).$$

SÉRIE GEOMÉTRICA CONTÍNUA

$$P = \frac{R}{r - \alpha}.$$

4.8 Leituras sugeridas

[1] DE FARO, Clóvis. *Matemática Financeira*. 9. ed. São Paulo: Atlas, 1993.
[2] _____. *Princípios e Aplicação do Cálculo Financeiro*. 2. ed. Rio de Janeiro: Livros Técnicos e Científicos, 1995.
[3] HAZZAN, Samuel; POMPEO, José Nicolau. *Matemática Financeira*. 4. ed. São Paulo: Atual, 1993.
[4] WESTON, J. Fred; BRIGHAM, Eugene F. *Fundamentos da Administração Financeira*. 10. ed. São Paulo: Makron Books, 2000.
[5] ZIMA, Petr; BROWN, Robert. *Mathematics of Finance*. 2. ed. Nova York: McGraw-Hill, 1996.

4.9 Exercícios

Exercício 4.1
Suponha que se queira receber uma renda mensal perpétua de $ 500.00. Quanto deverá ser depositado na data de hoje em um fundo de renda fixa que paga uma taxa de juros compostos mensal de 0.5%? Resolver também supondo que a capitalização é instantânea e, depois disso, os pagamentos são contínuos.   R: $ 100000.00; $ 99750.21 e $ 100000.00.

Exercício 4.2
Quanto deverá ser depositado em um fundo de renda fixa, a partir da data de hoje, de forma a proporcionar uma renda perpétua de $ 650.00, que será utilizada somente após 13 meses? Adote uma taxa de juros compostos de 1.4%.   R: $ 39294.33.

Exercício 4.3
Uma ação promete pagar dividendos semestrais constantes de $ 10.00 pelo lote de mil ações. Quanto se deve estar disposto a pagar pelo lote de mil ações caso se deseje obter um rendimento anual de 5%?   R: $ 404.94.

Exercício 4.4
Uma ação promete pagar dividendos diários constantes de $ 0.90 pelo lote de mil ações. Quanto se deve estar disposto a pagar pelo lote de mil ações caso se deseje obter um rendimento mensal de 1.2%?   R: $ 2263.02.

Exercício 4.5
Estima-se que os gastos de manutenção de um logradouro público exigirão recursos mensais de $ 5000.00 nos próximos 10 anos e, logo após, $ 7500.00 indefinidamente. Quanto deve ser depositado em um fundo de renda fixa na data de hoje de forma a garantir o pagamento dessas despesas, sabendo-se que a taxa de juros compostos é de 1.64% ao mês?   R: $ 326522.04.

Exercício 4.6
Foram realizados depósitos mensais em um fundo de renda fixa durante 10 anos a uma taxa de juros compostos de 2.3% ao mês. Esse fundo foi constituído para suportar despesas de $ 5500.00 indefinidamente após esse período. Calcular o valor dos depósitos.
   R: $ 384.25.

Exercício 4.7
Uma renda perpétua anual no valor de $ 15500.00 foi substituída por uma renda perpétua mensal. Determinar o valor da perpetuidade mensal, sabendo-se que a taxa de juros compostos é de 25% ao ano.   R: $ 1163.69.

Exercício 4.8
Uma casa tem o aluguel estimado em $ 1500.00 por mês? As despesas permanentes para sua manutenção atingem o valor de $ 250.00 por mês. Sabendo-se que um fundo de renda fixa paga uma taxa de juros compostos mensal de 1.25%, determinar o valor estimado da casa.   R: $ 100000.00.

Exercício 4.9

Foram constituídos três fundos de poupança, em três instituições financeiras diferentes, que pagam as seguintes taxas de juros mensais: 1.20%, 1.24% e 1.25%. Esses três fundos foram constituídos de forma a produzir uma renda perpétua mensal de $ 5600.00. Determinar quanto foi alocado na terceira instituição financeira, sabendo-se que os depósitos realizados nas duas primeiras foram de $ 45000.00 e $ 50000.00, respectivamente. R: $ 355200.00.

Exercício 4.10

Durante 30 anos, foram feitos depósitos mensais em um fundo de renda fixa. Essa poupança deverá proporcionar uma renda perpétua no valor de $ 2500.00 logo após o término dos depósitos. Determinar o valor depositado mensalmente, sabendo-se que a taxa de juros compostos mensal é de 1.2%. R: $ 34.59.

Exercício 4.11

Um fundo de pensão foi constituído com um patrimônio inicial de $ 4500000.00, para proporcionar a seus quotistas uma aposentadoria de $ 2500.00 ao mês. Para metade dos quotistas ainda faltam 15 anos para a aposentadoria. Para a outra metade, ainda faltam 30 anos. Ao se aposentar, as pessoas deixam de contribuir com o fundo e vivem mais 30 anos. Determinar qual deve ser o depósito mensal dos quotistas de forma que o fundo possa garantir o pagamento das aposentadorias. Suponha mil cotistas e taxa de juros de 12% ao ano capitalizadas mensalmente. R: $ 244.83.

Exercício 4.12

Quanto devo depositar na data de hoje em um fundo de renda fixa que paga uma taxa de juros compostos mensal de 0.5%, para usufruir de uma renda perpétua mensal que se inicia com $ 1500.00 e cresce $ 100.00 ao mês? R: $ 4300000.00.

Exercício 4.13

Quanto deverá ser depositado em um fundo de renda fixa a partir da data de hoje de forma a proporcionar uma renda perpétua cujo valor inicial é de $ 750.00 e que cresce $ 25.00 por mês? Adote uma taxa de juros compostos de 1.7% ao mês e admita que a primeira retirada só ocorrerá após 3 anos. R: $ 71197.51.

Exercício 4.14

Uma ação promete pagar dividendos semestrais constantes de $ 10.00 pelo lote de mil ações durante os próximos dois anos. Em função de investimentos realizados pela empresa, estima-se que os dividendos crescerão a uma taxa de 2% ao semestre após esses dois anos. Quanto se deve estar disposto a pagar pelo lote de mil ações caso se deseje obter um rendimento semestral de 3%? R: $ 925.66.

Exercício 4.15

Estima-se que os gastos mensais de manutenção de uma biblioteca atinjam $ 1500.00 nos próximos 5 anos e, logo após, cresçam indefinidamente $ 15.00 por mês. Quanto deve ser depositado em um fundo de renda fixa na data de hoje de forma a garantir o pagamento dessas despesas, sabendo-se que a taxa de juros compostos é de 1.8% ao mês? Considere que os recursos entre hoje e os próximos cinco anos já foram fundeados. R: $ 44732.23.

Exercício 4.16
Uma renda perpétua anual de valor inicial de $ 12000.00 e crescente à razão de $ 200.00 ao ano foi equivalente substituída por uma renda perpétua mensal crescente à razão de $ 10.00 ao mês. Determinar o valor inicial da perpetuidade mensal, sabendo-se que a taxa de juros compostos é de 21% ao ano. R: $ 368.29.

Exercício 4.17
Uma casa tem o aluguel estimado em $ 1500.00 por mês. As despesas permanentes para sua manutenção atingem o valor de $ 50.00 por mês e crescem à razão de 1.5% ao mês. Sabendo-se que um fundo de renda fixa paga uma taxa de juros compostos mensal de 2.0%, determinar o valor estimado da casa. R: $ 65000.00.

Exercício 4.18
Uma casa tem o aluguel estimado em $ 2500.00 por mês. Estima-se que as despesas permanentes para sua manutenção atinjam o valor de $ 250.00 por mês nos próximos 20 anos. Posteriormente, estima-se que esses gastos cresçam $ 25.00 por mês indefinidamente. Sabendo-se que um fundo de renda fixa paga uma taxa de juros compostos mensal de 1.25%, determinar o valor estimado da casa. R: $ 171783.11.

Exercício 4.19
Um dívida no valor de $ 100000.00 deverá ser paga por meio de um conjunto infinito de prestações mensais. Qual deve ser o valor da prestação, supondo uma taxa de juros compostos mensal de 2.5%? Resolva também supondo que a capitalização é instantânea e, além disso, que os pagamentos são contínuos. R: $ 2500.00, $ 2500.00 e $ 2469.26.

Exercício 4.20
Uma renda perpétua mensal crescente à taxa de 5% ao ano, cujo primeiro valor é de $ 4500.00, foi equivalentemente substituída por uma renda perpétua mensal crescente à taxa de 0.5% ao mês. Determinar o valor inicial da perpetuidade mensal, sabendo-se que a taxa de juros compostos é de 24% ao ano. R: $ 309:97.

Capítulo 5

Amortização de Dívidas

5.1 Introdução

Ao adquirirmos um bem imóvel ou de consumo durável por meio de financiamento, contraímos uma dívida que deverá ser paga ou resgatada após certo período. Há duas formas de pagar essa dívida: uma simples, quando ela é paga ao final do período, tudo de uma vez; outra, mais complicada, quando ela é paga paulatinamente, ao longo de vários períodos.

Na situação mais simples, tomamos emprestado determinada quantia hoje, devendo pagá-la integralmente em uma única data futura. Por exemplo, se tomarmos $ 100.00 emprestados hoje a uma taxa de juros de 20% ao ano, para pagamento no prazo de um ano, deveremos, ao final desse período, restituir ou amortizar o capital emprestado no valor de $ 100.00 e pagar os juros do empréstimo no valor de $ 20.00. Nesse caso, a amortização da dívida e o pagamento dos juros são feitos por meio de um único pagamento.

A situação mais usual, nos empréstimos de médio e longo prazos, é resgatar a dívida contraída por meio de um conjunto de prestações periódicas, de forma que, ao final do período convencionado no contrato, o tomador do empréstimo amortize integralmente o principal da dívida e pague os juros do empréstimo. Quando adquirimos um bem de consumo durável para ser pago, por exemplo, em 10 prestações iguais e sucessivas, normalmente não estamos interessados em saber quanto da prestação se refere a juros e quanto à amortização. Tampouco estamos interessados em saber o saldo devedor, digamos, após o pagamento da terceira parcela. Em financiamentos de curto prazo, dificilmente resgatamos a dívida antes de seu vencimento. No entanto, quando se trata de financiamentos de longo prazo, a exemplo da aquisição de imóveis em 15, 20 ou 30 anos, podemos estar interessados em liquidar a dívida antes de seu vencimento. Logo, podemos estar interessados em saber o valor do saldo devedor a qualquer momento.

Há vários sistemas utilizados, todos eles *financeiramente equivalentes*, na concessão de empréstimos. Nos sistemas mais usuais, o principal da dívida vai sendo paulatinamente amortizado por meio de pagamentos periódicos, de forma que, ao final do contrato, o principal da dívida é integralmente pago. Dessa forma, nas prestações periódicas R_t, estão incluídas uma parcela referente à amortização do principal da dívida, A_t, e outra referente ao pagamento dos juros, J_t, sobre o saldo devedor, P_t. Portanto, podemos escrever:

$$R_t = J_t + A_t.$$

A parcela dos juros embutida nas prestações se reduz ao longo do tempo, pois os juros correspondem à multiplicação de uma taxa de juros constante pelo saldo devedor, que se reduz pelas amortizações feitas:

$$J_t = iP_{t-1}.$$

Há dois sistemas básicos de amortização. No primeiro deles, denominado sistema, ou tabela *Price*,[1] as prestações são constantes ao longo do tempo, $R_t = R$. À medida que a parcela dos juros embutida nas prestações vai-se reduzindo, concluímos que as amortizações são crescentes ao longo do tempo. O sistema *Price* nada mais é que uma série uniforme de pagamentos, que já estudamos. Portanto, nesse sistema, podemos escrever:

$$R_t = R = \downarrow J_t + \uparrow A_t.$$

No segundo, denominado sistema de amortização constante, *SAC*,[2] as amortizações do saldo devedor são constantes ao longo do tempo. Portanto, conforme os juros vão-se reduzindo, podemos concluir que as prestações também se reduzem ao longo do tempo. O sistema *SAC* nada mais é que uma série pagamentos em *PA*, que também já estudamos no Capítulo 2. Portanto, no sistema *SAC* podemos escrever:

$$\downarrow R_t = \downarrow J_t + A_t.$$

Há outros sistemas de amortização, como o americano e o alemão. No primeiro, o principal da dívida só é amortizado ao final do contrato e, portanto, as prestações periódicas só incluem o pagamento de juros sobre o saldo devedor. No sistema alemão, os juros do financiamento são pagos antecipadamente, sendo deduzidos do valor do empréstimo.

5.2 Sistema Americano

No sistema americano, o principal da dívida só é amortizado ao final do contrato. Ao longo dele, são pagos somente juros sobre o saldo devedor, que se mantém inalterado até o vencimento da dívida. Nesse caso, as prestações periódicas correspondem apenas ao pagamento de juros. Portanto, $A_t = 0$ e $R_t = J_t$. Como o saldo devedor é sempre o mesmo

---

1. Criado pelo inglês Richard Price. É também denominado sistema francês, pois se difundiu na França.
2. Também denominado sistema hamburguês.

ao longo do contrato, concluímos que a parcela de juros periódicos é sempre constante e, por isso, as prestações são constantes e iguais a $R_t = iP$, exceto a última, que inclui, além de juros, o principal da dívida.

Em geral, podemos escrever:

$$R_t = J_t + A_t. \qquad (5.1)$$

No sistema americano, temos que:

$$A_t = \begin{cases} 0, & t < n \\ P, & t = n \end{cases}; \quad P_t = P; \quad J_t = iP,$$

lembrando que $t = 1, 2, \ldots, n$, sendo n a data terminal do contrato.

Substituindo em (5.1), obtém-se:

$$R_t = \begin{cases} iP, & t < n \\ P(1+i), & t = n \end{cases},$$

em que n é a data da última prestação.

Suponha um empréstimo no valor de $ 6000.00, contraído pelo sistema americano, a ser pago em 7 prestações mensais consecutivas, a uma taxa de juros de 4.0093% ao mês. O fluxo de caixa desse empréstimo encontra-se na tabela a seguir:

t	Juros	Amortização	Prestação	Saldo Devedor
–	$J_t = iP_{t-1}$	$A_t = \begin{cases} 0, t < n \\ P, t = n \end{cases}$	$R_t = \begin{cases} A_t, t < n \\ P(1+i), t = n \end{cases}$	$P_t = P_{t-1} - A_t$
0	–	–	–	6000.00
1	240.56	–	240.56	6000.00
2	240.56	–	240.56	6000.00
3	240.56	–	240.56	6000.00
4	240.56	–	240.56	6000.00
5	240.56	–	240.56	6000.00
6	240.56	–	240.56	6000.00
7	240.56	6000.00	6240.56	0.00
Total	1683.92	6000.00	7683.92	

No sistema americano, é usual o tomador do empréstimo constituir um fundo de amortização ou de resgate – *sinking-fund* – por meio de depósitos periódicos em conta remunerada, de forma que, ao final do contrato, ele possa liquidar, com um único pagamento, o saldo devedor. Assim, a pergunta é: quanto deverá ser depositado periodicamente para que, ao final do contrato, o devedor tenha um montante equivalente ao saldo devedor, admitindo-se que se obtenha a mesma taxa de juros cobrada no financiamento? Para isso, temos que calcular as prestações de tal sorte que o valor futuro, S, delas seja igual ao valor da amortização a pagar. Isto é:

$$S = P(1+i)^n = 6000 \implies R\left[\frac{(1+i)^n - 1}{i}\right] = 6000 \implies$$

$$R = 6000\left[\frac{i}{(1+i)^n - 1}\right] = \frac{6000 \times 0.040093}{\left[(1 + 0.040093)^7 - 1\right]} = 759.44.$$

Ele deverá depositar periodicamente a quantia de $ 759.44 no fundo de amortização, que, somada aos juros periódicos de $ 240.56, perfaz um gasto periódico total de $ 1000.00, conforme se verifica na tabela a seguir:

t	Juros	Sinking-fund	Dispêndio
–	J	R	J + R
0	–	–	–
1	240.56	759.44	1000.00
2	240.56	759.44	1000.00
3	240.56	759.44	1000.00
4	240.56	759.44	1000.00
5	240.56	759.44	1000.00
6	240.56	759.44	1000.00
7	240.56	759.44	1000.00
Total	1683.92	5316.08	7000.00

Nota 5.1
Como se verificará na próxima seção, esse dispêndio total é igual ao que haveria usando-se o sistema francês.

5.3 Sistema Francês, ou *Price*

O sistema *Price* consiste no pagamento de um empréstimo por meio de um conjunto de prestações sucessivas e constantes, com amortização do saldo devedor ao longo do contrato. Suponha o mesmo exemplo anterior: um empréstimo de $ 6000.00 deve ser amortizado em 7 parcelas mensais iguais e sucessivas, sabendo-se que a taxa de juros é de 4.0093% ao mês. A prestação do sistema *Price* é facilmente determinada pela fórmula do valor atual de uma série uniforme de pagamentos, que deve ser igual ao principal da dívida:

$$R = P\left[\frac{i(1+i)^n}{(1+i)^n - 1}\right] = 6000\left[\frac{0.040093(1 + 0.040093)^7}{(1 + 0.040093)^7 - 1}\right] = 1000.$$

O fluxo de caixa completo dessa operação encontra-se na tabela da página seguinte.

Para montar a tabela, adote os seguintes passos:
1. Ache a prestação e repita seu valor em todas as linhas da tabela, a partir do primeiro período.

2. Calcule os juros a partir do primeiro período, multiplicando o saldo devedor do período anterior pela taxa de juros.
3. Ache a amortização, subtraindo da prestação o valor dos juros.
4. Ache o saldo devedor, subtraindo do saldo devedor do período anterior a amortização calculada.

Seguindo essa sistemática para todas as linhas, pode-se facilmente completar a tabela.

Observe que, ao final do contrato, o saldo devedor é integralmente pago, e o montante dos juros pagos ao longo de todo o contrato é de $ 1000.00, os quais, somados ao saldo devedor amortizado de $ 6000.00, nos dão um total de $ 7000.00, correspondentes ao total das prestações pagas.

t	Juros $J_t = iP_{t-1}$	Amortização $A_t = R_t - J_t$	Prestação $R_t = R$	Saldo Devedor $P_t = P_{t-1} - A_t$
0	–	–	–	6000.00
1	240.56	759.44	1000.00	5240.56
2	210.11	789.89	1000.00	4450.66
3	178.44	821.56	1000.00	3629.10
4	145.50	854.50	1000.00	2774.60
5	111.24	888.76	1000.00	1885.84
6	75.61	924.39	1000.00	961.45
7	38.55	961.45	1000.00	0
Total	1000.00	6000.00	7000.00	

Nota 5.2
Comparando a tabela *Price* com o sistema americano, conclui-se que se pagam mais juros neste último que no sistema francês, em termos nominais. Não obstante, os contratos são financeiramente iguais, significando que os pagamentos se equivalem quando trazidos a valor presente.

5.3.1 Equações do sistema *Price*

Devemos, agora, generalizar o procedimento anterior. A ideia é determinar o valor da prestação R_k, dos juros J_k, da amortização A_k e do saldo devedor P_k após o pagamento da k-ésima prestação. Precisamos fazer isso porque é comum termos que obter esses valores em algum ponto da dívida, sem ter que montar toda a tabela *Price*.

Neste ponto, é importante esclarecer por que mudamos o indexador dessas variáveis de t para k. Agora, k vai indicar determinada prestação, isto é, a variável indexada em t, que é fixado em determinado período, o qual chamamos k, isto é, $t = \{1, 2, \cdots, k, \cdots, n\}$. Em outras palavras, entre todos os possíveis valores de t, fixamo-nos no valor k. Você verá que, fazer de outra forma, por exemplo, fixando a prestação em t, geraria mais confusão.

A partir das definições do sistema *Price*, podemos escrever as seguintes equações:

$$\text{Prestação: } R_k = R = P\left[\frac{i(1+i)^n}{(1+i)^n - 1}\right].\tag{5.2}$$

$$\text{Juros: } J_k = iP_{k-1}.\tag{5.3}$$

$$\text{Amortização: } A_k = R - J_k.\tag{5.4}$$

$$\text{Saldo devedor: } P_k = R\left[\frac{(1+i)^{n-k} - 1}{(1+i)^{n-k}\,i}\right].\tag{5.5}$$

É claro que poderíamos obter o saldo devedor P_k pela diferença entre o saldo devedor anterior e a amortização corrente. Porém, note que para isso teríamos que obter a sequência de saldos devedores, de modo que essa estratégia não seria eficiente. A estratégia agora foi trazer a valor presente as parcelas futuras a serem pagas, que é, na verdade, um procedimento equivalente, e que vai nos ajudar nas contas posteriores.

Pela primeira e pela última equações, obtemos o valor da prestação e do saldo devedor observando-se que o saldo devedor de ordem k corresponde ao valor descontado das prestações que faltam ser pagas. Uma vez obtido o valor do saldo devedor, determinamos os juros pela Equação (5.3). Finalmente, substituindo o valor dos juros e da prestação na Equação (5.4), determinamos o valor da amortização.

Substituindo (5.5) em (5.3), obtemos os juros:

$$J_k = iP_{k-1} = iR\left[\frac{1 - (1+i)^{k-n-1}}{i}\right] = R\left[1 - (1+i)^{k-n-1}\right].\tag{5.6}$$

Substituindo (5.2) e (5.6) em (5.4), determinamos a amortização:

$$A_k = R - J_k = R - R\left[1 - (1+i)^{k-n-1}\right] = R(1+i)^{k-n-1}.$$

Resumindo, o sistema *Price* consiste nas seguintes 4 equações:[3]

$$\text{Prestação: } R = P\left[\frac{i}{1 - (1+i)^{-n}}\right].\tag{5.7}$$

$$\text{Juros: } J_k = R\left[1 - (1+i)^{k-n-1}\right].\tag{5.8}$$

$$\text{Amortização: } A_k = R(1+i)^{k-n-1}.\tag{5.9}$$

$$\text{Saldo devedor: } P_k = R\left[\frac{1 - (1+i)^{k-n}}{i}\right].\tag{5.10}$$

---

3. Há outras formas de apresentação. Para simplificar a exposição, colocamos todas as variáveis em função da prestação R, que é determinada pelas variáveis P, i e n.

Exemplo 5.1

Uma casa no valor de $ 100000.00 foi adquirida por meio de um financiamento de 30 anos pelo sistema *Price*. Sabendo-se que a taxa de juros cobrada pelo banco é de 1.5% ao mês, determinar o valor da prestação, do saldo devedor, dos juros e da amortização referentes à 35ª prestação.

Prestação:

$$R = 100000 \left[\frac{0.015}{1 - (1 + 0.015)^{-360}} \right] = 1507.09.$$

Saldo devedor:

$$P_{35} = 1507.09 \left[\frac{1 - (1 + 0.015)^{35-360}}{0.015} \right] = 99677.27.$$

Juros:

$$J_{35} = 1507.09 \left[1 - (1 + 0.015)^{35-360-1} \right] = 1495.34.$$

Amortização:

$$A_{35} = 1507.09 \, (1 + 0.015)^{35-360-1} = 11.75.$$

Ou:

$$A_{35} = 1507.09 - 1495.34 = 11.75.$$

5.3.2 Fluxos acumulados

Soma contábil

Podemos estar interessados em determinar os fluxos acumulados dessas variáveis, ou seja, quanto pagamos de prestações, juros e amortizações do início do contrato até a k-ésima prestação, embora não se devam somar quantias de dinheiro em diferentes momentos do tempo. No entanto, em certas situações, podemos estar interessados na soma contábil das prestações, juros e amortizações em certo período de tempo, sem capitalização. No caso do imposto de renda, por exemplo, declaramos os pagamentos realizados ao longo do ano como uma simples soma de valores contábeis sem capitalização.

A soma das prestações pagas até a k-ésima prestação SR_k será dada por:

$$SR_k = \sum_{t=1}^{k} R = kR. \tag{5.11}$$

A soma das amortizações pagas SA_k é dada por:

$$SA_k = \sum_{t=1}^{k} A_t = \sum_{t=1}^{k} R(1+i)^{t-n-1} =$$
$$= R \left[(1+i)^{-n} + (1+i)^{-n+1} + \cdots + (1+i)^{k-n-1} \right].$$

O termo à direita constitui uma PG de razão $(1 + i)$. Portanto, a soma dos termos fica:

$$SA_k = R(1+i)^{-n}\left[\frac{(1+i)^k - 1}{i}\right] =$$
$$= \frac{R}{(1+i)^n} \times \left[\frac{(1+i)^k - 1}{i}\right]. \quad (5.12)$$

A soma dos juros pagos será dada pela diferença entre a soma das prestações e a soma das amortizações:

$$SJ_k = kR - SA_k. \quad (5.13)$$

Para obtermos o total das prestações, juros e amortizações pagas ao longo de todo o contrato, basta fazer $k = n$ nas Equações (5.11), (5.12), (5.13):

$$SR_n = nR.$$

$$SA_n = \frac{R}{(1+i)^n} \times \left[\frac{(1+i)^n - 1}{i}\right] = P.$$

$$SJ_n = nR - SA_n = nR - P.$$

Evidentemente, a soma de todas as amortizações pagas corresponde ao principal da dívida, e o total de juros pagos, ao total das prestações pagas menos o principal da dívida.

Exemplo 5.2

Com relação ao exemplo anterior, calcular a soma das prestações, juros e amortizações pagas até a 35ª prestação e ao longo de todo o contrato.

Até a 35ª prestação:

$$SR_{35} = 35 \times 1507.09 = 52748.15.$$

$$SA_{35} = 1507.09\left[\frac{(1+0.015)^{35} - 1}{0.015}\right]\frac{1}{(1+0.015)^{360}} = 323.04.$$

$$SJ_{35} = 52748.15 - 323.04 = 52425.11.$$

Até o vencimento do contrato:

$$SR_{360} = 360 \times 1507.09 = 542552.40.$$

$$SA_{360} = 1507.09\left[\frac{(1+0.015)^{360} - 1}{0.015}\right]\frac{1}{(1+0.015)^{360}} = 100000.00.$$

$$SJ_{360} = 542552.40 - 100000.31 = 442552.09.$$

5.3.3 Utilização da HP–$12C$

Nomenclatura adotada pela HP:

PV: valor do financiamento;
PMT: valor da prestação;
i: taxa de juros;
n: número total de prestações;
k: k-ésima prestação;
$k\ f\ AMORT$: juros acumulados até a k-ésima prestação;
$X \gtreqless Y$: amortizações acumuladas até a k-ésima prestação;
$RCL\ PV$: saldo devedor após o pagamento da k-ésima prestação;
END: série postecipada.

A HP calcula a soma de valores contábeis sem capitalização. Em contrapartida, calcula, no caso dos juros e das amortizações, os valores acumulados, e não aqueles embutidos em determinada prestação. Com relação ao exemplo considerado, devemos carregar PV, i e n para obtermos a prestação PMT. Logo a seguir, acionamos 35 f $AMORT$ para obtermos os juros acumulados até a 35ª prestação e, por meio da tecla $X \gtreqless Y$, obtemos as amortizações acumuladas. O saldo devedor é obtido acionando-se as teclas $RCL\ PV$:

$-PV$	PMT	i	n	35 f $AMORT$	$X \gtreqless Y$	$RCL\ PV$
100000	?	1.5	360	?	?	?

Para calcular os juros e as prestações embutidos na 35ª prestação, devemos obter, primeiro, a soma dos juros até a 34ª prestação, acionando as teclas 34 f $AMORT$. Logo após, para obtermos os juros embutidos na 35ª prestação, calculamos os juros acumulados da 34ª até a 35ª prestação, acionando as teclas 1 f $AMORT$. Uma vez obtido os juros, basta apertar a tecla $X \gtreqless Y$ para obtermos a amortização.

$-PV$	PMT	i	n	34 f $AMORT$	1 f $AMORT$	$X \gtreqless Y$
100000	?	1.5	360	?	?	?

Para obtermos os juros e as amortizações acumuladas, por exemplo, entre a 15ª e a 35ª prestações, devemos calcular as variáveis acumuladas até a 15ª prestação e, posteriormente, da 15ª até a 35ª prestações. Para isso, devemos acionar, primeiramente, as teclas 15 f $AMORT$ e, posteriormente, 20 f $AMORT$, para obtermos os juros. A soma das amortizações é obtida acionando a tecla $X \gtreqless Y$.

$-PV$	PMT	i	n	15 f $AMORT$	20 f $AMORT$	$X \gtreqless Y$
100000	?	1.5	360	?	?	?

Se quisermos calcular a amortização e o juro embutido em outra prestação qualquer, não é necessário reiniciar tudo. Para tanto, basta zerar o registrador do número e o PV.

Soma financeira

Como foi observado, não se devem somar quantias de dinheiro em diferentes momentos do tempo. O procedimento correto, do ponto de vista financeiro, é levar os pagamentos efetuados a valor futuro, capitalizando-os pela taxa de juros. Desse modo, devemos determinar a soma financeira das prestações, juros e amortizações até a k-ésima prestação.

A soma das prestações é dada por:[4]

$$SR_k = \sum_{t=1}^{k} R(1+i)^t = R\left[\frac{(1+i)^k - 1}{i}\right]. \qquad (5.14)$$

Considerando a Equação (5.9), a soma das amortizações levadas a valor futuro até a k-ésima prestação será dada por

$$SA_k = \sum_{t=1}^{k} R(1+i)^{t-n-1}(1+i)^{k-t} = R\sum_{t=1}^{k}(1+i)^{k-n-1} = kR(1+i)^{k-n-1}. \qquad (5.15)$$

A soma dos juros capitalizados será dada pela diferença entre a soma das prestações e a soma das amortizações:

$$SJ_k = R\left[\frac{(1+i)^k - 1}{i}\right] - kR(1+i)^{k-n-1}. \qquad (5.16)$$

Se quisermos obter a soma capitalizada até a última prestação, basta fazer $n = k$ nas Equações (5.14), (5.15) e (5.16), obtendo-se:

Soma das prestações:

$$SR_n = R\left[\frac{(1+i)^n - 1}{i}\right].$$

Soma das amortizações:

$$SA_n = \frac{nR}{(1+i)}.$$

Soma dos juros:

$$SJ_n = R\left[\frac{(1+i)^n - 1}{i}\right] - \frac{nR}{(1+i)}.$$

Com relação ao exemplo considerado, a soma das prestações capitalizadas seria de $ 7900.52, enquanto a soma contábil é de $ 7000.00.

Price	Juros	Amortizações	Prestações
Soma contábil	1000.00	6000.00	7000.00
Soma financeira	1170.36	6730.17	7900.53

---

4. Observe agora a diferença fundamental entre k e t. Veja que t continua sendo um indexador, enquanto k é fixo.

O valor das prestações capitalizadas corresponde, evidentemente, ao principal da dívida levada a valor futuro, ou seja,

$$S = 6000(1 + 0.040093)^7 = 7900.53.$$

5.4 Sistema Hamburguês, ou *SAC*

O sistema *SAC* consiste no pagamento de um empréstimo por meio de um conjunto de prestações em que as amortizações do saldo devedor são constantes ao longo de todo o contrato. Suponha o mesmo exemplo anterior: um empréstimo de $ 6000.00 deve ser amortizado em 7 parcelas mensais, sabendo-se que a taxa de juros é de 4.093% ao mês. A amortização do sistema *SAC* é facilmente determinada:

$$A = \frac{P}{n} = \frac{6000}{7} = 857.14.$$

O fluxo de caixa dessa operação encontra-se na seguinte tabela:

t	Juros $J_t = iP_{t-1}$	Amortização $A_t = A$	Prestação $R_t = A_t + J_t$	Saldo devedor $P_t = P_{t-1} - A_t$
0	–	–	–	6000.00
1	240.56	857.14	1097.70	5142.86
2	206.20	857.14	1063.34	4285.71
3	171.83	857.14	1028.97	3428.57
4	137.46	857.14	994.61	2571.43
5	103.10	857.14	960.24	1714.29
6	68.73	857.14	925.87	857.14
7	34.37	857.14	891.51	0
Total	962.25	6000.00	6962.25	–

Para montar a tabela, adote os seguintes passos:
1. Ache a amortização e repita seu valor em todas as linhas da tabela, a partir do primeiro período.
2. Calcule os juros a partir do primeiro período, multiplicando o saldo devedor do período anterior pela taxa de juros.
3. Ache a prestação, somando a amortização ao valor dos juros.
4. Ache o saldo devedor, subtraindo do saldo devedor do período anterior a amortização calculada.

Seguindo essa sistemática para todas as linhas, pode-se facilmente completar a tabela.
Observe que, ao final do contrato, o saldo devedor é integralmente pago e o montante dos juros pagos ao longo de todo o contrato é de $ 962.25, que, somados ao saldo devedor amortizado de $ 6000.00, nos dá um desembolso total de $ 6962.25, correspondente ao total das prestações pagas.

> **Nota 5.3**
> Comparando esses resultados com os obtidos pela tabela *Price*, podemos concluir que, no sistema *SAC*, pagam-se menos juros, pois o saldo devedor é amortizado mais rapidamente. O sistema *SAC* envolve, portanto, um menor risco para o emprestador e um menor encargo de juros para o tomador do empréstimo.

5.4.1 Equações do sistema *SAC*

Devemos, agora, generalizar o procedimento anterior. No sistema *SAC*, como as amortizações são constantes, o saldo devedor decresce linearmente ao longo do contrato. À medida que os juros pagos são o produto do saldo devedor pela taxa de juros, podemos concluir que as prestações também declinam linearmente ao longo do tempo. Sendo assim, a série de pagamentos do sistema *SAC* representa uma série em progressão aritmética decrescente.

Devemos determinar o valor da prestação R_k, dos juros J_k, da amortização A_k e do saldo devedor P_k no pagamento da k-ésima prestação. A partir das definições do sistema *SAC*, podemos escrever as seguintes equações:

$$\text{Prestação: } R_k = J_k + A_k. \tag{5.17}$$

$$\text{Amortização: } A_k = \frac{P}{n} = A. \tag{5.18}$$

$$\text{Juros: } J_k = iP_{k-1}. \tag{5.19}$$

$$\text{Saldo devedor: } P_k = P_{k-1} - A_k. \tag{5.20}$$

A dedução das fórmulas do sistema *SAC* é bem mais simples que no sistema *Price*, pois as relações são lineares, e não geométricas. Pela segunda equação, obtemos o valor da amortização em função das variáveis dadas P e n. Em seguida, determinamos o valor do saldo devedor pela quarta equação, que, por sua vez, permite determinar os juros pela terceira equação. Uma vez obtidos os juros e a amortização, determinamos facilmente a prestação pela primeira equação. Dessa forma, o saldo devedor de ordem k será dado pela dívida inicial menos as amortizações feitas até a prestação de ordem k:

$$P_k = P - \sum_{t=1}^{k} A_t = P - kA = (n-k)A. \tag{5.21}$$

Os juros pagos na prestação de ordem k serão dados pelo produto da taxa de juros pelo saldo devedor antes do pagamento da prestação de ordem k. Segundo a Equação (5.21), o saldo devedor de ordem $(k-1)$ pode ser escrito:

$$P_{k-1} = P - (k-1)\frac{P}{n} = (n-k+1)\frac{P}{n} = (n-k+1)A.$$

Portanto, os juros pagos:

$$J_k = i\left[(n-k+1)\frac{P}{n}\right] = i(n-k+1)A. \qquad (5.22)$$

Como se pode observar, os juros variam linearmente com o tempo. Portanto, conformam uma *PA* decrescente, cuja razão é $-iA$. Finalmente, estamos em condições de determinar a prestação de ordem k:

Substituindo (5.18) e (5.22) em (5.17) obtemos:

$$R_k = A + i(n-k+1)A = A[1 + i(n-k+1)].$$

Como as amortizações são constantes e os juros variam linearmente com o tempo, as prestações também assim variam, conformando, portanto, uma *PA* decrescente cuja razão também é $-iA$. Resumindo, o sistema *SAC* consiste nas seguintes 4 equações:[5]

$$A_k = \frac{P}{n} = A. \qquad (5.23)$$

$$P_k = (n-k)A. \qquad (5.24)$$

$$J_k = i(n-k+1)A. \qquad (5.25)$$

$$R_k = A + J_k = A[1 + i(n-k+1)]. \qquad (5.26)$$

Exemplo 5.3

Suponha um financiamento para aquisição de casa própria no valor de $ 180000.00 para ser pago em 360 parcelas mensais, a uma taxa de juros de 1.5% ao mês. Calcule o valor da prestação, dos juros, da amortização e do saldo devedor no vencimento da 25ª prestação.

$$A_{25} = \frac{180000}{360} = 500.$$

$$J_{25} = 0.015(360 - 25 + 1)500 = 2520.$$

$$R_{25} = 500[1 + 0.015(360 - 25 + 1)] = 3020.$$

$$P_{25} = (360 - 25)500 = 167500.$$

5.4.2 Fluxos acumulados

Soma contábil

Resta-nos, agora, determinar as fórmulas para as variáveis acumuladas. No caso das amortizações, a soma delas até a prestação de ordem k resulta:

---

5. Há outras formas de apresentação. Para simplificar a exposição, colocamos todas as variáveis em função da amortização A, que é determinada pelas variáveis exógenas P e n.

$$SA_k = \sum_{t=1}^{k} A_t = \sum_{t=1}^{k} A = kA. \qquad (5.27)$$

Como os juros conformam uma *PA*, podemos calcular a soma dos termos dessa sequência. Pela Equação (5.25) podemos deduzir as expressões do primeiro e do k-ésimo termo:

$$J_1 = inA \text{ e } J_k = iA(n - k + 1).$$

Portanto, a soma[6] dos k primeiros termos será dada por:

$$SJ_k \equiv \sum_{t=1}^{k} J_t = \left[\frac{inA + iA(n - k + 1)}{2}\right] k = iAk\left(n - \frac{k-1}{2}\right). \qquad (5.28)$$

Com isso, a soma das prestações será dada pela equação:

$$\begin{aligned} SR_k &\equiv \sum_{t=1}^{k} R_t = \sum_{t=1}^{k} A_t + \sum_{t=1}^{k} J_t = kA + iAk\left(n - \frac{k-1}{2}\right) = \\ &= kA\left[1 + i\left(n - \frac{k-1}{2}\right)\right]. \end{aligned} \qquad (5.29)$$

Para obtermos o total das prestações, juros e amortizações pagos ao longo de todo o contrato, basta fazer $k = n$ nas Equações (5.27), (5.28) e (5.29):

$$SA_n = nA = P.$$

$$SJ_n = iAn\left(\frac{n+1}{2}\right).$$

$$SR_n = An\left[1 + i\left(\frac{n+1}{2}\right)\right].$$

Exemplo 5.4

Com relação ao exemplo anterior, obtenha a soma das prestações, juros e amortizações pagos até a 25ª prestação. Finalmente, calcule o total de juros pagos no vencimento do contrato e o dispêndio total realizado.

Amortizações, juros e prestações até a 25ª prestação:

$$SA_{25} = 25 \times 500 = 12500.$$

$$SJ_{25} = 0.015 \times 500 \left(\frac{2 \times 360 - 25 + 1}{2}\right) 25 = 65250.$$

$$SR_{25} = 12500 + 65250 = 77750.$$

---

6. A soma de uma *PA* é dada por $S_n = n\left(\frac{a_1 + a_n}{2}\right)$, em que a_1 representa o primeiro termo (neste caso nAi) e a_n, o último termo (neste caso $(n - k + 1)Ai$), e n representa o número de parcelas.

Total das amortizações pagas:

$$SA_{360} = 360 \times 500 = 180000.$$

Total de juros pagos:

$$SJ_{360} = 0.015 \times 500 \left(\frac{360 + 1}{2}\right) 360 = 487350.$$

Dispêndio total:

$$SR_{360} = 180000 + 487350 = 667350.$$

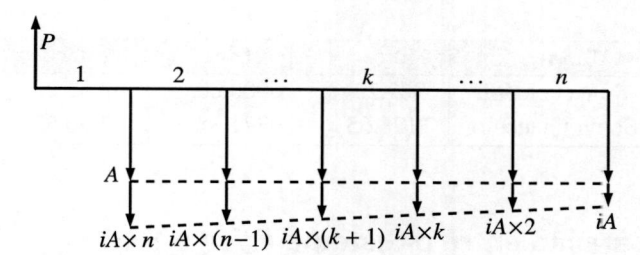

Figura 5.1 Fluxo de caixa do *SAC*.

Soma financeira
Já vimos que o sistema *SAC* nada mais é que uma série em *PA* de razão *iA*, sendo o último termo igual a:

$$R_n = A + iA.$$

Portanto, o sistema *SAC* consiste em uma série gradiente, cujo último termo é *iA*, mais uma série uniforme com pagamentos iguais a *A*.

Podemos estar interessados em determinar qual o montante dessa série, dados o número de pagamentos, a taxa de juros e o valor financiado. O montante será obtido pelo resultado de uma série gradiente mais uma série uniforme:[7]

$$SR_k = \sum_{t=1}^{k} (J_k + A_k)(1 + i)^{k-t} =$$

$$= \frac{iA}{i}\left\{k(1+i)^k - \left[\frac{(1+i)^k - 1}{i}\right]\right\} + A\left[\frac{(1+i)^k - 1}{i}\right] = Ak(1+i)^k.$$

Portanto, a soma das prestações é dada por:

$$SR_k = kA(1+i)^k. \tag{5.30}$$

---

7. Veja o Capítulo 2.

A soma das amortizações é dada por

$$SA_k = A\left[\frac{(1+i)^k - 1}{i}\right]. \tag{5.31}$$

e a soma dos juros capitalizados será dada pela diferença:

$$SJ_k = Ak(1+i)^k - A\left[\frac{(1+i)^k - 1}{i}\right]. \tag{5.32}$$

Se quisermos a soma financeira das prestações, amortizações e dos juros até a última prestação, basta fazer $k = n$ nas Equações (5.30), (5.31) e (5.32).

A tabela a seguir resume cálculos do sistema *SAC*.

SAC	Juros	Amortizações	Prestações
Soma contábil	962.23	6000.00	6962.23
Soma financeira	1128.65	6771.88	7900.53

5.5 Comparação entre o Sistema *Price* e *SAC*

Podemos agora visualizar como se comportam as prestações, amortizações, juros e saldo devedor nos gráficos a seguir. Na Figura (5.2), verifica-se que a prestação é constante no sistema *Price* e linearmente decrescente no sistema *SAC*.

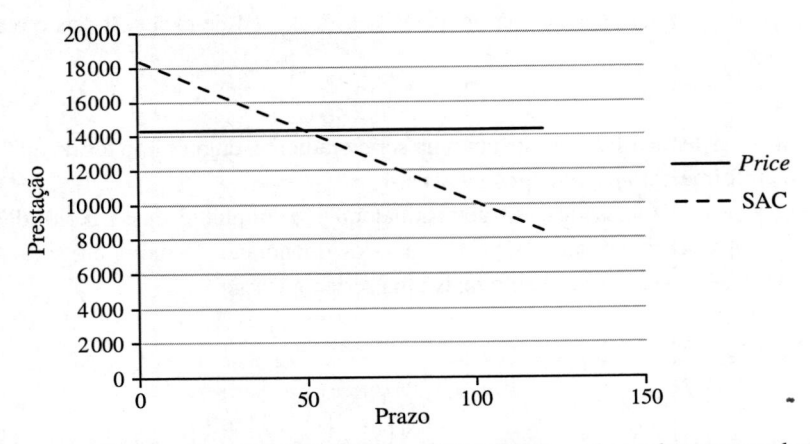

Figura 5.2 Comparação da prestação nos sistemas *Price* e *SAC*, sendo o valor emprestado de $ 100 mil, $i = 1\%$ em 120 prestações.

Para iguais condições, ou seja, mesmo valor financiado, mesma taxa de juros e mesmo prazo, a prestação do sistema *SAC* começa mais elevada que a do sistema *Price*, pois aquele amortiza de forma mais rápida o saldo devedor.

Na tabela *Price*, no início do contrato, a prestação é quase que constituída somente por juros. A tabela *Price* amortiza muito pouco no início do contrato. Como decorrência, o risco do emprestador é maior que em um sistema em que as amortizações abatem de forma mais rápida o saldo devedor, como é o caso do sistema *SAC*.

Pela Figura (5.3), podemos visualizar como se comporta a amortização nos dois sistemas. Ela é constante no caso do sistema *SAC* e exponencialmente crescente no do sistema *Price*.

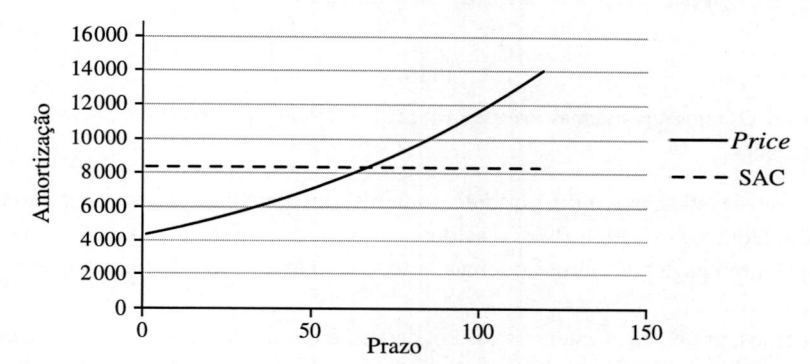

Figura 5.3 Comparação das amortizações nos sistemas *Price* e *SAC*, sendo o valor emprestado de $ 100 mil, $i = 1\%$, em 120 prestações.

Como o sistema *SAC* amortiza mais inicialmente, o saldo devedor se reduz mais rapidamente e, portanto, pagam-se menos juros que no sistema *Price*. É o que mostra a Figura (5.4).

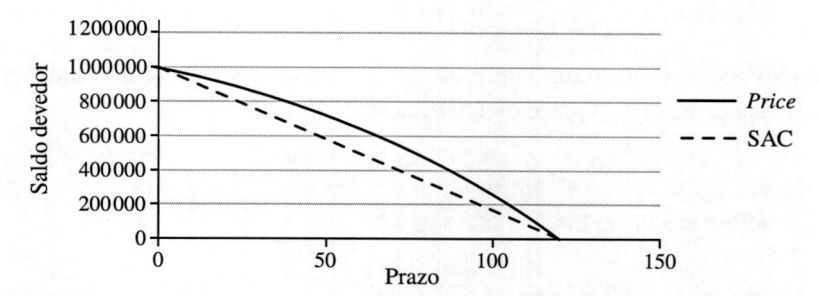

Figura 5.4 Comparação do saldo devedor entre os dois sistemas, sendo o valor emprestado de $ 100 mil, $i = 1\%$, em 120 prestações.

Os juros seguem o mesmo padrão do saldo devedor, por isso a diferença entre as ordenadas das curvas dos dois sistemas é o tanto a mais de juros que se paga no sistema *Price*, como mostra a Figura (5.5).

Se fosse possível escolher entre um ou outro sistema de amortização, a escolha dependeria das preferências intertemporais do tomador do empréstimo. O sistema SAC exige uma maior capacidade de poupança nos primeiros anos do financiamento, pois as prestações iniciais são mais elevadas que no sistema *Price*. Em contrapartida, as finais

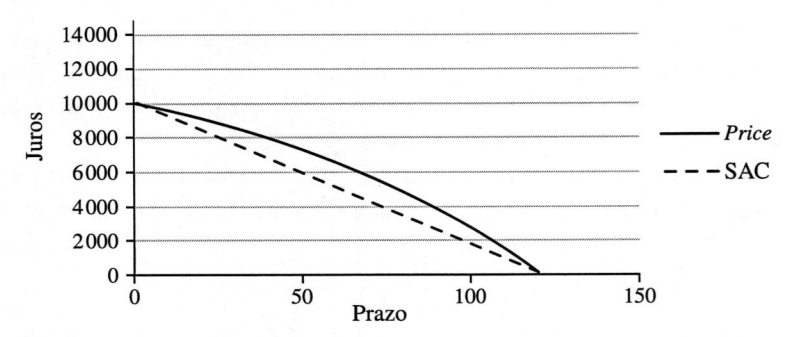

Figura 5.5 Os juros nos sistemas *Price* e *SAC*, sendo o valor emprestado de $ 100 mil, $i = 1\%$, em 120 prestações.

são menos elevadas, exigindo, portanto, uma menor capacidade de poupança ao final do contrato. Como no sistema *Price* o saldo devedor reduz-se mais lentamente, o tomador do empréstimo paga mais juros ao longo de todo o contrato e, portanto, o dispêndio total é maior.

Podemos, assim, estar interessados em determinar em que momento as prestações nos dois sistemas se igualam para financiamentos equivalentes. Ou seja, queremos determinar o instante k tal que:

$$P\left[\frac{i(1+i)^n}{(1+i)^n - 1}\right] = \frac{P}{n} + i\left[(n-k+1)\frac{P}{n}\right].$$

Simplificando e isolando o valor de k, obtemos:

$$k = \frac{1}{i} - \frac{n(1+i)^n}{(1+i)^n - 1} + (n+1) = \frac{1}{i} - \frac{n}{(1+i)^n - 1} + 1.$$

Podemos observar que o instante k, em que as duas prestações se igualam, depende apenas da taxa de juros e do prazo do financiamento.

Exemplo 5.5
Usando o mesmo exemplo anterior, temos que:

$$k = \frac{1}{0.015} - \frac{360}{(1+0.015)^{360} - 1} + 1 = 66.$$

5.6 Sistema Alemão*, ou *SAP*

5.6.1 Introdução
Apesar de pouco utilizado, o sistema alemão também sistematiza uma forma de pagamentos. Nele, os pagamentos são iguais, e os juros são pagos antecipadamente ao capital emprestado. Por isso os juros efetivamente pagos, nesse caso, são maiores. Mostrar esse fato formalmente é o objetivo desta seção introdutória.

Vamos usar a ideia de pagamentos constantes e juros incidindo antecipadamente sobre o capital emprestado para gerar algumas fórmulas que nos interessam, sobretudo uma que relaciona os pagamentos uniformes ao capital emprestado.

Seja a a taxa de juros do sistema alemão, e $R_t = R$ os pagamentos. Como os juros são antecipados, isso significa que $J_t = aP_t$, em que P_t é o saldo devedor. Note a diferença em relação ao sistema francês, no qual $J_t = aP_{t-1}$.

O primeiro fato notável importante a partir das ideias anteriores é que, se os juros são pagos antecipadamente, os juros do último período, J_n, são nulos, afinal, estes já foram pagos. Portanto, sabendo que $R_t = R = A_t + J_t$, em que A_t representa a amortização no período t, concluímos que no último período em que $t = n$:

$$R = R_n = A_n.$$

Além disso, devemos lembrar um fato que vale também para o sistema francês, a saber: o saldo devedor corrente é igual ao saldo devedor anterior menos a amortização corrente, isto é, $P_t = P_{t-1} - A_t$. Assim, dada a discussão anterior, no último período temos:

$$P_n = P_{n-1} - A_n \implies P_{n-1} = A_n = R.$$

Dado que temos P_{n-1} como função de R, podemos calcular a amortização em $n - 1$. De fato, dado que $P_{n-1} = R$, veja o seguinte:

$$R_{n-1} = R = A_{n-1} + J_{n-1} = A_{n-1} + aP_{n-1} = A_{n-1} + aR \implies$$
$$\implies A_{n-1} = (1 - a)R.$$

Vamos repetir o procedimento a partir dessas ideias. Queremos encontrar A_{n-2} como função de R e a. A questão é encontrar J_{n-2} como função de R. Para isso, precisamos, então, saber qual é P_{n-2}. Ora, isso é fácil, pois o saldo devedor em $n - 2$ será a soma das amortizações restantes para o final, haja vista que os juros são pagos antecipadamente. Portanto, temos:

$$R = A_{n-2} + J_{n-2} = A_{n-2} + a(A_n + A_{n-1}) = A_{n-2} + a[R + (1 - a)R] \implies$$
$$\implies A_{n-2} = R[1 - a - a(1 - a)] = R(1 - a)^2.$$

Repetir o mesmo procedimento para A_{n-3} e amortizações seguintes nos fará concluir que:

$$A_t = R(1 - a)^{n-t}.$$

Sabendo que a soma das amortizações resulta no capital inicialmente emprestado, P_0, temos que:

$$P_0 = \sum_{t=1}^{n} A_t = \sum_{t=1}^{n} R(1 - a)^{n-t}.$$

Trata-se de uma PG de razão $(1 - a)$ com n termos, que já sabemos resolver. Portanto:

$$P_0 = R\left[(1 - a)^{n-1} + (1 - a)^{n-2} + \cdots + 1\right] = R\left[\frac{1 - (1 - a)^n}{1 - (1 - a)}\right] = R\left[\frac{1 - (1 - a)^n}{a}\right].$$

Consequentemente:

$$R = P_0 \left[\frac{a}{1 - (1-a)^n} \right].$$

A partir de P_0 e a, podemos determinar R e, por isso, A_t e J_t, conforme ficará claro adiante.

Agora, convém compor um exemplo para esclarecer o uso desse sistema de pagamentos. Suponha um empréstimo de $ 6250.61 que deve ser amortizado em 7 parcelas mensais iguais e sucessivas, sabendo-se que a taxa de juros é de 4.0093% ao mês. Veremos que esse valor resulta líquido de empréstimo inicial $ 6000. O objetivo de ter líquido esse valor de empréstimo é tornar o sistema alemão comparável ao sistema *Price* e com exemplos usados anteriormente.

A prestação do sistema alemão é determinada pela fórmula:

$$R = P_0 \left[\frac{a}{1 - (1-a)^n} \right] = \frac{6250.61 \times 4.0093\%}{1 - (1 - 4.0093\%)^7} = 1006.20.$$

Os juros são pagos antecipadamente. Os juros iniciais correspondem a:

$$J_0 = 6250.61 \times 4.0093\% = 250.61.$$

O fluxo de caixa dessa operação encontra-se na seguinte tabela:

t	Juros $J_t = \begin{cases} -aP_0, t=0 \\ R - A_t, t>0 \end{cases}$	Amortização $A_t = \begin{cases} -J_0, t=0 \\ R(1-a)^{n-t}, t>0 \end{cases}$	Prestação $R_t = R$	Saldo devedor $P_t = P_{t-1} - A_t$
0	250.61	−250.61	0	6250.61
1	219.05	755.59	1006.20	5463.45
2	186.17	787.15	1006.20	4643.43
3	151.92	820.03	1006.20	3789.15
4	116.24	854.28	1006.20	2899.19
5	79.07	889.96	1006.20	1972.05
6	40.34	927.13	1006.20	1006.20
7	0.00	965.86	1006.20	0.00
Total	1043.38	6000.00	7043.38	

Para montar a tabela, adote os seguintes passos:
1. Encontre a prestação do sistema alemão e repita seu valor em todas as linhas da tabela, a partir do primeiro período.
2. Encontre a amortização de cada período, a partir do primeiro período, lembrando que $A_t = R(1-a)^{n-t}$. Quanto ao período inicial, a amortização é o negativo dos juros.[8]

---

8. Apesar de soar estranho, somente assim a soma das amortizações com os juros iguala a soma das prestações.

3. Calcule os juros do período inicial, multiplicando o valor emprestado pela taxa de juros.
4. Calcule os juros dos demais períodos subtraindo de R a amortização A_t.
5. Encontre o saldo devedor, subtraindo do saldo devedor do período anterior a amortização calculada.

Seguindo essa sistemática para todas as linhas, pode-se facilmente completar a tabela.

Observe que, ao final do contrato, o saldo devedor é integralmente pago e o montante dos juros pagos ao longo de todo o contrato é de $ 1043.38, os quais, somados ao saldo devedor amortizado de $ 6000, nos dão um total de $ 7043.38, correspondentes ao total das prestações pagas.

Note que o valor líquido emprestado é de 6250.61 − 250.61 = 6000. Tomando esse valor como presente, e considerando as 7 parcelas de 1006.20, pode-se calcular a taxa de juros efetivas que o agente pagou:

$$6000 = 1006.20 \left[\frac{(1+i)^7 - 1}{(1+i)^7 i} \right] \Longrightarrow i = 4.1767\%.$$

5.6.2 Taxa de juros efetiva e taxa do sistema alemão

A taxa de juros efetiva no empréstimo pago no sistema alemão é maior que a anunciada no empréstimo. Isso acontece porque os juros são pagos antecipadamente. Pode-se mostrar, com efeito, que a taxa de juros efetiva, i, e a taxa do sistema alemão, a, guardam a seguinte relação:

$$i = \frac{a}{1-a}. \qquad (5.33)$$

Para ver isso, observe que se empresta P_0, mas pagam-se antecipadamente aP_0. Sabendo que os pagamentos uniformes são de $R = P_0 \left[\frac{a}{1-(1-a)^n} \right]$, podemos calcular a taxa de juros efetiva, i, de modo geral:

$$P_0 - aP_0 = R \left[\frac{1-(1+i)^{-n}}{i} \right] \Longrightarrow$$

$$\Longrightarrow P_0(1-a) = P_0 \left[\frac{a}{1-(1-a)^n} \right] \left[\frac{1-(1+i)^{-n}}{i} \right] \Longrightarrow$$

$$\Longrightarrow \frac{(1-a)}{a} \left[1-(1-a)^n \right] = \frac{1}{i} \left[1-(1+i)^{-n} \right].$$

O resultado sai por inspeção, ou tentativa e erro. Parece natural, olhando para a igualdade anterior, supor que:

$$\frac{(1-a)}{a} = \frac{1}{i} \Longrightarrow i = \frac{a}{1-a}.$$

Com isso, é preciso $(1-a)^n = (1+i)^{-n}$, quando $i = \frac{a}{1-a}$. Vejamos:

$$(1+i)^{-n} = \left(1 + \frac{a}{1-a} \right)^{-n} = \left(\frac{1-a+a}{1-a} \right)^{-n} = (1-a)^n.$$

Portanto, a conjectura era verdadeira, e a assertiva está demonstrada.

A passagem das equações de um sistema para o outro é feita pela equação de equivalência entre a taxa de juros efetiva, i, e a taxa, a. Essa taxa do sistema alemão, na verdade, funciona como se fosse um taxa de desconto, como no caso de duplicatas.[9]

Pela Equação (5.33), pode-se utilizar ou a taxa de juros ou a taxa de desconto. Em princípio, pode-se entender essas duas alternativas como simples convenção. No entanto, deve-se observar que a taxa de desconto é uma forma estranha de indicar a rentabilidade, causa muita confusão, pois esconde a taxa de juros que, de fato, é cobrada. Ou seja, o mutuário que contrata pelo sistema alemão imagina que paga uma taxa de juros a, quando, de fato, paga i, que é sempre mais elevada.

5.6.3 Equações do sistema alemão

Os termos gerais para R e A_k já foram apresentados nas duas seções anteriores. Vamos agora achar os termos gerais para P_k e J_k, sabendo que $A_k = R(1-a)^{n-k}$, e que $R = P_0 \left[\frac{a}{1-(1-a)^n} \right]$.

Sabemos que $R_k = R = A_k + J_k$, portanto:

$$J_k = R - A_k = R - R(1-a)^{n-k} =$$
$$= R\left[1 - (1-a)^{n-k}\right] = aP_0 \left[\frac{1-(1-a)^{n-k}}{1-(1-a)^n} \right].$$

Quanto ao saldo devedor, P_k, sabemos que $J_k = aP_k$, logo:

$$P_k = \frac{J_k}{a} = P_0 \left[\frac{1-(1-a)^{n-k}}{1-(1-a)^n} \right].$$

Resumindo, o sistema alemão consiste das seguintes 4 equações, em função de P_0, a e n:

$$R = P_0 \left[\frac{a}{1-(1-a)^n} \right].$$

$$A_k = R(1-a)^{n-k}.$$

$$J_k = aP_k = aP_0 \left[\frac{1-(1-a)^{n-k}}{1-(1-a)^n} \right] = R\left[1-(1-a)^{n-k}\right].$$

$$P_k = P_0 \left[\frac{1-(1-a)^{n-k}}{1-(1-a)^n} \right].$$

Exemplo 5.6

Contraindo um empréstimo no sistema alemão de $ 6250.61, a uma taxa $a = 4.01\%$, em sete prestações mensais, sabemos que a parcela será de $R = 1006.20$. Calcular os juros, a amortização e o saldo devedor no vencimento da quarta prestação. Sabendo que podemos calcular os juros:

---

9. As operações de desconto de duplicatas são feitas por meio de taxa de desconto, e não da taxa de juros. Veja o Capítulo 9.

$$J_4 = 0.040093 \times 6250.61 \times \left[\frac{1-(1-0.040093)^{7-4}}{1-(1-0.040093)^7}\right] = 116.24.$$

A amortização é ainda mais simples:

$$A_4 = 1006.20 \times (1 - 0.040093)^{7-3} = 889.96.$$

Finalmente, o saldo devedor será dado por:

$$P_4 = 6250.61 \times \left[\frac{1-(1-0.040093)^{7-4}}{1-(1-0.040093)^7}\right] = 2899.19.$$

5.6.4 Fluxos acumulados

Soma contábil

Resta-nos, agora, determinar as fórmulas para as variáveis acumuladas. No caso das amortizações, a soma das efetuadas até a prestação de ordem k é igual ao total emprestado menos o saldo devedor em k:

$$SA_n = \sum_{t=1}^{n} A_t = P_0.$$

Isto é:

$$\sum_{t=1}^{k} A_t + \sum_{t=k+1}^{n} A_t = P_0.$$

Note que a segunda parcela do lado esquerdo da equação anterior é exatamente o saldo devedor até o período k. Portanto:

$$SA_k = \sum_{t=1}^{k} A_t = P_0 - P_k = P_0 - P_0 \left[\frac{1-(1-a)^{n-k}}{1-(1-a)^n}\right] =$$
$$= P_0 \left[1 - \frac{1-(1-a)^{n-k}}{1-(1-a)^n}\right].$$

Podemos somar as parcelas pagas, que são constantes:

$$SR_k \equiv \sum_{t=1}^{k} R_t = Rk = \frac{kP_0 a}{1-(1-a)^n}.$$

Os juros saem por resíduo, com o cuidado de acrescentar aqueles pagos no período inicial $t = 0$:

$$SJ_k = J_0 + SR_k - SA_k = aP_0 + \frac{kP_0 a}{1-(1-a)^n} - P_0\left[1 - \frac{1-(1-a)^{n-k}}{1-(1-a)^n}\right] =$$
$$= P_0 \left[\frac{(1-a)^{n+1} + (1+k)a - (1-a)^{n-k}}{1-(1-a)^n}\right] = R\left[\frac{(1-a)^{n+1} + (1+k)a - (1-a)^{n-k}}{a}\right].$$

Exemplo 5.7

Continuando o exemplo anterior, calcular os juros, as amortizações e as prestações pagos até a quarta prestação.

As prestações pagas são:

$$SR_4 = 4R = 4 \times 1006.20 = 4024.79.$$

Para calcular as amortizações, usamos a fórmula:

$$SA_k = P_0 \left[1 - \frac{1 - (1-a)^{n-k}}{1 - (1-a)^n} \right] =$$

$$= 6250.61 \times \left[1 - \frac{1 - (1 - 0.040093)^{7-4}}{1 - (1 - 0.040093)^7} \right] = 3351.42.$$

Quantos aos juros:

$$J_4 = 6250.61 \left[\frac{(1 - 0.040093)^{7+1} + (1+4)\,0.040093 - (1 - 0.040093)^{7-4}}{1 - (1 - 0.040093)^7} \right] = 923.98.$$

Soma financeira

Como foi observado, não se devem somar quantias de dinheiro em diferentes momentos do tempo. O procedimento correto, do ponto de vista financeiro, é levar os pagamentos efetuados a valor futuro, capitalizando-os pela taxa de juros efetiva. Isso torna o sistema alemão mais complicado que o *Price*. Desse modo, devemos determinar a soma financeira das prestações, juros e amortizações até a k-ésima prestação; devemos fazer $i = \frac{a}{1-a}$.

A soma das prestações em valor futuro é dada por:

$$SR_k = \sum_{t=1}^{k} R(1+i)^{k-t} = \sum_{t=0}^{k-1} R(1+i)^t = R\left[\frac{(1+i)^k - 1}{i}\right] =$$

$$= R\left[\frac{(1-a)^{-k} - 1}{\frac{a}{1-a}}\right] = R\left[\frac{1 - (1-a)^k}{a(1-a)^{k-1}}\right].$$

A prestação do sistema alemão é menor que a do sistema *Price*, mas a taxa de juros efetiva é maior. Assim, é preciso saber em qual sistema a soma de prestações é maior, quando $k = n$. No exemplo usado, temos que se pagam no sistema alemão $ 7990.01, mais que no sistema *Price* para um empréstimo líquido de mesma magnitude, que é de $ 7900.53.

A soma das amortizações levadas a valor futuro até a k-ésima prestação será dada por

$$SA_k = \sum_{t=1}^{k} A_t (1+i)^{k-t} = \sum_{t=1}^{k} R(1-a)^{n-t}(1+i)^{k-t} =$$

$$= R(1-a)^n (1+i)^k \sum_{t=1}^{k} [(1+i)(1-a)]^{-t}.$$

Como $1 + i = \frac{1}{1-a}$, temos:

$$SA_k = R(1-a)^{n-k} \sum_{t=1}^{k} [(1+i)(1-a)]^{-t} = R(1-a)^{n-k} \sum_{t=1}^{k} 1 = Rk(1-a)^{n-k}.$$

A soma dos juros capitalizados será dada pela diferença entre a soma das prestações e a das amortizações, mais os juros iniciais capitalizados:

$$SJ_k = J_0(1+i)^k + SR_k - SA_k = J_0(1+i)^k + R\left[\frac{1-(1-a)^k}{a(1-a)^{k-1}}\right] - Rk(1-a)^{n-k} =$$

$$= J_0(1+i)^k + R\left[\frac{(1-a)-(1-a)^{k+1}-ka(1-a)^n}{a(1-a)^k}\right].$$

Aplicando as fórmulas derivadas, obtemos a tabela a seguir:

SAP	Juros	Amortizações	Prestações
Soma contábil	1043.38	6000.00	7043.38
Soma financeira	1280.35	7043.38	7990.01

5.6.5 Comparando os sistemas SAC, PRICE e SAP

A comparação dos sistemas de pagamentos, tanto contábil como financeiro, mostra que o sistema *SAC* tem prestações e juros menores que os dois outros sistemas. O mesmo ocorre na comparação do *PRICE* com o *SAC*. A tabela a seguir resume os valores contábeis desses três sistemas:

Contábil	Juros	Amortizações	Prestações
SAC	962.23	6000.00	6962.23
PRICE	1000.00	6000.00	7000.00
SAP	1043.38	6000.00	7043.38

5.7 Principais Conceitos

Sistema *Price*: prestações constantes e amortização periódica do principal. A prestação é constituída de juros + amortização. Amortiza pouco no início; maior peso dos juros.

Sistema *SAC*: prestações decrescentes e amortização periódica constante do principal. A prestação é constituída de juros + amortização. Amortiza muito no início; menor peso dos juros. As prestações iniciais são mais elevadas do que no sistema *Price*.

Sistema *SAP*: prestações constantes, juros pagos antecipadamente. A prestação é constituída de juros + amortização. Amortiza pouco no início; maior peso dos juros. Juros e prestações são maiores do que no sistema *Price*.

Sistemas de amortização: prestação = juros + amortização.

Sistema americano: pagamento periódico de juros constantes e amortização do principal ao final. A prestação é constituída dos juros.

Sinking-fund: fundo de amortização para pagamento do principal ao final do contrato.

5.8 Formulário

PRESTAÇÃO

$$R_k = R = P\left[\frac{i(1+i)^n}{(1+i)^n - 1}\right] \qquad (Price)$$

$$R_k = A\left[1 + i(n - k + 1)\right] \qquad (SAC)$$

$$R = P_0\left[\frac{a}{1 - (1-a)^n}\right] \qquad (SAP)$$

AMORTIZAÇÃO

$$A_k = R(1+i)^{k-n-1} \qquad (Price)$$

$$A_k = A = \frac{P}{n} \qquad (SAC)$$

$$A_k = R(1-a)^{n-k} \qquad (SAP)$$

JUROS

$$J_k = R\left[1 - (1+i)^{k-n-1}\right] \qquad (Price)$$

$$J_k = i(n - k + 1)A \qquad (SAC)$$

$$J_k = R\left[1 - (1-a)^{n-k}\right] \qquad (SAP)$$

SALDO DEVEDOR

$$P_k = R\left[\frac{1 - (1+i)^{k-n-1}}{i}\right] \qquad (Price)$$

$$P_k = (n - k)A \qquad (SAC)$$

$$P_k = P_0\left[\frac{1 - (1-a)^{n-k}}{1 - (1-a)^n}\right] \qquad (SAP)$$

SOMA DAS PRESTAÇÕES

$SR_k = kR$ \hfill (Price)

$SR_k = kA + iAk\left(\dfrac{2n - k + 1}{2}\right)$ \hfill (SAC)

$SR_k \equiv \dfrac{kP_0 a}{1 - (1-a)^n}$ \hfill (SAP)

SOMA DOS JUROS

$SJ_k = kR - SA_k$ \hfill (Price)

$SJ_k = iAk\left(\dfrac{2n - k + 1}{2}\right)$ \hfill (SAC)

$SJ_k = R\left[\dfrac{(1-a)^{n+1} + (1+k)a - (1-a)^{n-k}}{a}\right]$ \hfill (SAP)

SOMA DAS AMORTIZAÇÕES

$SA_k = \dfrac{R}{(1+i)^n}\left[\dfrac{(1+i)^k - 1}{i}\right]$ \hfill (Price)

$SA_k = kA$ \hfill (SAC)

$SA_k = P_0\left[1 - \dfrac{1 - (1-a)^{n-k}}{1 - (1-a)^n}\right]$ \hfill (SAP)

5.9 Leituras sugeridas

[1] HAZZAN, Samuel; POMPEO, José Nicolau. *Matemática Financeira*. 4. ed. São Paulo: Atual, 1993.

[2] VIEIRA SOBRINHO, José Dutra. *Matemática Financeira*. 6. ed. São Paulo: Atlas, 1997.

[3] ZIMA, Petr; BROWN, Robert. *Mathematics of Finance*. 2. ed. Nova York: McGraw-Hill, 1996.

5.10 Exercícios

EXERCÍCIO 5.1

Uma dívida no valor de $ 450000.00 deverá ser paga daqui a 24 meses. Quanto deverá ser depositado na data de hoje, em um fundo de renda fixa que rende 1.2% ao mês, de forma a garantir o pagamento da dívida? Quanto deverá ser depositado mensalmente? Suponha que sejam feitos depósitos mensais somente a partir do quinto mês. Quanto deverá ser depositado mensalmente?

Exercício 5.2
Quanto deve ser depositado em um fundo de renda fixa, na data de hoje, para garantir o pagamento das seguintes dívidas: $ 25000.00, $ 12000.00, $ 48000.00 e $ 34000.00, vencíveis em 9, 10, 12 e 18 meses, respectivamente? Considere uma taxa de juros compostos compostos de 1.5% ao mês.   R: $ 98358.40.

Exercício 5.3
Considere, em relação ao problema anterior, que o fundo de amortização das dívidas será constituído por meio de depósitos mensais de igual valor. Calcular o valor dos depósitos.

Exercício 5.4
Um empréstimo no valor de $ 25000.00 foi contraído pelo sistema americano, a uma taxa de juros compostos mensal de 1.4%, e implica gastos totais mensais de $ 450.00. Uma parcela do gasto total mensal é depositada em um fundo de renda fixa, a uma taxa de juros compostos de 1.2% ao mês, para garantir o pagamento do principal ao final do contrato. Qual o prazo do empréstimo e quanto deverá ser adicionado ao fundo de amortização no vencimento do contrato para quitar a dívida total?   R: 116 meses e $ 85.89.

Exercício 5.5
Uma casa no valor de $ 120000.00 foi adquirida por meio de um financiamento de 12 anos pela tabela *Price*. Sabendo-se que a taxa de juros compostos cobrada pelo banco é de 2.1% ao mês, determinar o valor da prestação, do saldo devedor, dos juros e da amortização referentes à 55ª prestação.

Exercício 5.6
Com relação ao exemplo anterior, calcular a soma das prestações, juros e amortizações pagos até a 55ª prestação.   R: $ 145918.17; $ 132382.49 e $ 13555.68.

Exercício 5.7
Com relação ao exemplo anterior, calcular a soma das prestações, juros e amortizações pagos ao longo de todo o contrato.

Exercício 5.8
Uma pessoa adquiriu um apartamento no valor de $ 75000.00 para ser pago em 36 meses pelo sistema *Price*, com uma entrada de $ 30000.00. O saldo devedor foi financiado a uma taxa de juros compostos de 1.8% ao mês. Determinar qual o valor total das amortizações pagas da 20ª até a 31ª prestação.   R: $ 16738.47.

Exercício 5.9
Considere um financiamento de $ 120000.00 para a compra de uma casa de acordo com o sistema *Price*. O prazo do financiamento é de 60 meses, e a taxa de juros compostos é de 1.5% ao mês. Após o pagamento da 36ª prestação, o mutuário, em decorrência de

dificuldades, renegocia o saldo devedor pelo sistema *Price*, para ser pago em 50 meses, a uma taxa de juros compostos de 1.6% ao mês. Determinar o valor da prestação do refinanciamento.

Exercício 5.10
Um financiamento de $ 117000.00 para a compra de uma casa de acordo com o sistema *Price* foi concedido pelo prazo 60 meses e taxa de juros compostos de 1.7% ao mês. As prestações 35$^{\underline{a}}$, 36$^{\underline{a}}$ e 37$^{\underline{a}}$ não foram pagas. Dez dias antes de vencer a 38$^{\underline{a}}$ prestação, o mutuário renegocia o saldo devedor pelo sistema *Price*, para ser pago em 50 meses, a uma taxa de juros compostos de 1.8% ao mês. Determinar o valor da prestação do refinanciamento.
R: $ 2117.01.

Exercício 5.11
Uma casa foi adquirida por $ 95000.00 pelo sistema *Price*, pelo prazo 120 meses e taxa de juros compostos de 1.6% ao mês. Após o pagamento da 45$^{\underline{a}}$ prestação, o mutuário decide resgatar antecipadamente 10 prestações. Quanto precisou pagar ao banco?

Exercício 5.12
Um imóvel foi adquirido pelo preço de $ 87500.00 para ser pago em 240 parcelas mensais, a uma taxa de juros compostos de 1.5% ao mês. Sabendo-se que a primeira prestação deverá ser paga somente ao final de seis meses, determinar o valor da prestação.
R: $ 1476.58.

Exercício 5.13
Uma casa foi adquirida pelo preço de $ 124000.00 para ser paga em 360 prestações mensais, pelo sistema *Price*, a uma taxa de juros compostos mensal de 1.6%. O contrato prevê repactuação da taxa de juros compostos após cinco anos. Suponha que, após esse período, a taxa de juros compostos se eleve para 1.8%. Calcular a prestação paga durante os cinco primeiros anos, o valor do saldo devedor ao final do quinto ano e o valor da nova prestação.

Exercício 5.14
Um imóvel foi adquirido pelo preço de $ 45000.00 para ser pago em 60 prestações mensais, pelo sistema *Price*, a uma taxa de juros compostos de 1.8% ao mês. Ao final de 12 meses, foi feito um pagamento adicional de $ 7500.00. Ao mesmo tempo, as prestações mensais restantes foram transformadas em bimestrais, e a taxa de juros compostos foi elevada para 2% ao mês. Calcular a nova prestação e quanto se pagou a mais de juros em razão da mudança de contrato.
R: $ 1514.89 e $ 21048.31.

Exercício 5.15
Um apartamento foi adquirido pelo preço de $ 125000.00 para ser pago, pela tabela *Price*, em 180 prestações mensais, a uma taxa de juros compostos flutuante. Na assinatura do contrato, a taxa de juros compostos estava cotada a 1.2% ao mês. Ao final do quinto ano, a taxa de juros compostos elevou-se para 1.4% ao mês e, ao final de dez anos, a taxa de juros compostos estava cotada a 1.6% ao mês. Calcular o valor das prestações mensais.

120 *Matemática Financeira Moderna*

Exercício 5.16
Suponha um financiamento pelo sistema *SAC* para aquisição de casa própria no valor de $ 180000.00, para ser pago em 360 parcelas mensais, a uma taxa de juros compostos de 1.5% ao mês. Calcule o valor da prestação, dos juros, da amortização e do saldo devedor no vencimento da 25ª prestação. R: $ 3020.00; $ 5250.00 $ 500.00 e $ 167500.00.

Exercício 5.17
Um apartamento no valor de $ 125000.00 foi adquirido pelo sistema *SAC* para ser pago em 120 meses, com uma entrada de $ 25000.00. O saldo devedor foi financiado a uma taxa de juros compostos de 1.9% ao mês. Determinar o valor total dos juros pagos da 57ª até a 78ª prestação.

Exercício 5.18
Considere um financiamento de $ 112000.00 para a compra de uma casa de acordo com o sistema *SAC*. O prazo do financiamento é de 240 meses, e a taxa de juros compostos é de 1.5% ao mês. Após o pagamento da 121ª prestação, o mutuário renegocia o saldo devedor pelo sistema *SAC* em 180 meses, a uma taxa de juros compostos mensal de 1.7%. Determine o valor pago na 67ª prestação do refinanciamento. R: $ 906.42.

Exercício 5.19
Uma casa foi adquirida pelo sistema *SAC* pelo preço de $ 57500.00, para ser paga em 180 parcelas mensais, a uma taxa de juros compostos de 1.3% ao mês. Sabendo-se que a primeira prestação deverá ser paga somente ao final de quatro meses, determinar o valor inicial da prestação.

Exercício 5.20
Um empréstimo no valor de $ 50000.00 foi concedido, pela tabela *Price*, a uma taxa de juros compostos de 1.9% ao mês e 60 prestações. As prestações pagas foram aplicadas mensalmente a uma taxa de juros compostos de 1.7% ao mês. Qual a taxa de juros compostos efetiva obtida pelo emprestador? R: $ 1.78%.

Estudo de caso
Um banco se propõe a financiar uma habitação durante 30 anos. O valor a emprestar é de R$ 300 mil, sobre o qual recai uma taxa efetiva de juros de 8.4% ao ano capitalizada mensalmente. Nessas condições, o banco cobra como despesas adicionais a tarifa de R$ 22.00 a título de taxa de administração e R$ 192.95 a título de seguros. Essas despesas adicionais são fixas. Pede-se:
1. Qual o custo efetivo total da operação no sistema *SAC* e *Price*? Em qual sistema o custo é maior?
2. Critique a proposta do banco à luz da razão econômica. Tem sentido econômico a cobrança dessas tarifas?

Capítulo 6

Análise de Investimentos

6.1 Introdução

Um agente econômico divide seus recursos entre bens e poupança. Os primeiros servem para seu consumo imediato, bens de consumo corrente ou duradouro, bens de consumo duráveis. Os recursos destinados à poupança servem para comprar ativos que geram renda futura, a qual, por sua vez, servirá para adquirir mais bens.

Os ativos podem ser classificados em reais, representados por bens tangíveis, e financeiros, representados por bens intangíveis. Determinados ativos reais proporcionam a seu possuidor um fluxo de rendimentos futuros. Por exemplo, o aluguel de um imóvel é um rendimento periódico.[1] Os ativos reais, em geral, geram um fluxo de receitas sempre derivadas de uma atividade ou serviço com valor econômico: imóvel de aluguel, máquinas e equipamentos produtivos, táxi, ações etc.[2]

Ativos financeiros geram um fluxo de rendimentos futuros tendo por base, normalmente, ativos intangíveis, isto é, as receitas não são provenientes de um bem real, mas referem-se a uma promessa de pagamento contingente. Por exemplo, quem adquire um título público acredita que o governo resgatará o título na data convencionada.

Em geral, quase que a totalidade dos títulos públicos e privados são fiduciários, isto é, são simples promessas de pagamento baseadas na confiança. A grande exceção são os títulos hipotecários, lastreados no próprio imóvel, o qual serve como garantia. Caso o emissor do título não pague na data combinada, a hipoteca é executada.

---

1. Se o proprietário destinar o imóvel para sua própria moradia, continua tratando-se de um ativo real, cujo fluxo de rendimentos se traduz pelos benefícios de morar naquela moradia equivalente ao custo oportunidade de pagar um aluguel por ela.
2. As ações constituem-se ativos reais, pois seu proprietário se torna sócio da empresa emissora. Por possuí-la, recebe juros sobre capital próprio e dividendos periodicamente.

Este capítulo focará a análise de investimentos em ativos reais. A análise de investimentos em ativos financeiros, entretanto, é muito semelhante.

O investimento em ativos reais implica duas possíveis situações independentes. Primeiro, é preciso decidir se o ativo real em questão vale a pena ser adquirido *vis-à-vis*, uma alternativa qualquer cujo retorno seja maior com o mesmo risco. Segundo, se houver várias alternativas de investimentos, é preciso decidir qual a combinação ótima entre eles.

Existem vários métodos de análise de investimentos, cuja escolha depende, parcialmente, das necessidades do analista. Eles são: método da taxa interna de retorno – *TIR*, método do valor presente líquido – *VPL*, método da taxa interna modificada – *TIRM*, e método do índice de rentabilidade – *IR*. Esses métodos são consagrados na literatura e servem como referencial para um futuro aprofundamento usando métodos ainda mais modernos.

Qualquer análise de investimentos envolve os conceitos de retorno, evidenciado no parágrafo anterior, e de risco. Normalmente, a análise de risco não é apresentada em livros de matemática financeira. Este livro faz uma apresentação de ferramentas básicas da análise de risco, dado que são uma extensão dos princípios e das fórmulas da matemática financeira vistos nos capítulos iniciais. Apresenta, ainda, três métodos para avaliar o retorno, também usuais na literatura, embora com outra abordagem: *payback*, k; *duration*, D; e índice de Sharpe, S.

6.2 Taxa Interna de Retorno – *TIR*

Nesta e nas seções seguintes, a análise concentrar-se-á em responder à seguinte pergunta: o investimento em vista é economicamente viável? A resposta significa dizer se aquele investimento de interesse é economicamente viável, quando comparado a um investimento alternativo, geralmente de mesmo risco.

Depois de determinarmos se o investimento é economicamente viável, é o caso de verificarmos, entre os investimentos economicamente viáveis, aqueles cuja relação risco-retorno seja favorável, em uma autêntica escolha de uma carteira de investimentos.

6.2.1 Definição

Ao tomar a decisão de realizar um investimento qualquer, as empresas procuram obter o máximo lucro ou a maior rentabilidade possível com um mínimo risco.[3] Outra questão central da análise de investimento é definir quais os critérios utilizados na tomada de decisões sobre investimentos. Se pensarmos em termos de maximização de lucros, o método utilizado deve ser o do valor presente líquido – *VLP*. Se pensarmos em termos de retorno, então o método utilizado é o da taxa interna de retorno – *TIR*.

---

3. Investimento, neste contexto, deve ser entendido *stricto sensu*: investimento em bens reais. Investimento também pode referir-se a ativos financeiros. A análise aqui desenvolvida pode ser facilmente generalizada para incluir os ativos financeiros. Esse ponto será desenvolvido na Seção 6.4.

Suponha que um projeto de investimento em determinado ativo real – que se deprecia integralmente ao final do período – no valor de $ 100.00, feito hoje, proporcione, após um ano, uma receita estimada igual a $ 110.00. Nesse caso, a rentabilidade esperada ou taxa de retorno a ser obtida no empreendimento é de 10% sobre o capital inicial ou principal. Ou seja, após um ano, esperamos repor o capital adiantado no valor de $ 100.00 e auferir uma remuneração de $ 10.00. Suponha, alternativamente, que o mesmo investimento tenha uma maturidade de dois anos, proporcionando o seguinte fluxo de receitas futuras: $ 60.00 ao final do primeiro ano e $ 60.00 ao final do segundo ano. Nesse caso, a taxa de retorno esperada será dada pela expressão:

$$100 = \frac{60}{(1+r)} + \frac{60}{(1+r)^2}.$$

Resolvendo essa equação, obtemos o valor de 13.07% para a taxa de retorno esperada. Suponha, agora, que a taxa de juros básica de mercado[4] seja igual a 10% ao ano. Nessas circunstâncias, vale a pena realizar esse investimento?

A taxa que iguala o lado direito da equação com o lado esquerdo é denominada taxa interna de retorno.

Normalmente, as decisões de investimento são tomadas comparando-se a taxa de retorno esperada no investimento com a taxa de juros corrente de mercado. A taxa de juros representa o custo de oportunidade do investimento, ou seja, a rentabilidade que pode ser auferida aplicando-se os recursos disponíveis em um ativo financeiro livre de risco.

No exemplo examinado, valeria a pena investir, pois a taxa de retorno do empreendimento é maior que a taxa de juros. Ou seja, se dispuséssemos de capital próprio, poderíamos auferir uma rentabilidade maior no empreendimento que se destinássemos nossos recursos para aplicação em um fundo de renda fixa.

Outra possibilidade, se não dispuséssemos de recursos próprios, seria tomar recursos emprestados a uma taxa de 10% ao ano e realizar o investimento que promete uma rentabilidade de 13.07%. Nesse caso, ao final do empreendimento, pagaríamos a dívida contraída e, ainda, auferiríamos um ganho de 2.79% por período.[5] Evidentemente, por simplicidade, nesse contexto estamos imaginando uma economia com ausência de riscos.

Como se pode observar, as decisões de investimento são fortemente influenciadas pelo comportamento da taxa de juros. Uma taxa de juros muito elevada inviabiliza inúmeros projetos de investimento. Já uma taxa de juros mais baixa estimula novos investimentos. Daí a importância da taxa de juros na tomada de decisão sobre a viabilidade de projetos de investimento.

---

4. No que segue, referir-nos-emos à taxa de juros básica de mercado, ou, simplesmente, taxa de juros (de mercado) para tratar daquela que é livre de risco de crédito. Ou seja, é uma taxa normalmente obtida quando se compram títulos públicos. Por serem títulos do governo, imagina-se que não há risco de calote. Estamos cientes de que se trata de uma hipótese heroica para países similares ao Brasil.

5. $i = \frac{1.1307}{1.10} - 1 = 2.79\%$.

Como vimos, um primeiro método possível para a tomada de decisões é comparar a taxa de retorno esperada com a taxa de juros. A taxa de retorno esperada é também denominada Taxa Interna de Retorno, ou Rentabilidade do Investimento. Se o investimento refere-se a investimentos em ativos reais, esta taxa recebe, também, a denominação Eficiência Marginal do Capital, em contraposição à taxa de juros associada a ativos financeiros.

Podemos generalizar a análise anterior, admitindo que o investimento P, feito na data de hoje, deve proporcionar um fluxo de receitas líquidas[6] futuras R_1, R_2, ..., R_n, ou lucros futuros. Para simplificar a exposição, suponha que as receitas líquidas futuras sejam constantes e iguais a R. Para encontrar a taxa interna de retorno, TIR, basta resolver a seguinte equação conhecida:

$$P = R \left[\frac{(1 + TIR)^n - 1}{TIR} \right] \frac{1}{(1 + TIR)^n}. \quad (6.1)$$

Nessa equação, podemos observar que o lado esquerdo representa as despesas de investimento feitas hoje, ou seja, o custo de capital; e o lado direito representa as receitas trazidas a valor atual, descontadas pela taxa interna de retorno.

Uma vez determinada a TIR do projeto de investimento, devemos confrontá-la com o custo de oportunidade, a saber, com os investimentos alternativos existentes. Para simplificar, admitimos que só exista um investimento alternativo representado por um título do governo livre de risco, cujo retorno é representado por i. Desse modo, a regra de decisão é dada por:

1. Se $TIR > i$, realizamos o investimento;
2. Se $TIR \leq i$, não realizamos o investimento.

Exemplo 6.1

Uma máquina encontra-se à venda por $ 50000.00. Estima-se que ela deva proporcionar um fluxo anual de receitas no valor de $ 7500.00 por um período de 10 anos. Calcular a TIR e determinar se é um bom negócio adquiri-la.

$$50000 = 7500 \left[\frac{(1 + TIR)^{10} - 1}{TIR(1 + TIR)^{10}} \right] \Rightarrow TIR = 8.15\%.$$

Realizamos o investimento, pois $TIR = 8.15\% >$ taxa de juros (6%).

6.2.2 UNICIDADE DA TAXA INTERNA DE RETORNO

De acordo com a análise desenvolvida até o momento, o método da TIR parece ser eficaz na avaliação de projetos. Além disso, é um método muito simples ao resumir todas as informações relevantes dos fluxos de caixa de um investimento num único número, o qual, quando comparado com a taxa de juros, permite-nos tomar decisões.

---

6. Em Administração Financeira, o que aqui é chamado de receitas líquidas chama-se fluxo de caixa livre.

No entanto, há um forte inconveniente na utilização do método da *TIR*. Como veremos, ele só é aplicável em condições restritivas. Isto é, o método só é aplicável em projetos do tipo convencional, pelo qual os investimentos são realizados e, em seguida, vêm as receitas, as quais deverão ser sempre positivas. Se os investimentos têm sinal negativo, as receitas têm sinal positivo. Portanto, o que caracteriza um investimento convencional é a mudança de sinal, a qual deverá ser uma só. No caso do fluxo de caixa que analisamos na seção anterior, realiza-se uma despesa na data de hoje e percebe-se um fluxo positivo de receitas líquidas futuras, havendo uma única inversão no fluxo de caixa.

Do ponto de vista formal, é preciso recordar os ensinamentos do ensino médio. A *TIR* é dada pela seguinte equação:

$$P = \frac{R}{(1 + TIR)} + \frac{R}{(1 + TIR)^2} + \cdots + \frac{R}{(1 + TIR)^n}. \quad (6.2)$$

Assim, para encontrarmos a *TIR*, devemos encontrar as raízes[7] dessa equação. Como se trata de um polinômio do n-ésimo grau, existem n raízes possíveis ou, em outras palavras, existem n soluções possíveis para a *TIR*. Como há uma única inversão de sinal, há uma condição matemática que garante a existência de uma única raiz real positiva para que o método seja consistente. Em contrapartida, note que a possibilidade da existência de mais de uma raiz real positiva torna o método da *TIR* inconsistente, por gerar ambiguidade de respostas. Essa ambiguidade nos levaria à seguinte questão: se há mais de uma resposta possível, qual é a "verdadeira"?

Fazendo $x = \frac{1}{(1+TIR)}$, a equação anterior pode ser reescrita como:

$$-Px^0 + Rx^1 + Rx^2 + \cdots + Rx^n = 0.$$

Observe que os coeficientes da equação possuem um única inversão de sinais, sabendo que P e R são ambos positivos. Portanto, trata-se de um projeto do tipo convencional, sujeito à regra de sinais de Descartes, que garante a existência de uma única raiz real positiva. Com efeito, de acordo com o teorema de Descartes, o número de raízes reais positivas de um polinômio é igual ao número de variações de sinal da sucessão de seus coeficientes, ou é este número diminuído de um número par.[8]

A possibilidade da existência de múltiplas soluções para a *TIR* pode ser verificada por meio do seguinte exemplo. Considere o projeto de investimento A com mais de uma inversão no fluxo de caixa $A = \{-6, 29, -46, 24\}$, sendo a *TIR* dada pela equação:

$$6 = \frac{29}{(1 + TIR)} - \frac{46}{(1 + TIR)^2} + \frac{24}{(1 + TIR)^3}.$$

---

[7]. Encontrar as raízes significa encontrar as soluções que fazem o lado direito da equação coincidir com lado esquerdo.

[8]. Por que é diminuído de um número par? Ora, as raízes de um polinômio são reais e complexas, e as raízes complexas sempre ocorrem aos pares.

Nesse caso, existem três inversões no fluxo de caixa e, de acordo com a regra dos sinais de Descartes, podem existir três raízes reais positivas, ou apenas uma. Nesse exemplo, existem três raízes reais positivas para a TIR: $\frac{1}{3}$, $\frac{1}{2}$ e 1, ou 33.3%, 50% e 100%.[9] Portanto, existem três valores possíveis para a TIR, ou seja, raízes múltiplas. Esse resultado conduz a uma inconsistência na utilização do método da TIR em presença de investimento com mais de uma inversão no fluxo de caixa. Há uma forma alternativa de perceber isso, observando que podemos escrever o fluxo de caixa descontado como função da taxa de juros da seguinte forma:

$$f(i) = -P + \frac{R_1}{(1+i)} + \frac{R_2}{(1+i)^2} + \cdots + \frac{R_n}{(1+i)^n}.$$

Observe que, quando $i = TIR$, encontramos as raízes dessa função. Aplicando essa metodologia para o fluxo de caixa do exemplo anterior, podemos desenhar o seguinte gráfico, apresentado na Figura (6.1). Ele representa, na verdade, o valor presente líquido desse fluxo de caixa como função da taxa de desconto.

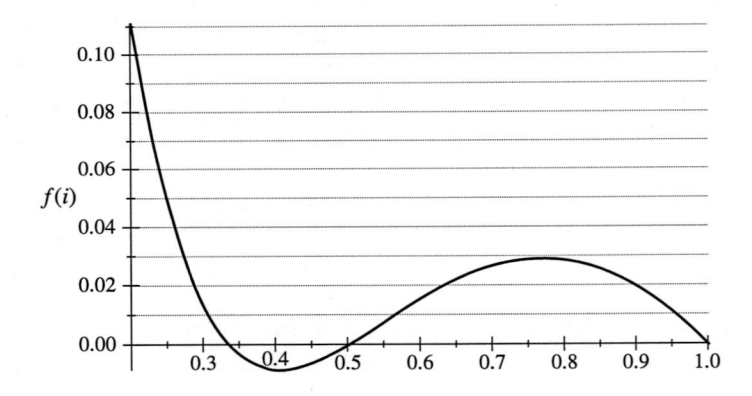

Figura 6.1 f em função de i.

Para taxas de juros abaixo de $\frac{1}{3}$ o projeto é viável; para taxas entre $\frac{1}{3}$ e $\frac{1}{2}$ é financeiramente inviável; passando a viável para taxas entre 50% e 100% e, novamente, a inviável para taxas maiores que 100% ao período. A justificativa para essas diferentes taxas internas de retorno é que o projeto passa do período 0 para o 1, de tomador de recursos para doador de recursos, situação que se mantém até o segundo período. Logo, para taxas de mercado suficientemente altas, o projeto passa novamente a ser rentável. Em função disso, a TIR somente pode ser aplicada, sem maiores dificuldades, se o fluxo de caixa possui apenas uma inversão de sinal. Se houver mais de uma inversão no fluxo de caixa, deve-se tomar cuidado, pois pode haver múltiplas soluções.

---

9. A *HP* dá erro, porque não consegue calcular essas raízes. Já o EXCEL dá como resultado a primeira raiz, $\frac{1}{3}$.

6.2.3 Dinâmica da TIR^*

Uma ideia interessante decorrente da TIR é obtê-la parcialmente, de acordo com o recebimento dos fluxos de caixa. Pela Equação (6.2), a TIR só é apropriada se o investimento é carregado até sua maturidade. À medida que o tempo passa, novas receitas vão sendo recebidas, de modo que a taxa interna de retorno definitiva, r_n, só é verificada quando todas as receitas forem auferidas, o que implica a recuperação integral do capital mais os lucros do investimento. Mas, e qual seria a TIR do investimento se nem todas as receitas ainda tiverem sido auferidas? Em outras palavras, se houver uma quebra de expectativas com respeito aos fluxos de caixa, o que acontece? Trata-se de uma análise interessante de fazer, que também mostra quando todos os fluxos de caixa são recuperados nominalmente, o equivalente a uma $TIR = 0$.

Formalmente, essa ideia significa ajustar um gráfico no plano $t \times r_t$, em que $t \in (0, n)$ representa os períodos, que podem ser fracionários, e r_t representa a TIR do instante t. Trata-se, assim, do gráfico da seguinte função, dada implicitamente, em que os fluxos de caixa são uniformes:

$$f(t,r_t) = -P + R\left[\frac{(1+r_t)^t - 1}{r_t}\right]\frac{1}{(1+r_t)^t} = 0$$

em que $\frac{P}{R} = k$ é uma constante.

Por que essa função tem que ser igual a 0? Trata-se da própria definição de TIR, pela qual os fluxos de caixa, R, têm que se igualar aos investimentos, P. Assim, calculando a taxa interna de retorno para cada recebimento do fluxo de caixa, obtemos um valor diferente, r_t. A indexação em t permite perceber que estamos calculando a TIR para o período t. Olhando o comportamento temporal dessa rentabilidade, pode-se concluir que ela é crescente, convergindo apenas na maturidade para a TIR, e quando $t \to \infty$, ela tende para a taxa de perpetuidade $\frac{R}{P}$. Em contrapartida, quanto menor o número de receitas recebidas, menor deve ser a rentabilidade. A Figura (6.2) representa o gráfico da TIR conforme os recebimentos intermediários de caixa.

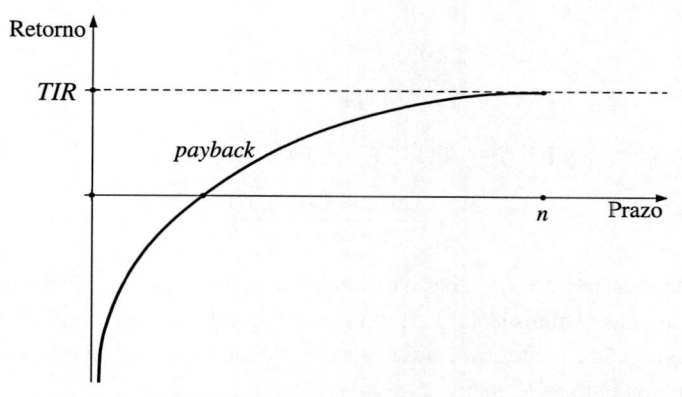

Figura 6.2 Evolução da rentabilidade com o tempo.

Interessante observar que, quando a $TIR = 0$, estaremos no momento em que os fluxos de caixa auferidos até esse momento igualam-se aos investimentos. Esse ponto é conhecido como *payback*, sobre o qual discutiremos, com mais detalhes, mais adiante.

Convém traduzir em números o que discutimos até o momento. Considere o seguinte fluxo de caixa $A = \{-400, 100, 100, 100, 100, 100\}$. Calculando a taxa interna de retorno, verifica-se que $r_5 = 7.93\%$. Porém, isso vale usando todos os fluxos. A TIR parcial deve ser calculada após o recebimento de cada um deles. Assim, após receber a primeira receita, a rentabilidade do projeto é $r_1 = -75\%$, afinal, foram investidos 400 e recuperados somente 100. Evidentemente, o projeto só colocará um retorno positivo após a recuperação integral do investimento inicial. Ao receber a segunda receita, a rentabilidade eleva-se para $r_2 = -36\%$ e, após o recebimento da terceira receita, para $r_3 = -13\%$. Ao receber a quarta receita, a rentabilidade do projeto é zero, correspondendo ao período de *payback*, em que o investimento inicial é integralmente recuperado. Somente após 5 períodos, depois que todas as receitas foram recebidas, é que a rentabilidade do projeto atinge 7.93%, que corresponde à TIR.

> **Nota 6.1**
> O gráfico (Figura 6.2), enfim, sugere que, se o tempo vai para zero, o retorno é infinitamente negativo.

Pode-se ver isso formalmente. É mais conveniente achar a TIR usando tempo contínuo. Nesse caso, devemos lembrar da relação fundamental que $(1 + TIR) = e^r$. Logo, temos pela Equação (6.1) que:

$$f(t,r) = -P + R\left[\frac{e^{rt} - 1}{(e^r - 1)}\right]\frac{1}{e^{rt}} = 0.$$

Fazendo $\frac{P}{R} = k$, temos que:

$$\left[\frac{e^{rt} - 1}{(e^r - 1)}\right]\frac{1}{e^{rt}} - k = 0.$$

Isolando t, após manipulações algébricas, temos:

$$t = -\frac{\ln[1 - k(e^r - 1)]}{r}.$$

Idealmente, gostaríamos de saber o que acontece com a taxa de juros r quando $t \to 0$. Entretanto, não conseguimos isolar r de um lado só da equação anterior, mas sim t. Assim, motivados pelo gráfico anterior e pela razão matemática mencionada, vejamos o que acontece com t quando $r \to -\infty$:

Análise de Investimentos **129**

$$t = -\frac{\ln\left[1 - k\left(e^r - 1\right)\right]}{r}.$$

Note que $1 - k(e^r - 1) > 0 \implies r < \ln\left(\frac{1+k}{k}\right)$, indicando que r pode ser negativo. Tomando o limite da expressão anterior quando $r \to -\infty$ e observando que, nesse caso, $e^r \to 0$, temos que:

$$\lim_{r \to -\infty} t = 0.$$

Portanto, reversamente, podemos concluir que, quando $t \to 0$, a rentabilidade torna-se infinitamente negativa, $r \to -\infty$.

A Figura (6.3) mostra o gráfico da função implícita no caso contínuo, para $k = 3$. É possível notar que $k = 3$ também define o *payback*. Nesse caso, se $n = 10$, a $TIR = 27.09\%$. Note também que a rentabilidade tende a $-\infty$ quando $t \to 0$.

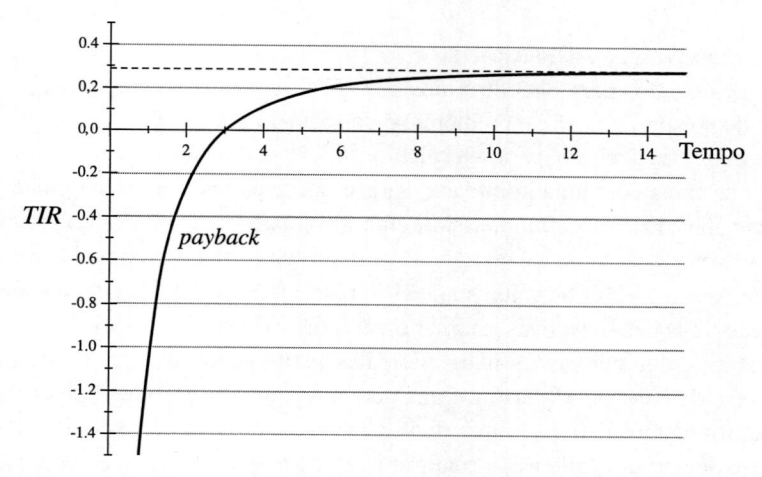

Figura 6.3 Gráfico da função $f(t,r) = \left[\frac{e^{rt}-1}{(e^{rt}-1)}\right]\frac{1}{e^{rt}} = 3$, sendo $r_{10} = 27.09\%$.

É interessante observar que a taxa interna de retorno converge para $\frac{R}{P}$ quando $n \to \infty$, no caso discreto, pois assim recaímos em uma perpetuidade. No caso contínuo, a taxa interna de retorno converge para $\ln\left(1 + \frac{R}{P}\right) = 28.77\%$, como mostra a linha tracejada na Figura (6.3).

Exemplo 6.2

Suponha um investimento de $ 1000, com retorno de 36 fluxos de caixa de $ 120. A taxa interna de retorno desse investimento é de 11.78%. Porém, a taxa até o primeiro fluxo é de -88%, até o segundo é de -59%, e assim por diante. Fazendo o gráfico desses retornos ao longo do tempo na Figura (6.4), temos:

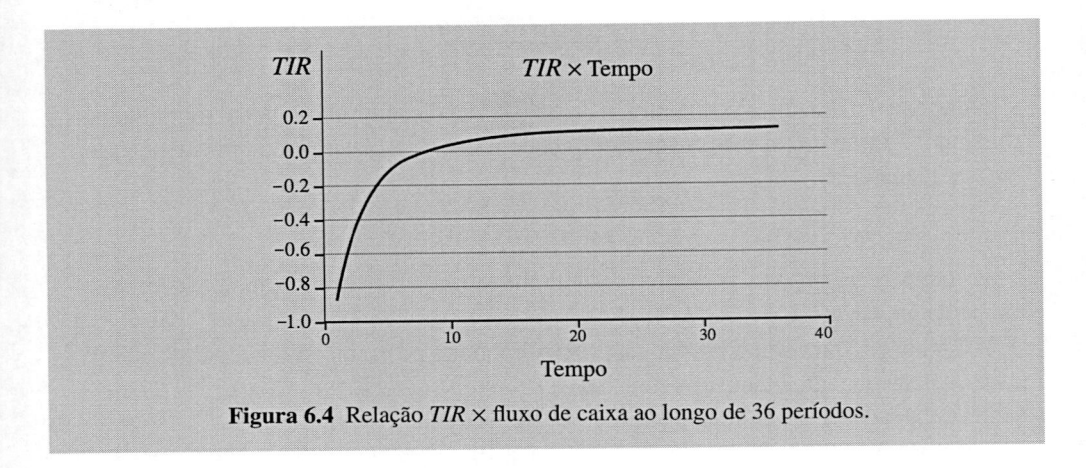

Figura 6.4 Relação $TIR \times$ fluxo de caixa ao longo de 36 períodos.

6.2.4 Método Newton–Raphson*

Como foi observado, para encontrarmos a TIR devemos encontrar as raízes de um polinômio do n-ésimo grau. Se o polinômio é do segundo grau, é fácil encontrar as raízes, pois existe uma fórmula exata para seu cálculo. No entanto, na maioria das vezes, lidamos com fluxos de caixa com uma infinidade de receitas, deparando-nos com polinômios de ordens mais elevadas, inexistindo, assim, uma fórmula exata que nos permita encontrar suas raízes. Nesses casos, as raízes são encontradas de forma aproximada, por meio de métodos iterativos, a partir de valores iniciais atribuídos às raízes. De fato, é possível, por meio de aproximações sucessivas, estimar o valor das raízes.

Um dos métodos numéricos mais eficientes para encontrar as raízes reais de um polinômio é o de Newton–Raphson. Considere a função $y = f(x)$, que possui uma raiz real, x^*, conforme mostrado na Figura (6.5). Como será possível obter o valor dessa raiz? Como ponto de partida, podemos atribuir um valor qualquer para ela. Se esse valor for a raiz, a função se anula no mesmo ponto, ou seja, $f(x^*) = 0$. Caso contrário, $f(x^*) > 0$, e estaremos, por exemplo, no ponto P_0.

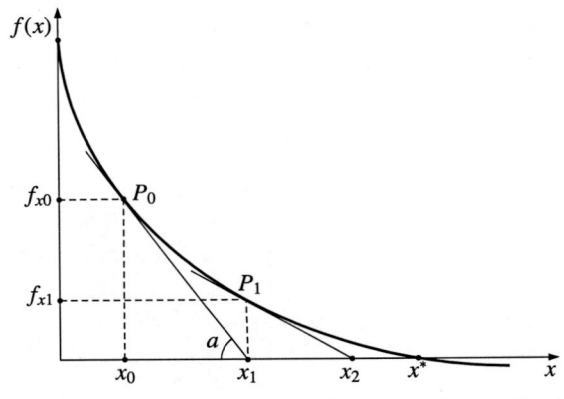

Figura 6.5 Encontrando as raízes pelo método Newton–Raphson.

Pelo ponto P_0, podemos traçar a tangente à função, obtendo o ponto x_1. Observe que o ponto x_1 está mais próximo da raiz que o ponto x_0 inicial. Como encontramos analiticamente o ponto x_1? A tangente do ângulo corresponde à derivada da função no ponto P_0. Portanto, podemos escrever:

$$\tan \alpha = \frac{f(x_0)}{x_0 - x_1} = f'(x_0) \Rightarrow x_1 = x_0 - \frac{f(x_0)}{f'(x_0)}.$$

A partir do valor inicial x_0, podemos determinar o valor da função e da derivada, obtendo, assim, o valor de x_1. Se quisermos um maior grau de aproximação, devemos repetir esse procedimento com relação ao ponto P_1, e assim sucessivamente, até obtermos um erro muito pequeno, por exemplo, fixando que $x_{k+1} - x_k = \varepsilon$.

O método tem como ponto de partida a atribuição de um valor qualquer para a variável x. Em princípio, pode-se atribuir qualquer valor maior ou igual a zero.[10] No entanto, o mais interessante é atribuir o valor zero. Nesse caso, o valor de x_0 seria dado por:

$$x_0 = -\frac{f(0)}{f'(0)}.$$

Quando fazemos isso, o gráfico da função fica representado pela Figura (6.6).

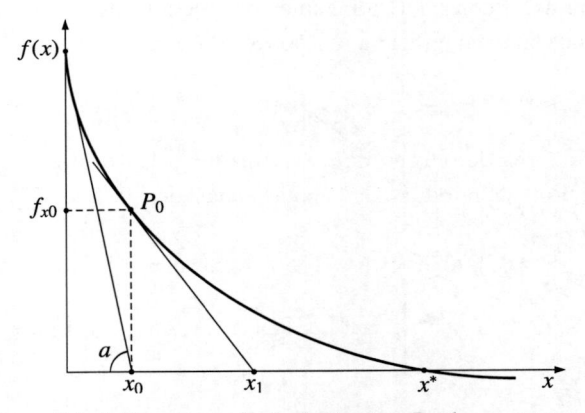

Figura 6.6 Aplicando o método de Newton–Raphson no ponto 0.

Exemplo 6.3
Suponha um investimento no valor de $ 100.00 que promete um fluxo de receitas no valor de $ 40.00 para os próximos 3 anos. Calcular a *TIR* utilizando o método Newton–Raphson.
Valor da função:

$$f(x) = 40(1+i)^{-1} + 40(1+i)^{-2} + 40(1+i)^{-3} - 100.$$

---

10. O EXCEL, por exemplo, solicita um valor estimado inicial.

Valor da derivada:

$$f'(x) = -40(1+i)^{-2} - 80(1+i)^{-3} - 120(1+i)^{-4}.$$

Determinação do valor de x_0:

$$x_0 = -\frac{f(0)}{f'(0)} = -\frac{20}{-240} = 0.0833.$$

Utilizando a *HP–12C* obtemos o valor de 9.70%. Portanto, já obtivemos um valor próximo da raiz procurada. Devemos, agora, realizar a segunda rodada, partindo do valor 0.0833:

$$x_1 = x_0 - \frac{f(x_0)}{f'(x_0)} = 0.0833 - \frac{f(0.0833)}{f'(0.0833)} = 0.0833 - \frac{2.467}{-184.147} = 9.67\%.$$

Com apenas duas iterações, já nos aproximamos bastante do valor procurado, cometendo um erro de menos 0.31%.

6.2.5 Utilização da *HP–12C*

Na *HP–12C*, se o fluxo é constante, utilizamos o procedimento padrão já apresentado no Capítulo 2. Podemos também utilizar a função *IRR*[11] do procedimento para fluxo variável.

Exemplo 6.4

Encontrar a taxa interna de retorno de um projeto em que o investimento inicial é de $ 150000.00, que promete um fluxo de receitas anuais de $ 19500.00 pelo período de 10 anos.

$$P = 15000.00; \quad R = 19500.00; \quad n = 10; \quad i = ?$$

$$150000 = 19500\left[\frac{(1+i)^{10}-1}{i}\right]\frac{1}{(1+i)^{10}} \Rightarrow i = 5.08\%.$$

Resolução na *HP*:
Procedimento padrão:

Teclas	–PV	PMT	FV	i	n
End ou Begin	–150000.00	19500.00		?	10

Procedimento fluxo variável:

Teclas	–gCF₀	gCF_j	gN_j	gCf_j	gN_j	fIRR
gEnd	–150000.00	19500.00	10			?

---

11. *Internal Rate of Return*.

Exemplo 6.5
Encontrar a taxa interna de retorno de um projeto em que o investimento inicial é de $ 150000.00, que promete um fluxo de receitas anuais de $ 17500.00 nos primeiros cinco anos, e $ 21500.00 nos cinco anos restantes.

$P = 15000.00$; $\quad R_1 = 17500.00$; $\quad n_1 = 5$ anos; $\quad R_2 = 21500.00$; $\quad n_2 = 5$ anos.

$$150000 = 17500\left[\frac{(1+i)^5 - 1}{i}\right]\frac{1}{(1+i)^5} + 21500\left[\frac{(1+i)^5 - 1}{i}\right]\frac{1}{(1+i)^{10}} \Rightarrow i = 4.83\%.$$

Resolução na *HP*:

Teclas	$-gCF_0$	gCF_1	gN_1	gCf_2	gN_2	$fIRR$
gEnd	−150000.00	17.500	5	21.500	5	?

6.3 Taxa Interna de Retorno Modificada – *TIRM*

A taxa interna de retorno não é única quando há fluxos de caixa intermediários que são negativos. Isso é um problema. Além disso, a taxa interna de retorno implicitamente assume uma hipótese muito forte, a saber: os fluxos de caixa intermediários são reinvestidos àquela mesma taxa de retorno. Considere, por exemplo, um fluxo de receitas líquidas futuras constante. Como já vimos, a *TIR* é encontrada resolvendo-se a seguinte equação:

$$P(1 + TIR)^n = R + R(1 + TIR) + R(1 + TIR)^2 + \cdots + R(1 + TIR)^{n-1}.$$

Ora, essa hipótese de reaplicação à mesma taxa não é só irrealista, mas também infactível. Por que é infactível? Suponha um projeto cujo investimento inicial seja $P = $ $ 1000$, e cujos fluxos de caixa sejam de $R = $ $ 100$. Se o investimento inicial já é dez vezes o fluxo de caixa, é claro que esse fluxo não poderá ser reinvestido naquele mesmo projeto.[12] O proprietário dará outro destino, talvez até aplicando no mercado financeiro a uma outra taxa de retorno.

Tendo em vista as limitações no uso da *TIR*, pode-se pensar em um critério alternativo que supere as dificuldades apontadas anteriormente. Pode-se, por exemplo, modificar a forte hipótese de reaplicação das receitas à própria *TIR*, admitindo-se a reaplicação das receitas líquidas à taxa de juros de mercado, ou seja, as receitas seriam levadas a valor futuro pela taxa de mercado e somadas ao final do projeto de investimento. Portanto, teríamos o valor futuro das receitas – também denominado valor terminal –, que, quando confrontado com o investimento realizado na data de hoje, revelaria a rentabilidade do projeto – taxa interna de retorno modificada – *TIRM*. Observe que, nesse procedimento, haveria uma única

---

12. Isso significa que o projeto não é divisível. Entretanto, para o caso de ativos financeiros, esse argumento pode não ser válido.

rentabilidade associada ao investimento, pois existe uma única inversão no fluxo de caixa. Desse modo, estariam superadas as duas dificuldades encontradas na TIR.

Por sua vez, se houver fluxos de caixas negativos, indicando a necessidade de aportes intermediários de capital ou novos investimentos para manter o negócio, é preciso imaginar essa possibilidade antes de realizar o projeto. Ao visualizar essa possibilidade, é prudente que o investidor tenha esse capital à disposição. Por isso, fluxos intermediários negativos devem ser descontados a valor presente por uma taxa de custo de capital, nem sempre igual à taxa de juros de mercado (ao contrário, às vezes é até maior).

De qualquer forma, levando a valor futuro as receitas positivas e trazendo a valor presente as receitas (ou investimentos) negativas, obtemos um fluxo de caixa com uma única inversão de sinais.

Exemplo 6.6
Com relação ao exemplo em que $TIR = 8.15\%$, a $TIRM$, supondo uma taxa de juros de mercado de 6%, será calculada da seguinte forma:

$$50000(1 + TIRM)^{10} = 7500\left[\frac{(1 + 0.06)^{10} - 1}{0.06}\right].$$

Logo, a TIR modificada seria 7.05%. Como a taxa de juros é 6.0%, realizaríamos o investimento.

Observe que a $TIRM$ é menor que a TIR original, pois as receitas foram reaplicadas a uma taxa de juros que é menor que 8.15%. Nesse sentido, a TIR modificada revela-se um critério mais consistente com a realidade do mundo dos negócios.

No caso de um projeto de investimento do tipo convencional, em que a única modificação com relação à TIR consiste em reaplicar as receitas à taxa de juros de mercado, e com fluxos de caixa idênticos ao longo do tempo, a $TIRM$ é dada por:

$$P(1 + TIRM)^n = R\left[\frac{(1 + i)^n - 1}{i}\right].$$

Podemos generalizar esse resultado, admitindo que, ao lado das receitas futuras R_t, sejam realizadas despesas adicionais de capital no futuro, P_t. Isto é, quando o fluxo de caixa em t, FC_t, for positivo, denotamos $R_t = FC_t$ e $P_t = 0$. Quando o FC_t for negativo, denotamos $R_t = 0$ e $P_t = -FC_t$. Sabemos assim que R_t representa as receitas líquidas, e P_t, os investimentos líquidos naquele período.

Como decorrência, as despesas levadas a valor futuro devem ser confrontadas com o gasto total de capital no cálculo da rentabilidade do projeto de investimento. Portanto, esses gastos adicionais devem ser trazidos a valor presente, capitalizando-os pelo custo de oportunidade, denotado por r. As receitas podem ser levadas a valor futuro pela taxa de juros de mercado, denotada por i, de modo que podemos escrever:

$$\sum_{t=0}^{n} P_t (1 + r)^{-t} (1 + TIRM)^n = \sum_{t=0}^{n} R_t (1 + i)^{n-t}.$$

Por conveniência, muitas vezes faremos com que o custo de capital, r, seja igual à taxa de juros de mercado, i.

Exemplo 6.7

Vimos que o fluxo $A = \{-6, 29, -46, 24\}$ apresenta três soluções para a TIR: 33.3%, 50% e 100%. Calculando a $TIRM$, para uma taxa de juros $r = i = 40\%$,

$$\left(6 + 46(1 + 0.40)^{-2}\right)(1 + TIRM)^3 = 29(1 + 0.40)^2 + 24,$$

obtemos uma $TIRM = 39.99\%$.

6.4 Valor Presente Líquido – VPL

O método da taxa interna de retorno é bastante intuitivo e utilizado na análise de projetos de investimento. Entretanto, carece de fundamentação econômica consistente, pois a teoria, na verdade, prescreve que os agentes maximizam seu bem-estar maximizando o lucro do investimento, não a rentabilidade. Nesse caso, o método do valor presente líquido VPL é mais consistente economicamente e resolve o problema das múltiplas taxas de retorno que poderiam ser encontradas pelo uso da TIR. De fato, no caso da TIR, apura-se aproximadamente a rentabilidade e, no caso do VPL, o lucro econômico do projeto. A TIR é expressa em termos percentuais, ao passo que o VPL é expresso em moeda corrente.

No cálculo do VPL, as receitas líquidas futuras, ou seja, os lucros futuros, são trazidos a valor presente utilizando-se a taxa de juros como taxa de desconto. Para se obter o lucro econômico final, ainda é necessário descontar o capital investido no projeto. Desse modo, o VPL é definido pela seguinte equação:

$$VPL = \sum_{t=1}^{n} \frac{R_t}{(1 + i)^t} - P.$$

Supondo um fluxo de caixa com receitas constantes, o VPL é dado por:

$$VPL = R \left[\frac{(1 + i)^n - 1}{i}\right] \frac{1}{(1 + i)^n} - P. \qquad (6.3)$$

No cálculo do VPL, observe que as receitas, o prazo e o valor do investimento são dados, de modo que o VPL é uma função da taxa de juros: $VPL = f(i)$.

O VPL nada mais é que o retorno, lucro econômico ou lucro extraordinário[13], medido em valores monetários, que se espera obter no projeto de investimento. A taxa de desconto

---

13. Não se deve confundir lucro econômico com lucro contábil. O lucro econômico é obtido considerando-se uma remuneração para o capital.

dos fluxos de caixa é igual à taxa de juros de mercado.[14] Se o VPL for igual a zero, a remuneração do capital é igual à TIR, $TIR = i$, sendo o lucro econômico nulo. Nesse caso, o projeto de investimento estará recebendo um lucro normal. Se o VPL for positivo, $VPL > 0$, o projeto de investimento terá lucro econômico ou estará recebendo um lucro extraordinário acima do lucro normal. Nesse caso, o projeto de investimento estará recebendo uma remuneração tal que $TIR > i$, e, no caso em que $VPL < 0$, $TIR < i$, ou seja, o projeto de investimento estará recebendo um lucro abaixo do normal.

É possível, agora, estudar o comportamento da função VPL em termos do comportamento da taxa de juros i. Se $VPL = 0$, então a taxa de juros é igual à TIR. Ou seja, a TIR é a taxa que torna o VPL igual a zero, que torna as receitas iguais ao desembolso inicial. Nesse caso, a TIR corresponde à raiz real positiva da Equação (6.3).

Se $i = 0$, então $VPL = R_1 + R_2 + \cdots + R_n - P$.

Se $i \to \infty$, então $\lim_{i \to \infty} VPL = -P$.

Admitindo-se todos os fluxos intermediários positivos, a função VPL é decrescente, pois

$$f'(i) = -\frac{R_1}{(1+i)^2} - \frac{2R_2}{(1+i)^3} - \cdots - \frac{nR_n}{(1+i)^{n+1}} < 0.$$

Outra vez, assumindo fluxos intermediários positivos, a função VPL é convexa, pois

$$f''(i) = \frac{2R_1}{(1+i)^3} + \frac{6R_2}{(1+i)^4} + \cdots + \frac{n(n+1)R_n}{(1+i)^{n+2}} > 0.$$

Portanto, a função VPL é decrescente, convexa, possuindo uma assíntota em $-P$ quando $i \to \infty$, e uma raiz real positiva $i = TIR$. A função VPL pode ser representada pelo gráfico apresentado na Figura (6.7).

Como se pode observar, se o VPL é positivo, estamos descontando o fluxo de caixa por uma taxa de desconto menor que a TIR. O contrário ocorre quando o VPL é negativo: estamos descontando o fluxo de caixa por uma taxa de desconto maior que a TIR. Evidentemente, o VPL é igual a zero quando a taxa de desconto for igual à TIR. Ou seja, a TIR é a taxa que anula o fluxo de caixa. Se a taxa de juros de mercado é inferior à TIR, podemos dizer que o projeto é viável do ponto de vista financeiro; se ela é maior que a taxa de juros, o projeto pode ser considerado financeiramente inviável.

De forma reduzida, a regra de decisão de investimento tendo por base o VPL é dada por:

Se $VPL > 0$, então $TIR > i \Rightarrow$ realizamos o investimento;

Se $VPL \leq 0$, então $TIR \leq i \Rightarrow$ não realizamos o investimento.

---

14. Em equilíbrio geral, todos os ativos livres de risco deveriam ter o mesmo retorno.

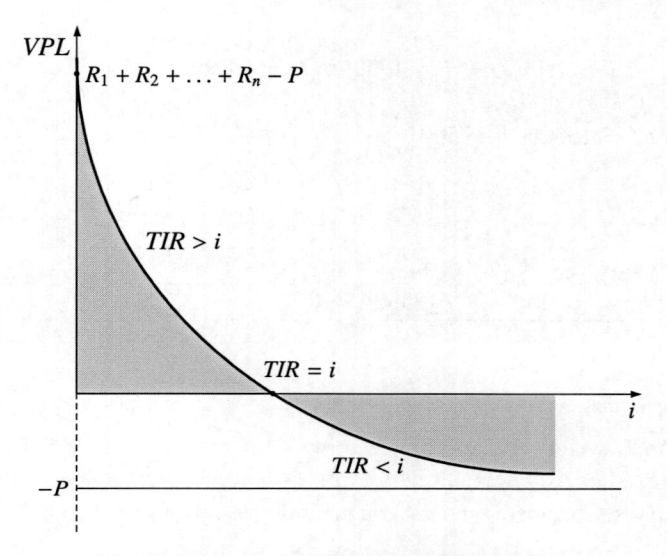

Figura 6.7 A função VPL relacionada a i e TIR.

Exemplo 6.8
Uma máquina encontra-se à venda por $ 50000.00. Estima-se que ela deva proporcionar um fluxo anual de receitas no valor de $ 7500.00 por um período de 10 anos. Sabendo-se que a taxa de juros é de 6% ao ano, determinar se é um bom negócio adquiri-la.

$$P = 50000.00; \quad R = 7500.00; \quad n = 10 \text{ anos}; \quad i_{aa} = 6\%.$$

$$VPL = 7500 \left[\frac{(1 + 0.06)^{10} - 1}{0.06 (1 + 0.06)^{10}} \right] - 50000 = 55200.65 - 50000.00.$$

$$VPL = 5200.65.$$

Realizamos o investimento, pois, se $VPL > 0$, $TIR > i$.

6.4.1 Utilização da HP–$12C$
Se o fluxo é constante, podemos utilizar o procedimento padrão. No entanto, é preferível, nesse caso, utilizar a função NPV[15] do procedimento para fluxo variável.

Exemplo 6.9
Encontrar o VPL de um projeto em que o investimento inicial é de $ 150000.00 e promete um fluxo de receitas anuais de $ 19500.00 pelo período de 10 anos. Considere uma taxa de juros de 6% ao ano.

---

15. *Net present value*, ou valor presente líquido.

$$P = 150000; \quad R = 19500; \quad n = 10 \text{ anos}; \quad i = 6\%.$$

$$VPL = 150000 - 19500\left(\frac{(1 + 0.06)^{10} - 1}{0.06(1 + 0.06)^{10}}\right) \Rightarrow VPL = 6478.30.$$

Resolução na *HP*:

Teclas	$-gCF_0$	gCF_j	gN_j	gCf_j	gN_j	$fIRR$	i
$gEnd$	-150000	19500	10			?	6

Exemplo 6.10
Encontrar o VPL de um projeto em que o investimento inicial é de $ 150000.00, que promete um fluxo de receitas anuais de $ 17500.00 nos primeiros cinco anos e $ 21500.00 nos anos restantes. Considere uma taxa de juros de 6% ao ano.

$$P = 150000; \quad R_1 = 17500; \quad n_1 = 5 \text{ anos}; \quad R_2 = 21500; \quad n_2 = 5 \text{ anos}; \quad i_{aa} = 6\%.$$

$$VPL = 150000 - 17500\left(\frac{(1 + 0.06)^5 - 1}{0.06(1 + 0.06)^5}\right) - -21500\left(\frac{(1 + 0.06)^5 - 1}{0.06(1 + 0.06)^{10}}\right) = 8607.58.$$

Resolução na *HP*:

Teclas	$-gCF_0$	gCF_1	gN_1	gCf_2	gN_2	$fIRR$	i
$gEnd$	-150000	17500	5	21500	5	?	6

Apesar de conduzir a benefícios inequívocos quanto à unicidade dos resultados, o método do *VPL* possui também limitações. A principal delas refere-se à comparação entre dois projetos de investimento. É difícil tomar alguma decisão tendo por base exclusivamente o método do *VPL*, pois ele apenas nos indica o lucro obtido em cada um deles, sem levar em consideração a magnitude desses investimentos. Ora, um investimento de maior magnitude tende a ter um *VPL* maior. O ideal seria um método que medisse o retorno com base em algum referencial. Para superar essa dificuldade, foi criado o índice de rentabilidade, ou razão custo-benefício, em que o lucro econômico é referido ao custo de capital.

6.5 Índice de Rentabilidade

Vimos que a principal limitação do *VPL* refere-se ao fato de que os lucros obtidos não estão referidos à magnitude de capital investido. Por essa razão, foi criado o índice de rentabilidade, ou razão custo-benefício, que mede o retorno por unidade investida. Considere um projeto de investimento convencional. Nesse caso, o índice de rentabilidade é dado pela razão entre as receitas descontadas pela taxa de juros e o custo de capital. Portanto, os lucros são referidos ao custo de capital:

$$IR = \frac{\sum_{t=1}^{n} R_t (1+i)^{-t}}{P}. \tag{6.4}$$

sendo o *VPL* dado por

$$VPL = \sum_{t=1}^{n} R_t (1+i)^{-t} - P. \tag{6.5}$$

Substituindo (6.5) em (6.4), obtemos a relação entre *IR* e *VPL*:

$$IR = 1 + \frac{VPL}{P}.$$

Desse modo, é possível estabelecer a relação entre os três índices *TIR*, *VPL* e *IR* e sistematizar as regras de decisão de investimento:
1. Se $VPL = 0 \Rightarrow IR = 1 \Rightarrow TIR = i$.
2. Se $VPL > 0 \Rightarrow IR > 1 \Rightarrow TIR > i$.
3. Se $VPL < 0 \Rightarrow IR < 1 \Rightarrow TIR < i$.

Exemplo 6.11
Considere uma taxa de juros de 7.0% e um projeto com o seguinte fluxo de caixa:
$A = \{-400, 100, 100, 100, 100, 100\}$.

$$400 = 100 \left[\frac{(1 + TIR)^5 - 1}{TIR(1 + TIR)^5} \right] \Rightarrow TIR = 7.93\%.$$

$$VPL = 100 \left[\frac{(1 + 0.07)^5 - 1}{0.07(1 + 0.07)^5} \right] - 400 = 10.02.$$

$$IR = 1 + \frac{10.02}{400} = 1.025.$$

Portanto, realizamos o investimento pelos três critérios.

O que acontece se tivermos investimentos em mais de um período? Como as fórmulas anteriores se modificam? Bem, nesse caso, temos que usar as ideias da *TIRM*, considerando os investimentos representados por P_t e as receitas representadas por R_t.

$$IR = \frac{\sum_{t=1}^{n} R_t (1+i)^{-t}}{\sum_{t=0}^{n} P_t (1+i)^{-t}}.$$

Sendo o *VPL* dado por

$$VPL = \sum_{t=1}^{n} R_t (1+i)^{-t} - \sum_{t=0}^{n} P_t (1+i)^{-t},$$

podemos substituir esta equação na anterior e obter:

$$IR = \frac{VPL + \sum_{t=0}^{n} P_t (1+i)^{-t}}{\sum_{t=0}^{n} P_t (1+i)^{-t}} = 1 + \frac{VPL}{\sum_{t=0}^{n} P_t (1+i)^{-t}}.$$

Desse modo, as relações anteriores entre os três índices não se modificam, apenas tomando-se o cuidado de ajustar adequadamente o denominador do *IR*.

Exemplo 6.12
Seja um projeto com o seguinte fluxo de caixa: $B = \{-900, -110, 290, 255, 650, 710\}$. Se o custo de capital é de 13%, qual é a relação custo-benefício?

$$VPL = -\frac{110}{(1+0.13)} + \frac{290}{(1+0.13)^2} + \frac{255}{(1+0.13)^3} + \frac{650}{(1+0.13)^4} + \frac{710}{(1+0.13)^5} - 900$$
$$= 190.51.$$

Logo,
$$IR = 1 + \frac{190.51}{900 + \frac{110}{1.13}} = 1.191,$$

ou
$$IR = \frac{\frac{290}{1.13^2} + \frac{255}{1.13^3} + \frac{650}{1.13^4} + \frac{710}{1.13^5}}{900 + \frac{110}{1.13}} = \frac{1187.86}{997.35} = 1.191.$$

6.6 Projetos Alternativos ou Excludentes

Até aqui estudamos como tomar decisões de investimento na presença de um único projeto de investimento em ativos reais. Agora, vamos estudar como tomar decisões com relação a projetos de investimento, alternativos ou mutuamente exclusivos. Ou seja, dados dois projetos de investimento A e B, devemos escolher qual é o melhor. Para confrontar os métodos da *TIR* e do *VPL*, vamos admitir que ambos os projetos são do tipo convencional, possuem o mesmo ciclo de vida e que não há nenhuma incerteza quanto ao recebimento das receitas futuras. Dadas essas hipóteses, podemos analisar duas situações possíveis. Na primeira, representada pelo gráfico da Figura (6.8), ambos os projetos possuem a mesma *TIR*.

Pelo critério da *TIR*, não saberíamos qual dos dois projetos escolher, pois ambos possuem a mesma taxa. Pelo critério do *VPL*, o projeto A seria melhor que o B, pois $VPL_A > VPL_B$ se $i < TIR$. O método da *TIR* apresenta, nesta situação, uma outra limitação: não sabemos escolher entre dois projetos com a mesma rentabilidade, mas que envolvem escalas diferentes.[16]

Consideremos outra situação representada no gráfico da Figura (6.9), em que há projetos com diferentes *TIR*s.

---

16. É fácil verificar que, sendo a *TIR* a raiz de uma equação, podemos, evidentemente, multiplicar essa equação por uma constante, gerando quantas equações quisermos com a mesma raiz. Ou seja, podemos ter infinitos projetos de investimento com a mesma *TIR*.

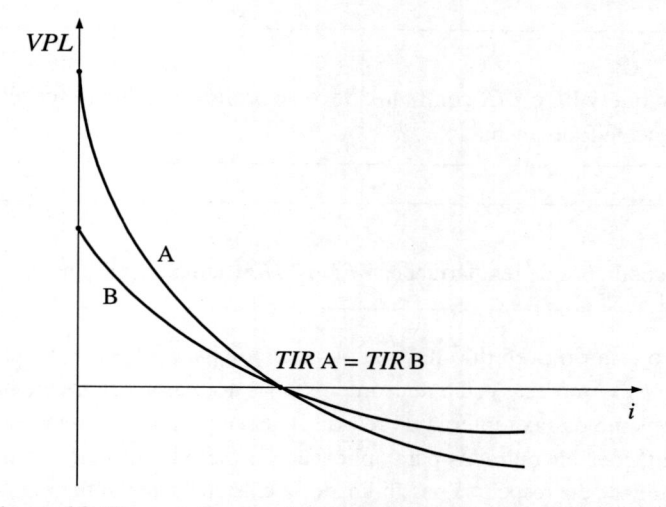

Figura 6.8 Comparação entre dois investimentos A e B, por seus VPLs.

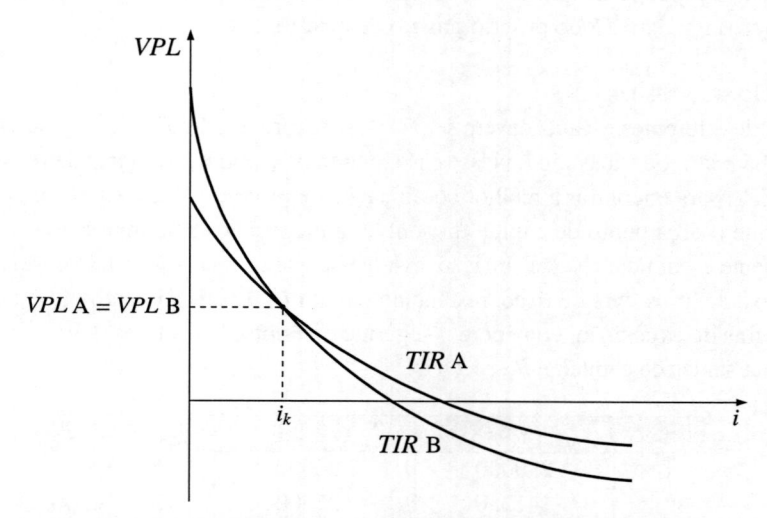

Figura 6.9 Dois investimentos, com seus respectivos VPLs e TIRs.

Pelo critério da TIR, escolheríamos o projeto A, que possui maior TIR. Note que, nessa situação, o método da TIR é eficiente, pois não há problemas de escala envolvidos.

O método do VPL conduzirá a resultados conflitantes se a taxa de juros for igual ou menor que a taxa i_k; se igual, não se saberia escolher qual deles é o melhor, haja vista possuírem o mesmo VPL.

Para taxas de desconto diferentes de i_k, os métodos de escolha VPL e TIR poderiam levar a resultados conflitantes. Para valores de taxa de juros inferiores a i_k, o projeto B seria o melhor. Para taxas superiores a i_k, o projeto A deveria ser o escolhido por ambos os critérios.

> **Nota 6.2**
> No caso em que VPL e TIR conflitam, deve-se preferir o primeiro critério, por ser economicamente fundamentado.

> **Nota 6.3**
> Sob certas condições de regularidade, VPL e $TIRM$ jamais conflitam.

O VPL é o critério preferido nos meios acadêmicos, pois ele é consistente com a hipótese de que as empresas estão mais interessadas no maior volume de lucro possível, independentemente da taxa interna de retorno.[17] Essa preferência decorre também das inúmeras limitações encontradas para aplicação do método da TIR. Como foi visto, a primeira dificuldade diz respeito à possibilidade da existência de inúmeras TIRs no caso de projetos de investimento com mais de uma inversão no fluxo de caixa. A segunda dificuldade diz respeito à hipótese de que as receitas intermediárias do projeto são reaplicadas a uma taxa de juros igual à TIR do próprio projeto de investimento.

6.6.1 Diferentes escalas

Projetos de diferentes escalas devem ser aceitos sempre que $VPL > 0$. O problema surge quando há restrições de capital. Nesse caso, podemos combinar o índice de rentabilidade com o VPL para encontrar a melhor combinação de projetos. Pode acontecer, potencialmente, que o orçamento de capital disponível para projetos seja maior que os projetos efetivamente escolhidos. Nessa situação, assume-se que os recursos restantes são aplicados a uma taxa de juros livre de risco, resultando em um IR de investimento igual a 1.

Para fins de exposição, considere o seguinte conjunto de projetos, lembrando que P_t representa saídas de capital, e R_t, receitas:

Projeto	$\sum_{t=0}^{n} R_t (1+i)^{-t}$	$\sum_{t=0}^{n} P_t (1+i)^{-t}$	IR	VPL
1	230000	200000	1.15	30000
2	141250	125000	1.13	16250
3	194250	175000	1.11	19250
4	162000	150000	1.08	12000

Dada uma quantia fixa de capital, podemos calcular o índice de rentabilidade da carteira de projetos, ponderando os índices de rentabilidade pelas proporções investidas em cada projeto.

---

17. É claro que, se houver necessidade de grandes aportes de capital no início do projeto, a questão não é mais, estritamente, avaliar o projeto com maior VPL, mas abarca a disponibilidade de recursos necessária para levar o investimento a cabo. Ocorrendo isso, o problema passa a ser de maximização dos lucros, sujeito às restrições de capital da empresa ao longo do tempo.

Para ter uma intuição da razão dessa afirmativa, considere o somatório dos investimentos (= $ 650000) e das receitas (= $ 727500) dos quatro projetos citados. Calcule o índice de rentabilidade e confirme que é de 1.1192. Agora, verifique que o mesmo ocorre se calculamos as proporções de cada projeto em relação à disponibilidade de capital e usamos essas proporções para ponderar o *IR* de cada projeto.

$$\frac{200}{650} \times 1.15 + \frac{125}{650} \times 1.13 + \frac{175}{650} \times 1.11 + \frac{150}{650} \times 1.08 = 1.1192.$$

Agora, introduzamos um limite de investimentos. Suponha que se tenham $ 300000 para investimentos. Quais projetos devem ser contemplados? Lembrando que recursos não utilizados devem ser incluídos com um *IR* = 1, há várias combinações possíveis, dados o total necessário a investir: projeto 1, ou 2 e 3, ou 2 e 4, ou 4. Vamos calcular o índice de rentabilidade de cada possibilidade.

Projeto	Renda Fixa	$\sum_{t=0}^{n} P_t (1+i)^{-t}$	IR
1	100000	200000	$\frac{200}{300} \times 1.15 + \frac{100}{300} \times 1 = 1.1000$
2 e 3	0	300000	$\frac{125}{300} \times 1.15 + \frac{175}{300} \times 1.11 = 1.1183$
2 e 4	25000	275000	$\frac{125}{300} \times 1.13 + \frac{150}{300} \times 1.08 + \frac{25}{300} \times 1 = 1.0942$
4	150000	150000	$\frac{150}{300} \times 1.08 + \frac{150}{300} \times 1 = 1.0400$

Assim, a combinação que satisfaz as restrições de capital e produz o maior *IR* é aquela tomando os projetos 2 e 3.

Nota 6.4
Alternativamente, poder-se-ia usar o *VPL* líquido dos projetos e escolher aqueles cuja soma é a maior possível satisfeitas as restrições de capital.

Nota 6.5
O método pode ser usado em projetos cuja restrição de capital é de um período e em projetos mutuamente exclusivos, cujas escalas são diferentes.

Nota 6.6
Casos dinâmicos com restrições de capital podem ser resolvidos por meio de programação matemática. Contudo, não avançaremos para essas possibilidades.

6.6.2 Diferentes ciclos de vida

Em projetos com diferentes ciclos de vida, o método da *TIR* parece ser superior, pois indica a taxa de retorno por período, independentemente da duração do projeto.

Em contrapartida, como já observado, o VPL é uma metodologia equivalente à de maximização de lucros por parte da empresa. Portanto, não é uma medida relativa, mas absoluta, que depende do volume do investimento envolvido em cada um dos projetos. Nesse sentido, em diferentes ciclos de vida, a utilização do VPL fica prejudicada, pois o projeto de maior magnitude normalmente resultará em maior VPL, ou seja, na verdade, o maior VPL é induzido pela maior magnitude do investimento. Há inúmeras soluções adotadas para a utilização do VPL se os projetos possuem ciclos de vida diferentes: adoção de um ciclo de vida que seja o mínimo múltiplo comum dos ciclos de vida de cada um dos investimentos, extensão dos investimentos ao infinito. Cada uma dessas construções envolve algum grau de arbitrariedade.[18]

TIR e $TIRM$ permitem a análise de projetos com diferentes ciclos de vida, por serem métodos que dão a taxa de retorno por período. Entretanto, dado que o VPL é uma metodologia equivalente à maximização de lucros por parte da empresa, é preciso saber como analisar casos de diferentes investimentos, em geral excludentes entre si. Para começar, considere os projetos F e G a seguir, que têm diferentes ciclos de vida.

FC_t	Projeto F	Projeto G
0	−1000	−1000
1	600	400
2	600	400
3		475
IR	1.041	1.051
$TIRM$	12.25%	11.84%
TIR	13.07%	12.80%
VPL	41.32	51.09

Note que IR e VPL escolhem projeto G, enquanto $TIRM$ e TIR apontam o projeto F.

Nota 6.7

É duvidoso usar qualquer critério de escolha com projetos que têm ciclos de vida diferentes. Normalmente, aquele com mais períodos tende a ser escolhido, tanto pelo VPL como pelo critério IR.

Nota 6.8

Em projetos com durações distintas, é melhor usar o VPL ajustado, conforme esta seção recomenda a seguir.

---

18. Em caso de diferentes ciclos de vida, consulte Copeland e Weston (1988).

Se for possível replicar os projetos a uma escala constante, o projeto F também torna-se superior quando usamos o *VPL*, pois recupera-se o capital investido mais rapidamente, como iremos mostrar.

Para comparar projetos com diferentes ciclos de vida, podemos computar o *VPL* replicando os projetos de forma a terem uma duração igual. Por exemplo, uma maneira de analisar seria usar o mínimo múltiplo comum dos projetos em tela, buscando o menor número de períodos possível, tal que os vários projetos encadeados tenham o mesmo ciclo de vida. Brigham e Erhardt (2008) adotam essa metodologia. No exemplo que trabalhamos, teríamos um mínimo múltiplo comum de seis períodos, três vezes o projeto de dois períodos e duas vezes o projeto de três períodos. Aquele que der o maior resultado, quando trazido a valor presente, será o melhor projeto. O inconveniente, nesse caso, é não ter uma fórmula fechada e geral, aplicável a qualquer situação, razão pela qual preferimos usar a metodologia a seguir.

Podemos computar o *VPL* de um fluxo infinito de replicações à escala constante. Seja $VPL(n, \infty)$ o valor presente de um projeto com maturidade após n períodos, $VPL(n)$, mas replicado para sempre ao final de sua vida. Assim, podemos calcular:

$$VPL(n,\infty) = VPL(n) + \frac{VPL(n)}{(1+i)^n} + \frac{VPL(n)}{(1+i)^{2n}} + \cdots$$

Ou seja, trazemos a valor presente o *VPL* futuro de cada projeto devidamente replicado ao fim de cada ciclo. Para obter uma fórmula fechada, assuma $\frac{1}{(1+i)^n} = \alpha$, de sorte que:

$$VPL(n,\infty) = VPL(n)\left(1 + \alpha + \alpha^2 + \cdots\right).$$

Mas $\left(1 + \alpha + \alpha^2 + \cdots\right)$ é uma progressão geométrica infinita de razão α. Logo, temos:

$$VPL(n,\infty) = \frac{VPL(n)}{1-\alpha}.$$

Substituindo α, encontramos:

$$VPL(n,\infty) = \frac{VPL(n)}{1 - \frac{1}{(1+i)^n}} = \frac{VPL(n)(1+i)^n}{(1+i)^n - 1}.$$

Podemos usar essa fórmula porque, se os projetos podem ser replicados infinitamente, é como se ambos tivessem o mesmo ciclo de vida. No caso de nosso exemplo introdutório, para os projetos F e G, temos:

$$VPL(2,\infty) = \frac{VPL(2)(1+0.1)^2}{(1+0.1)^2 - 1} = 238.10$$

$$VPL(3,\infty) = \frac{VPL(3)(1+0.1)^3}{(1+0.1)^3 - 1} = 205.44.$$

Portanto, se pudermos reaplicar os projetos *ad infinitum*, F seria preferido.

6.7 Análise de Risco

Até o momento, toda a análise desenvolvida admitiu, por hipótese, a inexistência de qualquer tipo de incerteza com relação à expectativa de recebimento das receitas líquidas futuras. No entanto, vivemos em um mundo dominado pela incerteza, que pode ser de várias naturezas: variações da taxa de juros ao longo de tempo, variações no fluxo de caixa esperado, incapacidade momentânea de pagamentos etc. De alguma forma, essa incerteza deve ser introduzida em nossa análise.

A proposta do livro não é fazer uma análise profunda dos riscos envolvidos em um projeto de investimentos, mas dar subsídios àqueles que desejarem futuramente enveredar por esse caminho. De modo geral, as pessoas desgostam de riscos, mas adoram retornos. Em contrapartida, os ativos com maiores retornos são justamente aqueles que envolvem os maiores riscos. Encontrar o balanceamento correto entre risco e retorno é uma das funções do financista.

Como medir agora o risco associado a determinado projeto de investimento? Se os mercados são eficientes, ativos reais e financeiros equivalentes, com o mesmo fluxo de caixa, deveriam ter o mesmo preço e, portanto, o mesmo retorno. As diferenças de preços e de retorno existentes refletiriam os diferentes níveis de risco. Para se ter uma ideia de risco, apresentam-se três métodos para análise de risco em ativos reais: *payback*, k; *duration*, D; e índice de Sharpe, S.

O *payback* mede o tempo necessário para obter de volta todo o investimento feito. A ideia geral é que, quanto menor o tempo para receber de volta o investimento, menor o risco envolvido. Com um tempo maior para receber de volta o investimento, mais sujeito a mudanças nas condições de mercado estará o investimento, portanto, mais risco envolvido.

Há duas formas de medir o *payback*. Na primeira, simplesmente adicionamos os fluxos de caixa nominais e medimos o tempo que leva para que os fluxos recebidos igualem os investimentos feitos. Na segunda, os fluxos de caixa são adicionados após serem trazidos a valor presente. Se $TIR = i$, o *payback*, k, coincide com a maturidade do investimento n, de modo que $k = n$. Trata-se de um caso extremo. Se $i < TIR$, $k < n$.

O problema do *payback* é desconsiderar parte dos fluxos do projeto, por isso ele é uma medida imperfeita de risco. Por essa razão, veremos também outras formas de aferir o risco, como a *duration* e o índice de Sharpe.

6.7.1 *Payback* SIMPLES OU CONTÁBIL

Em análise de investimento, um conceito importante é o de período de recuperação do capital, denominado *payback*. Quanto menor o prazo de recuperação do capital, menor o risco do empreendimento. Quem empresta recursos está sempre interessado em recuperar o mais rápido possível o capital investido. O *payback* deve ser tomado como medida de risco na escolha entre diferentes projetos de investimento. Entre dois projetos com igual retorno, devemos escolher o de menor risco, isto é, aquele de menor *payback*.

Considere, inicialmente, um fluxo com n receitas constantes R, sendo que o investimento é integralmente recuperado no recebimento da k-ésima receita, tal que $k < n$, então:

$$P = \sum_{t=1}^{k} R_t = kR.$$

Logo, o período de *payback* é dado por:

$$k = \frac{P}{R}.$$

Ou seja, ao final do k-ésimo período, recupera-se integralmente o investimento. Observe que o *paybak* só leva em consideração as receitas cuja soma iguala o valor do investimento, e somente k receitas são necessárias, ainda que o projeto possa ter n recebimentos.[19]

Exemplo 6.13
Considere o seguinte fluxo de caixa $A = \{-400, 100, 100, 100, 100, 100\}$, em que o investimento é um múltiplo exato da receita. O período de *payback* é dado por:

$$k = \frac{400}{100} = 4.$$

Ou seja, em quatro períodos, recupera-se integralmente o investimento.

Considere, agora, um fluxo de caixa com receitas constantes e em que o investimento não é um múltiplo exato das receitas $A = \{-400, 105, 105, 105, 105, 105\}$. O *payback* é dado por:

$$k = \frac{400}{105} = 3.81.$$

Como as receitas aumentaram em relação ao exemplo anterior, o período de *payback* se reduz, ou seja, recupera-se mais rapidamente o capital. Observe também que, nesse caso, o prazo é fracionário.

Considere, agora, a situação em que as receitas não são constantes. Seja R_k a receita recebida ao final do k-ésimo período. Nesse caso, queremos encontrar a fração α que torna a seguinte igualdade verdadeira:

$$P = \sum_{i=1}^{k-1} R_i + \alpha R_k.$$

Aqui, α é a parcela da receita R_k necessária para completar o investimento realizado, ou a parcela do k-ésimo período em que se localiza o período de *payback*. Desse modo, o período de *payback* é dado por $(k - 1) + \alpha$, sendo α dado por:

$$\alpha = \frac{P - \sum_{i=1}^{k-1} R_i}{R_k}.$$

---

19. Muitos utilizam o *payback* como medida de rentabilidade observando que seu inverso é a razão entre receita e custo de capital que dá uma ideia de rentabilidade. Não recomendamos essa interpretação, pois pode levar a decisões equivocadas.

Exemplo 6.14
Considere o seguinte fluxo de caixa $A = \{-400, 100, 125, 150, 125, 150\}$. Observe que o período de *payback* localiza-se em um ponto qualquer do quarto período. Nos 3 primeiros períodos, a soma das receitas é igual a 375. Logo, faltam 25 para recuperar o investimento. A receita que falta para completar o período de *payback* representa 20% da receita recebida ao final do quarto período. Logo, o período de *payback* é $3 + 0.20 = 3.20$, na hipótese de que o prazo seja proporcional à receita. Utilizando a fórmula, podemos escrever

$$\alpha = \frac{400 - 375}{125} = 0.20,$$

e, portanto, o período de *payback* é por

$$k = 3 + 0.20 = 3.20.$$

6.7.2 *Payback* DESCONTADO

No *payback* simples ou contábil, não se leva em consideração o valor do dinheiro no tempo, isto é, as receitas são somadas e confrontadas com o valor do investimento sem se atribuir um custo de oportunidade às mesmas. O *payback* descontado procura sanar essa deficiência, descontando as receitas pelo custo de oportunidade do capital, ou seja, pela taxa de juros. Considere um fluxo de caixa com receitas constantes descontado pela taxa de juros:

$$P = R \left[\frac{1 - (1+i)^{-k}}{i} \right].$$

Simplificando essa expressão e tomando logaritmo,

$$\ln(1 - i\frac{P}{R}) = -k \ln(1+i).$$

O prazo k em que a soma das receitas descontadas iguala o valor do investimento, ou seja, o *payback*, pode ser escrito como:

$$k = -\frac{\ln(1 - i\frac{P}{R})}{\ln(1+i)} \quad \text{tal que } 0 < 1 - i\frac{P}{R} < 1.$$

Observe que o *payback* depende da relação entre investimento e receita $\frac{P}{R}$ e da taxa de desconto i. Considerando o $\frac{P}{R}$ dado, o *payback* depende somente da taxa de juros i.

1. Se $i = TIR$, o *payback* coincide com a maturidade do projeto de investimento, ou seja, $k = n$;
2. Se $i > TIR$, o projeto de investimento não é viável, não tendo sentido em se falar em *payback*;
3. Se $i < TIR$, o período de *payback* é menor que o de maturidade do investimento, ou seja, $k < n$.

Dado que $\ln(1 - i\frac{P}{R}) < 0$, pois $0 < 1 - i\frac{P}{R} < 1$, segue-se que a relação entre taxa de juros e *payback* é positiva, de modo que, quanto maior a taxa de juros, maior o período de *payback*. Em outras palavras, quanto maior a taxa de juros, menor o valor atual das receitas e, portanto, maior o prazo de recuperação do capital.

Enquanto a taxa de juros for menor que a *TIR*, o *payback* é crescente, com a taxa de juros até o limite em que seja igual à *TIR*, sendo o período de *payback* igual à maturidade do projeto de investimento $k = n$.

Exemplo 6.15
Considere o seguinte fluxo de caixa $A = \{-400, 100, 100, 100, 100, 100\}$ cuja $TIR = 7.93\%$. Se a taxa de juros for $i \leq TIR$, o projeto de investimento é viável. Suponha que a taxa de juros seja 6.0%. Nesse caso, $k < n$. Qual é o período de recuperação do investimento?

$$k = -\frac{\ln\left(1 - 0.06 \times \frac{400}{100}\right)}{\ln(1 + 0.06)} = 4.71.$$

Finalmente, devemos considerar a situação em que as receitas não são constantes. Devemos descontar as receitas pela taxa de juros e confrontar sua soma com o investimento realizado. Se o investimento não é um múltiplo exato:

$$P = \sum_{t=1}^{k-1} \frac{R_t}{(1+i)^t} + \alpha \frac{R_k}{(1+i)^k}.$$

Nesse caso, o período de *payback* é dado por $k - 1 + \alpha$, em que α:

$$\alpha = \frac{(1+i)^k}{R_k}\left[P - \sum_{t=1}^{k-1} \frac{R_t}{(1+i)^t}\right].$$

Exemplo 6.16
Seja o seguinte fluxo de caixa $A = \{-400, 100, 105, 110, 105, 110\}$ com uma $TIR = 10.03\%$. Considere que a taxa de juros seja 6.0%. Como a taxa de juros é menor que a TIR, o projeto de investimento é viável.

Descontando os quatro primeiros fluxos, obtemos:

$$\frac{100}{(1+0.06)} + \frac{105}{(1+0.06)^2} + \frac{110}{(1+0.06)^3} + \frac{105}{(1+0.06)^4} = 363.32.$$

Em seguida, calculamos α

$$\alpha = \frac{(1+0.06)^5}{110}(400 - 363.32) = 0.45.$$

Logo,

$$k = (5 - 1) + 0.45 = 4.45.$$

6.7.3 Duration

Considere um fluxo de caixa com receitas constantes. A *duration*,[20] D, é definida como a média ponderada dos prazos de recebimento de cada uma das receitas, sendo os pesos dados pela participação do valor atual de cada uma dessas receitas no valor do investimento; assim, sendo o valor atual das receitas dado por $P = \sum_{t=1}^{n} R_t(1+i)^{-t}$, temos que a definição formal de *duration* é:

$$D = \sum_{t=1}^{n} t \frac{R_t}{(1+i)^t} \frac{1}{P}.$$

No caso de receitas constantes, essa expressão também pode ser escrita:

$$D = \left[\frac{R}{(1+i)} + 2 \times \frac{R}{(1+i)^2} + \cdots + n \times \frac{R}{(1+i)^n} \right] \frac{1}{P}.$$

Para chegar a uma fórmula compacta, observe que a expressão entre parênteses representa o valor atual de uma série gradiente crescente, que pode ser reescrita como:

$$D = \frac{R}{i} \left\{ (1+i) \left[\frac{(1+i)^n - 1}{i} \right] - n \right\} \frac{1}{(1+i)^n} \frac{1}{P}. \tag{6.6}$$

Por sua vez, o valor de R é dado pela expressão:

$$R = P \left[\frac{i(1+i)^n}{(1+i)^n - 1} \right]. \tag{6.7}$$

Substituindo (6.7) em (6.6), temos:

$$D = \frac{P}{i} \left[\frac{i(1+i)^n}{(1+i)^n - 1} \right] \left\{ (1+i) \left[\frac{(1+i)^n - 1}{i} \right] - n \right\} \frac{1}{(1+i)^n} \frac{1}{P}.$$

E, simplificando, obtemos a expressão do prazo médio como função da maturidade e da taxa de juros.

$$D = \frac{(1+i)}{i} - \frac{n}{(1+i)^n - 1}.$$

Como pode ser observado, a *duration* mede o prazo médio do investimento. Quanto maior a *duration*, maior o prazo médio e, portanto, maior o risco de investimento.[21]

Exemplo 6.17

Considere dois projetos de investimento, A e B, no valor de $ 100000.00 e $ 50000.00, que proporciona um fluxo de receitas pelo prazo de 20 anos, com um rendimento esperado anual de 5.0% e 2.5% respectivamente. Nesse caso, a *duration* é dada por

---

20. *Duration* é uma medida de risco largamente utilizada no mercado de títulos de renda fixa. Aqui, adaptamos o mesmo conceito para um investimento convencional.
21. Além disso, também pode-se mostrar que a *duration* é equivalente à elasticidade do valor do investimento com relação às variações na taxa de juros:

$$D = \frac{dP}{di} \frac{(1+i)}{P}.$$

$$D_A = \frac{(1 + 0.05)}{0.05} - \frac{20}{(1 + 0.05)^{20} - 1} = 8.90,$$

e, no caso do investimento B, por:

$$D_B = \frac{(1 + 0.025)}{0.025} - \frac{20}{(1 + 0.025)^{20} - 1} = 9.68.$$

Do ponto de vista do risco, o investimento A envolve menor risco que o B. O prazo médio do investimento A é de 8.90, significando que, após 8.90 períodos, o investimento é inteiramente recuperado.

6.7.4 Índice de Sharpe

O preço de qualquer ativo nada mais é que o fluxo de receitas futuras descontado pela taxa de retorno esperada ou exigida pelos investidores. Mudanças nos preços dos ativos refletiriam, portanto, as mudanças de percepção dos agentes econômicos a respeito dos riscos envolvidos, seja em relação à taxa de juros futura, seja ao recebimento das receitas futuras. Quanto maior essa mudança, maior o risco para o investidor em carregar determinado ativo. Portanto, a variabilidade dos preços dos ativos parece ser uma boa medida para o risco. No entanto, é impossível prever o comportamento dos preços futuros e, por conseguinte, sua variabilidade. Uma boa aproximação para isso é olhar o comportamento passado e admitir que o comportamento futuro deverá reproduzir, em condições normais de mercado, o retorno e a variabilidade verificados no passado.

Sendo P_{t-1} e P_t os preços observados de um ativo qualquer no início e no final do t-ésimo período, podemos escrever

$$P_t = P_{t-1}(1 + r_t),$$

de modo que o retorno r_t é dado por:

$$r_t = \left[\frac{P_t - P_{t-1}}{P_{t-1}}\right].$$

A partir de n observações sobre o comportamento passado, podemos calcular o retorno médio $\bar{r}$:

$$\bar{r} = \frac{1}{n}\sum_{t=1}^{n} r_t.$$

O risco mede a variabilidade ou a volatilidade dos preços. Quanto maior ela for, maior será o risco em carregá-lo. Esse risco pode ser medido pelo conceito estatístico de variância, σ^2, que indica a variabilidade ou dispersão dos dados em relação à média. Se as observações estiverem concentradas em torno da média, a variância é pequena; caso contrário, se dispersas, a variância é grande. A variância é calculada da seguinte forma:

$$\sigma^2 = \frac{1}{n-1} \sum_{t=1}^{n} (r_t - \bar{r})^2.$$

Portanto, já estamos em condições de associar a cada ativo uma medida de risco e retorno.[22] As noções aqui apresentadas sobre risco constituem apenas o ponto de partida de inúmeras metodologias existentes sobre o assunto. Considere, por exemplo, dois ativos, A e B, com os seguintes preços observados:

N	A	B	$r_A\%$	$r_B\%$
1	100.56	1235		
2	101.34	1260.4	0.78	2.05
3	102.45	1289.6	1.10	2.31
4	99.89	1239.8	−2.50	−3.86
5	101.48	1234.1	1.59	−0.45
6	102.12	1245.8	0.63	0.94
7	103.42	1266.9	1.27	1.69
8	102.24	1298.8	−1.14	2.52
9	103.46	1315.7	1.19	1.30
10	104.32	1356.9	0.83	3.13

O retorno médio do ativo A será de 0.42%, e o desvio padrão, também conhecido como raiz quadrada da variância ou $\sqrt{\sigma^2}$, é de 1.07%. Para o ativo B, encontramos os seguintes valores: retorno de 1.27% e desvio padrão de 2.12%. Como se pode observar, o ativo B proporciona um maior retorno, mas também envolve um maior nível de risco que o ativo A. Qual dos dois ativos escolheríamos, tendo em vista a hipótese de que o investidor desgosta de risco, mas gosta de retorno?

Sendo r_i o retorno do ativo i, r_f o retorno do ativo livre de risco, e σ_i o desvio padrão ou volatilidade do ativo i, podemos utilizar o índice de Sharpe, S_i, dado pela expressão:

$$S_i = \frac{r_i - r_f}{\sigma_i}.$$

Como se pode observar, o índice de Sharpe mede o excesso de rentabilidade em relação ao ativo livre de risco por unidade de risco. Portanto, o investimento i é preferível ao investimento j se $S_i > S_j$.

Em relação ao exemplo examinado, suponha que o ativo livre de risco apresente um retorno de 0.25%. Nesse caso, os índices de Sharpe para os ativos A e B ficam:

$$S_A = \frac{0.0042 - 0.0025}{0.0107} = 0.159.$$

---

22. A moderna teoria de finanças tem como ponto de partida o modelo média-variância desenvolvido por Markowitz (1959), mais tarde aperfeiçoado por [12] e [6]. Uma boa introdução sobre o assunto pode ser encontrada em Sharpe (1995).

$$S_B = \frac{0.0127 - 0.0025}{0.0212} = 0.481.$$

Portanto, dado que $S_B > S_A$, prefeririamos o ativo B.

6.8 Principais Conceitos

Decisões de investimento: obter o máximo lucro ou o maior retorno, com o mínimo risco.

Taxa interna de retorno (*TIR*): mede o retorno do investimento; taxa que iguala receitas e despesas a valor atual.

Valor presente líquido (*VPL*): mede o lucro econômico; receitas a valor atual descontadas pela taxa de juros menos despesas a valor atual.

Projetos convencionais: uma única inversão no fluxo de caixa; uma única *TIR*.

Limitação do método da *TIR*: possibilidade de múltiplas raízes, mesma taxa de investimento para fluxos positivos.

Método Newton–Raphson: método numérico para encontrar as raízes de um polinômio.

Método da *TIR*: se *TIR* é maior que a taxa de juros, realiza-se o investimento.

Método do *VPL*: se *VPL* é maior que zero, realiza-se o investimento, pois *TIR* é maior que a taxa de juros.

Investimentos alternativos com diferentes ciclos de vida: o método da *TIR* é superior.

Limitações adicionais da *TIR*: efeito escala e reaplicação das receitas à própria *TIR*.

Taxa interna de retorno modificada (*TIRM*): reaplicação das receitas líquidas à taxa de juros de mercado.

Índice de Sharpe: mede o excesso de rentabilidade em relação ao ativo livre de risco por unidade de risco.

Payback: é o período de recuperação de capital, podendo ser contábil (simples) ou descontado.

Duration: é o prazo médio de um investimento, medido pela média ponderada dos recebimentos pela sua participação no valor presente.

6.9 Formulário

Investimentos em ativos reais

VPL: Valor presente líquido

$$VPL = \sum_{t=1}^{n} \frac{R_t}{(1+i)^t} - P.$$

TIR: Taxa interna de retorno

$$\sum_{t=1}^{n} \frac{R_t}{(1+TIR)^t} - P = 0.$$

Método Newton–Raphson

$$\tan \alpha = \frac{f(x_0)}{x_0 - x_1} = f'(x_0) \Rightarrow x_1 = x_0 - \frac{f(x_0)}{f'(x_0)}.$$

$TIRM$: Taxa interna de retorno modificada

$$\sum_{t=0}^{n} P_t (1+r)^{-t} (1+TIRM)^n = \sum_{t=0}^{n} R_t (1+i)^{n-t}.$$

Payback Contábil

$$\alpha = \frac{P - \sum_{i=1}^{k-1} R_i}{R_k}.$$

Payback Descontado

$$\alpha = \frac{(1+i)^k}{R_k} \left[P - \sum_{t=1}^{k-1} \frac{R_t}{(1+i)^t} \right].$$

Duration

$$D = \frac{(1+i)}{i} - \frac{n}{(1+i)^n - 1} \text{ e } D = \sum_{t=1}^{n} t \frac{R_t}{(1+i)^t} \frac{1}{P}$$

Índice de Sharpe

$$S_i = \frac{r_i - r_f}{\sigma_i}.$$

6.10 Leituras sugeridas

[1] BRIGAM, Eugene F.; EHRHARDT, Michael C. *Financial Management*. 12. ed. Poterworth: Cengage Learning, 2008.
[2] COPELAND, Thomas E.; WESTON, J. Fred. *Financial Theory and Corporate Policy*. 3. ed. Reading: Addison-Wesley, 1988.
[3] DE FARO, Clóvis. *Elementos de Engenharia Econômica*. 3. ed. São Paulo: Atlas, 1979.
[4] HAZZAN, Samuel; POMPEO, José Nicolau. *Matemática Financeira*. 4. ed. São Paulo: Atual, 1993.
[5] GRINOLD, Richard; KAHN, Ronald. *Active Portfolio Management*. Chicago: Irwin, 1995.

[6] LINTNER, John. The Valuation of Risk Assets and the Selection of Risky Investments in Stock Portfolios and Capital Budgets. *The Review of Economics and Statistics*, 47, 1965.
[7] MARKOWITZ, Harry M. *Portfolio Selection*. 2. ed. Malden: Blachwell, 1989.
[8] MCDANIEL, William R.; MCCARTY, Daniel E.; JESSELL, Kenneth A. Discounted Cash Flow with Explicit Reinvestment Rates. *Financial Review*. 23, 1988.
[9] ROSS, Stephen; WESTERFIELD, Randolph; JAFFE, Jeffrey. *Administração Financeira*. São Paulo: Atlas, 1995.
[10] SAMANEZ, Carlos Patrício. *Matemática Financeira. Aplicações à análise de Investimentos*. 2. ed. São Paulo: Makron Books, 1999.
[11] SEPULVEDA, José; SOUDER, William; GOTTFRIED, Byron. *Engineering Economics*. Nova York: McGraw–Hill, 1984.
[12] SHARPE, William F. Capital Asset Prices: A theory of market equilibrium under conditions of risk. *The Journal of Finance*, 19, 1964.
[13] ──────. Mutual Fund Performance. *Journal of Business*, 39, 1966.
[14] ──────. The Sharpe Ratio. *The Journal of Portfolio Management*, Outono, 1994.
[15] THUESEN, G. J.; FABRYCKY, W. J. *Engineering Economy*. 8. ed. New Jersey: Prentice Hall, 1993.
[16] WESTON, J. Fred; BRIGHAM, Eugene F. *Fundamentos da Administração Financeira*. 10. ed. São Paulo: Makron Books, 2000.
[17] TUCKMAN, Bruce. *Fixed Income Securities. Tools for Today's Markets*. Nova York: John Wiley & Sons, 1995.

6.11 Exercícios

Exercício 6.1
Um investimento industrial no valor de $ 1350000.00 promete um fluxo anual de receitas de $ 158000.00 pelo período de 15 anos. Esse projeto é viável se a taxa de juros for de 7% e 12% ao ano? Calcular a *TIR* e o *VPL* para esses dois valores da taxa de juros.
R: É viável; é inviável; 8.03%; $ 89050.41; $ 273883.41.

Exercício 6.2
Suponha um investimento no valor de $ 350000.00 que prometa o seguinte fluxo anual de receitas: $ 75000.00 nos primeiros cinco anos; $ 45000.00 nos próximos cinco anos e, nos últimos cinco anos, $ 25000.00. Esse projeto é viável se a taxa de juros for de 15% ao ano? Qual deve ser a taxa de juros que viabiliza o projeto?

Exercício 6.3
Um investimento no valor de $ 40000.00 feito hoje, mais um gasto adicional de $ 65000.00 no prazo de dois anos, promete receitas de $ 55000.00 ao final do primeiro ano e $ 95000.00 ao final do terceiro ano. Esse projeto é viável, sabendo-se que a taxa de juros é de 20% ao ano? Calcular a *TIRM* do projeto e o *VPL*. R: É viável; 26.95% e $ 15671.30.

Exercício 6.4
Um máquina encontra-se à venda pelo preço de $ 45000.00 e possui um custo anual de operação de $ 5000.00. A vida útil da máquina é de dez anos, e ela promete um fluxo anual de receitas de $ 15000.00. Sabendo-se que o valor residual da máquina é de $ 5000.00, calcular o *VPL* do investimento, supondo as seguintes taxas de juros anuais: 10%, 15% e 20%. Calcular também a *TIR* do projeto de investimento.

R: $ 18373.39, $ 6423.61 e –$ 2267.75. TIR = 18.54%.

Exercício 6.5
Uma planta industrial requer um investimento inicial de $ 570000.00 e sua operação deverá se iniciar ao final de um ano, e a expectativa é de que as receitas anuais atinjam $ 225000.00 pelo período de dez anos e os custos anuais de manutenção são estimados em $ 50000.00. Calcular a *TIR* e o *VPL* do projeto, sabendo-se que a taxa de juros é de 19% ao ano. Esse projeto de investimento é viável? R: É viável; 20.0% e $ 26061.85.

Exercício 6.6
Um investimento no valor de $ 1000000.00 promete um fluxo anual de receitas de $ 625000.00 durante dez anos. O custo anual de operação é estimado em $ 300000.00, e estão previstos investimentos adicionais de $ 500000.00 ao final de três anos, e $ 300000.000 ao final do sexto ano. O investimento é viável se a taxa de juros for de 19% ao ano? Calcular a *TIRM* e o *VPL* do projeto. R: É viável; 19.08% e $ 7803.23.

Exercício 6.7
Uma máquina encontra-se à venda por $ 150000.00. Estima-se que ela deva proporcionar um fluxo anual de receitas no valor de $ 21850.00, por um período de dez anos. Sabendo-se que, no momento da realização do projeto, a taxa de juros esteja em 6% ao ano, determinar se é um bom negócio adquiri-la. Calcular *VPL* e *TIR*.

R: É bom negócio; $ 10817.90 e 7.497%.

Exercício 6.8
Com relação ao exercício anterior, admita que, logo após realizar o investimento, a taxa de juros se reduza para 5% ao ano. Mesmo assim, é um bom negócio realizar o investimento? Qual a rentabilidade do projeto? R: É um bom negócio; 6.24%.

Exercício 6.9
Um investimento feito hoje, no valor de $ 350000.00, por um período de 20 anos, promete um fluxo anual de receitas de $ 40500.00. Além disso, está previsto um gasto adicional de capital ao final do terceiro ano no valor de $ 35000.00. Sabendo-se que a taxa de juros é de 8% ao ano, o investimento é um bom negócio? Calcular *VPL* e *TIRM*.

R: É um bom negócio; $ 19850.84 e 8.30%.

Exercício 6.10
Um indústria deseja adquirir uma máquina no valor de $ 250000.00, que deverá proporcionar, durante 15 anos, um fluxo anual de receitas no valor de $ 38750.00. Sabendo-se que o valor residual da máquina, após 15 anos de uso, é de $ 55000.00, determinar se vale a

pena comprá-la, sabendo-se que a taxa de juros de um título de renda fixa é de 15% ao ano. Calcular *VPL* e *TIR*.   R: Não vale a pena; −$ 16655.21 e 13.67%.

Exercício 6.11
Um terreno é colocado à venda pelo preço à vista de $ 55000.00 ou para pagamento em 20 prestações mensais de $ 3000.00 cada uma. Sabendo-se que um título de renda fixa paga 1.4% ao mês, determinar qual a melhor opção de compra: à vista ou a prazo. Calcular *VPL* e *TIR*.   R: É preferível a prazo; −$ 2982.75 e 0.84%.

Exercício 6.12
Suponha um investimento em uma mina de carvão no valor de $ 500000.00, que prometa um fluxo anual de receitas de $ 120000.00 durante um período de dez anos. Após o término da extração, ao final do 11º ano, está previsto um gasto adicional de $ 250000.00 para repor as condições ambientais. Esse projeto é um bom negócio, se a empresa deseja obter uma rentabilidade de 20% ao ano? Calcular *VPL* e *TIR*.
                R: Não é bom negócio; −$ 30550.35 e 17.92%.

Exercício 6.13
Suponha dois projetos de investimento com duração de 15 e 20 anos. O primeiro implica gastos de implantação de $ 100000.00 e promete um fluxo de receitas líquidas futuras de $ 10000.00 por ano. O segundo, no valor de $ 250000.00, promete um fluxo futuro de receitas de $ 19500.00. Sabendo-se que a taxa de juros é de 10% ao ano, qual dos dois projetos você escolheria? E se a taxa de juros for 5% e 4% ao ano?
                R: Não são viáveis, primeiro projeto e primeiro projeto.

Exercício 6.14
Suponha dois projetos de investimento que exigem recursos iniciais de $ 200000.00 e que prometam os seguintes fluxos anuais de receitas futuras: A {80000; 70000; 60000 e 35000} e B {30000; 40000; 40000 e 150000}. Qual dos dois projetos é preferível, supondo uma taxa de juros de 10% ao ano?   R: Projeto A.

Exercício 6.15
Suponha duas máquinas, cujo preço à vista é de $ 30000.00. A primeira promete um fluxo anual de receitas de $ 10000.00 durante quatro anos, e a segunda, o seguinte fluxo de receitas: {30000.00; 5000.00; 3000.00 e 2000.00}. Qual das duas máquinas é mais rentável, sabendo-se que a taxa de juros anual é de 10%?   R: A segunda máquina.

Exercício 6.16
Calcular o preço de um título de renda fixa de curto prazo cujo valor de resgate é de $ 1000.00 para os seguintes prazos e taxas de desconto no critério 30/360: (a) 23 dias corridos e taxa de juros de 18% ao ano; (b) 1 mês e 13 dias corridos e taxa de juros de 18.5% ao ano; (c) 3 meses e 25 dias corridos e taxa de juros de 19.0% ao ano; (d) 6 meses e 8 dias corridos e taxa de juros de 19.5% ao ano; (e) 9 meses e 18 dias corridos e taxa de juros de 20.5% ao ano; e (f) 12 meses e taxa de juros de 21%ao ano.
                R: $ 989.49, $ 979.93, $ 945.95, $ 911.16, $ 826.45.

Exercício 6.17

Calcular o preço de um título de renda fixa que paga juros semestrais de 5.0%, e cujo valor de face é igual a $ 1000.00 com as seguintes características: (a) 2 anos de maturidade e taxa de desconto de 4% ao semestre; (b) 4 anos e taxa de desconto de 4.5% ao semestre; (c) 6 anos e taxa de desconto de 5.0% ao semestre; (d) 8 anos e taxa de juros de 5.5% ao semestre e; (e) 9 anos e taxa de juros de 6.0% ao semestre.

R: $ 1036.30, $ 1032.98, $ 1000.00, $ 947.69 e $ 891.72.

Exercício 6.18

Um título de renda fixa, cujo preço é de $ 945.00, promete pagar $ 50.00 semestralmente nos próximos dez anos, mais um pagamento de $ 1000.00 no vencimento. É um bom negócio adquirir esse título, sabendo-se que um título livre de risco oferece uma rentabilidade semestral de 6%? E, no caso, a expectativa com relação à taxa de juros é de que a mesma se reduza para 5%?

R: Não é um bom negócio. Sim.

Exercício 6.19

No mercado de títulos de renda fixa, estão negociados pelo preço de $ 975.00 títulos de cinco anos de vencimento, que pagam juros semestrais de $ 45.00 e mais $ 1000.00 no vencimento e títulos de dez anos, com juros semestrais de $ 50.00, pelo preço de $ 950.00. Em qual dos dois títulos você aplicaria seus recursos? Sua decisão permaneceria a mesma, sabendo-se que um fundo de renda fixa paga juros semestrais de 6%?

R: No 2º título; é preferível o fundo de renda fixa.

Exercício 6.20

Uma empresa está em dúvida entre investir $ 1500000.00 em um título de renda fixa, que paga juros semestrais de 6% e resgate do principal no valor de $ 1000.00 no prazo de dez anos, e um empreendimento industrial que promete um fluxo semestral de receitas de $ 165000.00 no mesmo prazo. Qual dos dois investimentos é preferível, sabendo-se que o título de renda fixa está sendo cotado a $ 965.00?

R: É preferível o empreendimento industrial.

Capítulo 7

Formas de Cotar a Taxa de Juros

7.1 Introdução

Uma das maiores dificuldades do aprendizado em finanças são as diferentes formas existentes de se cotar a taxa de juros. Até aqui, admitimos que a taxa de juros era uma taxa efetiva por dia corrido, e que o ano possuía 360 dias, com 12 meses de 30 dias. No entanto, na prática dos mercados financeiros, há diferentes formas de se cotar a taxa de juros, diferentes períodos temporais e diferentes conceitos utilizados de taxa de juros.

Em finanças, o que interessa é a taxa de juros efetiva, ou seja, a taxa de juros referente ao período de capitalização. No entanto, para um conjunto de operações financeiras, pelas mais diferentes razões, nem sempre nos referimos à taxa de juros efetiva por período de capitalização. Em muitas aplicações financeiras, o que é anunciado é a taxa de juros nominal, e não a taxa efetiva. Isso ficará mais claro nas próximas seções, nas quais alguns exemplos serão discutidos.

Além disso, uma dificuldade adicional apresenta-se no próprio conceito. Até aqui trabalhamos em um ambiente sem inflação. Devemos, portanto, introduzir o fenômeno da inflação e redefinir o conceito de taxa de juros, diferençando os conceitos de taxa de juros nominal[1] e real. Nesse contexto, taxa de juros nominal refere-se à rentabilidade medida em moeda corrente, e taxa de juros real, à rentabilidade descontando-se os efeitos da inflação, ou seja, medida em quantidades de bens. Por exemplo, se a taxa de juros definida pelo Banco Central é de 10.5% ao ano e a inflação é de 5% ao ano, a taxa de juros real é de 5.5% ao ano. De novo, isso será mais bem explicitado nas próximas seções.

---

1. O termo nominal tem duplo sentido. No primeiro, contrapõe-se à taxa efetiva. Isto é, a taxa nominal é aquela que se refere a determinado período de tempo, porém, a capitalização dessa taxa não é feita na frequência indicada por esse período. O outro sentido a ser explorado neste capítulo refere-se à taxa nominal × taxa real. Nesse caso, a taxa nominal é composta da taxa real mais a inflação.

7.2 Taxa de Juros e Contagem de Dias: Convenções

Como foi visto, a taxa de juros sempre refere-se a determinado período, ou seja, percebe-se determinada quantia de dinheiro em determinado período: ano, mês, dia. O critério universal utilizado para cotar a taxa de juros é o dito comercial, ou bancário, que considera o ano com 360 dias, ou seja, 12 meses de 30 dias – juro ordinário. No entanto, a taxa de juros pode ser cotada, também, com relação ao número efetivo de dias contidos em um ano, ou seja, 365 dias – juro exato.[2] No entanto, o conhecimento da convenção sobre a taxa de juros não é suficiente para se determinar o valor do resgate de dada aplicação financeira. É necessário conhecer, também, o critério adotado na contagem do número de dias existentes entre as datas de aplicação e resgate. Nesse caso, dois são os critérios utilizados: consideram-se os meses com 30 dias – o tempo aproximado – ou o número efetivo de dias existente no mês – tempo exato. Sendo E o número de dias efetivos de uma aplicação financeira, existem quatro maneiras possíveis para se determinar o rendimento de uma aplicação financeira entre diferentes datas.

Taxa de juros	Contagem do número de dias	
	Aproximada	Exata
360	30/360	$E/360$
365	30/365	$E/365$

Na convenção do prazo de aplicação 30/360, por exemplo, considera-se o mês com 30 dias e o ano com 360 dias. Se uma aplicação é feita no dia 5/5/2010 por 30 dias, ela vence no dia 5/6/2010, independentemente de quantos dias efetivos existam nesse período. No critério $E/360$, considera-se o número efetivo de dias existente entre a data de aplicação e a data de resgate, sendo o ano considerado com 360 dias. No exemplo, existem 31 dias corridos entre 5/5/2010 e 5/6/2010.

No Brasil, foi criada um nova convenção, que remunera somente os dias úteis de aplicação. É o caso da taxa *Selic*, que remunera as aplicações em títulos públicos, e da taxa *DI*, que remunera as operações interbancárias. A taxa por dia útil considera o ano com 252 dias úteis, ou seja, 12 meses de 21 dias úteis cada, e só remunera os dias úteis contidos entre as datas de aplicação e resgate. No exemplo considerado, existem 22 dias úteis entre 5/5/2010 e 5/6/2010. Como se trata de uma convenção, é sempre possível estabelecer a equivalência entre taxa por dia corrido e taxa por dia útil. Evidentemente, qualquer nova convenção só introduz confusões na operação do mercado, sobretudo se considerarmos que o critério universal adotado em todos os países é o de dias corridos.

No Brasil, os títulos públicos federais de curto prazo – *LTN* (Letras do Tesouro Nacional) – bem como os título de longo prazo – *NTN* (Notas do Tesouro Nacional), que pagam juros periódicos, adotam a convenção 252 dias úteis.

---

2. Há convenções que também consideram o ano bissexto.

Exemplo 7.1

Uma aplicação em uma caderneta de poupança no valor de $ 100000.00, feita em 5/3/2001, foi resgatada em 5/8/2001. Qual foi o valor resgatado, sabendo-se que a taxa de juros mensal é 0.5%?

Nesse período, existem 153 dias, mas, pela convenção da caderneta de poupança, consideram-se cinco meses com 30 dias, ou seja, 150 dias. Portanto, o montante será dado por:

$$S = 100000.00\,(1 + 0.005)^5 = 102525.13.$$

Exemplo 7.2

Uma nota promissória[3] no valor de $ 15000.00 foi emitida no dia 3/5/1998, para ser resgatada no prazo de três meses, no dia 3/8/1998. Calcular o valor de resgate, sabendo-se que a taxa de juros anual é de 21.5%.

Nesse período existem 92 dias, mas as notas obedecem à convenção 30/360. Portanto, o valor de resgate será dado por:

$$S = 15000\,(1 + 0.215)^{\frac{90}{360}} = 15748.36.$$

No critério $E/360$, considera-se o número efetivo de dias contidos em um mês, e a taxa de juros é cotada com relação a 360 dias. Esse critério é também denominado regra dos banqueiros, pois favorece aquele que empresta dinheiro.

Exemplo 7.3

Um CDB no valor de $ 150000.00 foi adquirido no dia 7/7/1998 e resgatado no dia 13/8/1998. A taxa de juros anual foi de 19.0%, referida a um ano de 360 dias. Calcular o valor resgatado.

Nesse período existem 37 dias. Portanto, o valor resgatado será:

$$VR = 150000\,(1 + 0.19)^{\frac{37}{360}} = 152705.90.$$

No critério $E/365$, considera-se o número efetivo de dias contidos em um mês, e a taxa de juros é cotada com relação a 365 dias.

Exemplo 7.4

Uma instituição financeira emitiu um CDB de 365 dias com uma taxa de juros anual de 18.1%, pelo prazo de 32 dias. Para uma aplicação no valor de $ 5000.00, qual será o valor do resgate?

$$VR = 5000\,(1 + 0.181)^{\frac{32}{365}} = 5073.46.$$

---

3. As aplicações financeiras aqui mencionadas serão estudadas com detalhe no Capítulo 8.

Matemática Financeira Moderna

No critério de dias úteis, considera-se o número de dias úteis existentes entre as datas de aplicação e resgate, e a taxa de juros é cotada com relação a um ano de 252 dias.

Exemplo 7.5
Uma *LTN* foi emitida no dia 4/7/2001 para ser resgatada em 9/8/2001. Calcular a rentabilidade obtida pelo investidor – taxa *Selic* –, sabendo-se que o preço de aquisição foi $ 987.50.

Nesse período, existem 26 dias úteis e 36 dias corridos.

$$1000 = 987.5\,(1+i)^{\frac{26}{252}} \Rightarrow i = 12.96\% \text{ ao ano.}$$

7.3 Número de Dias entre Diferentes Datas

Sendo n_a o número de anos completos, n_m o número de meses completos e d o número de dias efetivos, no critério 30/360, o número de dias existentes entre duas datas quaisquer é dado por:

$$N = n_a 360 + n_m 30 + d.$$

Exemplo 7.6
Suponha que se queira contar o número de dias existentes entre as seguintes datas: 5 de junho de 1997 e 18 de setembro de 2002.

Pelo critério 30/360 temos:

$n_a = 5$ anos (5/6/1997 a 5/6/2002).

$n_m = 3$ meses (5/6/2002 a 5/9/2002).

$d = 13$ dias (5 a 18/9/2002).

$N = 5 \times 360 + 3 \times 30 + 13 = 1903.$

Nesse período, existem 1931 dias efetivos.

7.3.1 Utilização da *HP–12C*
A *HP–12C* realiza a contagem do número de dias existentes entre duas datas quaisquer utilizando ambos os critérios: ano com 360 dias e o critério do número de dias efetivos – 365 ou 366 dias.

Exemplo 7.7
Inicialmente, devemos acionar o comando *gMDY*, que define o formato da data no padrão mês-dia-ano (*mm/dd/aaaa*). Assim, as datas de nosso exemplo terão o seguinte formato: 6.5.1997 e 9.18.2002. Para carregar as datas na calculadora, basta digitá-las nesse formato. Para obter o número de dias efetivos, acione a tecla *gΔDYS*. Para se obter o número de dias com ano de 360 dias, então acione a tecla *X <> Y*.

Nomenclatura adotada pela *HP*:

gMDY: define o formato da data no padrão mês-dia-ano (*mm/dd/aaaa*).
g∆DYS: conta o número de dias com ano de 365 dias.
X <> Y: conta o número de dias efetivos com ano de 360 dias.

Resolução na *HP*:

Formato	Data inicial	ENTER	Data final	*g∆DYS*	*X <> Y*
gMDY	6.05.1997		9.18.2002	1931	1903

7.4 Equivalência entre as Diferentes Convenções

A existência de diferentes formas de cotar a taxa de juros é, em última instância, simples convenção, pois é sempre possível estabelecer a equivalência entre uma forma e outra. Para estabelecer essa equivalência, devemos recordar o princípio de que duas taxas são equivalentes se, quando aplicadas a um mesmo capital, produzem o mesmo montante no mesmo período. No entanto, como vimos, os diferentes tipos de aplicações financeiras adotam diferentes critérios na contagem do número de dias entre diferentes datas. Portanto, o que interessa, para estabelecer a equivalência entre diferentes taxas de juros, é o número de dias contidos entre diferentes datas.

Exemplo 7.8

Suponha uma aplicação financeira no valor de $ 50000.00 realizada em 6/3/2001. A data de resgate é 6/8/2001 e a taxa de juros anual é 19.0%. Calcular o valor resgatado.

Mesmo se soubéssemos a convenção da taxa de juros, não saberíamos calcular o valor resgatado, pois não está definido o critério que devemos adotar na contagem do número de dias. Vamos considerar as duas convenções mais utilizadas: 30/360 e *E*/360.

Entre essas duas datas existem 153 dias pelo critério exato, e 150 dias, pelo aproximado. Pela convenção 30/360, teríamos

$$VR = 50000\,(1 + 0.19)^{\frac{150}{360}} = 53758.59$$

e pela convenção *E*/360, obteríamos:

$$VR = 50000\,(1 + 0.19)^{\frac{153}{360}} = 53836.58.$$

Nota 7.1

Observe a regra dos banqueiros atuando: para um mesmo prazo e um mesmo valor para a taxa de juros, obtém-se um montante maior pela segunda convenção.

Suponha que entre as datas de aplicação e resgate existam n_1 dias aproximados e n_2 dias exatos. Além disso, considere a taxa de juros i_1 pelo critério 30/360 e a taxa i_2 pelo critério $E/360$. Como obter as taxas equivalentes entre as duas convenções, que são as mais utilizadas?

Os montantes obtidos por cada critério serão dados por:

$$S_1 = P(1 + i_1)^{\frac{n_1}{360}}$$

$$S_2 = P(1 + i_2)^{\frac{n_2}{360}}$$

A equivalência entre as duas taxas de juros será dada igualando-se os montantes na mesma data de resgate:

$$(1 + i_1)^{\frac{n_1}{360}} = (1 + i_2)^{\frac{n_2}{360}} \Rightarrow i_1 = \left[(1 + i_2)^{\frac{n_2}{n_1}} - 1\right] \text{ e } i_2 = \left[(1 + i_1)^{\frac{n_1}{n_2}} - 1\right].$$

Exemplo 7.9
Considere o mesmo exemplo anterior. Calcular a taxa de juros anual no critério $E/360$ equivalente à taxa de 19.0% no critério 30/360.

$$i_1 = 19.0\%; \quad n_1 = 150; \quad n_2 = 153; \quad i_2 = ?$$

$$i_2 = \left[(1 + 0.19)^{\frac{150}{153}} - 1\right] = 18.59\%.$$

Exemplo 7.10
Suponha agora uma aplicação financeira feita no dia 5/3/2000, resgatada um ano após, ou seja, no dia 5/3/2001. Calcular a taxa de juros anual no critério $E/360$ equivalente à taxa de 19.0% no critério 30/360.

$$(1 + 0.19) = (1 + i_2)^{\frac{365}{360}} \Rightarrow i_2 = 18.72\%.$$

Exemplo 7.11
Suponha que a taxa de juros anual seja de 14% no critério 30/365. Qual a taxa de juros equivalente no critério 30/360?

$$i_1 = \left[(1 + 0.14)^{\frac{360}{365}} - 1\right] = 13.80\%.$$

Exemplo 7.12
Suponha que a taxa de juros anual seja de 14% no critério 30/360. Qual a taxa de juros equivalente no critério 30/365?

$$i_1 = \left[(1 + 0.14)^{\frac{365}{360}} - 1\right] = 14.2\%.$$

Exemplo 7.13
Suponha uma aplicação por 30 dias corridos que contenha 21 dias úteis. A taxa de juros anual no critério 30/360 é de 21%. Qual a taxa de juros por dia útil equivalente?
Taxa mensal por dia corrido:

$$i_{am} = \left[(1 + 0.21)^{\frac{30}{360}} - 1\right] = 1.6\%.$$

Taxa de juros diária por dia útil equivalente:

$$i_{ad} = \left[(1 + 0.016)^{\frac{1}{21}} - 1\right] = 0.076\%.$$

7.5 Taxa de Juros Nominal e Efetiva

Até aqui, consideramos a taxa de juros anual como uma taxa de juros efetiva, que indica como cresce o montante ao longo do tempo. Se a taxa de juros anual é efetiva, então a taxa de juros mensal relaciona-se com ela por meio de um critério exponencial. No entanto, há uma série de aplicações financeiras em que a taxa de juros anual não é uma taxa de juros efetiva, ou seja, ela é apenas uma taxa de referência ou uma taxa nominal e se relaciona com a taxa de juros mensal de forma proporcional, e não de forma exponencial. Em outros países, a taxa de juros anual é sempre cotada de forma nominal, ou seja, se a taxa de juros anual é 8%, a taxa de juros semestral é 4%. Essa forma de cotar a taxa de juros esconde o verdadeiro valor da taxa de juros anual efetiva. No exemplo considerado, a taxa de juros semestral de 4% capitalizada em dois períodos nos conduz a uma taxa de juros anual efetiva de 8.16%, e não de 8%.

Seja r a taxa de juros nominal anual e m o número de períodos de capitalização contidos no período de um ano. A taxa de juros efetiva i será dada pela razão $\frac{r}{m}$. O montante acumulado após m períodos de capitalização será dado pela expressão:

$$S = P\left(1 + \frac{r}{m}\right)^m = P(1 + i)$$

Portanto, a taxa de juros efetiva anual i será dada pela expressão:

$$i = \left[\left(1 + \frac{r}{m}\right)^m - 1\right]$$

No Brasil, as taxas de juros anuais podem ser nominais ou efetivas, dependendo do tipo de mercado. O exemplo mais corriqueiro de taxa nominal é o da taxa de juros paga pelas cadernetas de poupança. Elas rendem 6% de juros ao ano. Neste caso, a taxa de juros efetiva ao mês é de 0.5% que, capitalizada em 12 meses, proporciona uma taxa de juros efetiva anual de 6.17%. Ou seja, em vez de se dizer que a taxa efetiva é de 0.5% ao mês, multiplica-se esse valor por 12, obtendo-se 6% ao ano. Portanto, a taxa de juros anual anunciada é apenas uma taxa de referência ou uma taxa nominal obtida pela multiplicação da taxa efetiva por período de capitalização pelo número de períodos.

7.6 Taxa de Juros Real e Nominal

Em todas as análises desenvolvidas até agora, sempre consideramos os fluxos de caixa como se não houvesse inflação, ou seja, como se o poder de compra da moeda permanecesse constante ao longo do tempo, de sorte que os preços dos bens e serviços permanecessem constantes. Como decorrência, a taxa de juros foi sempre considerada como uma taxa de juros real, isso é, como uma taxa que indica como de fato nossa riqueza, medida em termos de bens reais, evolui ao longo do tempo. No entanto, diante da presença da inflação, é necessário redefinir o conceito de taxa de juros, fazendo a distinção entre taxa de juros nominal e taxa de juros real. Nesse sentido, taxa de juros nominal indica a remuneração do dinheiro no tempo expressa em moeda corrente. Já a taxa de juros real indica a remuneração do dinheiro no tempo, descontando-se os efeitos da inflação. Isto quer dizer que se mede o dinheiro em termos de seu poder aquisitivo no tempo, isto é, em termos da quantidade de bens e serviços que o dinheiro pode adquirir.

7.6.1 Capitalização periódica

Suponha que façamos, na data de hoje, uma aplicação de $ 100.00, pelo período de um ano, em um fundo de renda fixa que paga uma taxa de juros anual de $i = 20\%$. Suponha, também, que a taxa de inflação anual esperada seja $\pi = 10\%$. Qual o ganho real que obteremos em nossa aplicação se, de fato, a taxa de inflação nesse período for de 10%? Em uma primeira aproximação, diríamos que a taxa de juros real r, ou seja, a taxa de juros percebida pelo aplicador, descontando-se os efeitos da inflação, seria de 10%. Estaríamos, portanto, fazendo a seguinte operação:

$$r = i - \pi = 0.20 - 0.10 = 0.10.$$

Após um ano, resgataríamos a quantia de $ 120.00 do fundo de renda fixa. Logo, o ganho nominal em moda corrente terá sido de $ 20.00. Suponha, para simplificar, que exista um único bem nessa economia: trigo. Assim, dado que a taxa de inflação foi de 10%, o preço do trigo variou de $ 100.00 para $ 110.00. Portanto, no momento da aplicação, podíamos adquirir uma tonelada de trigo; no momento do resgate, podemos adquirir 1.0909 tonelada. Como decorrência, nossa riqueza medida em termos de trigo terá aumentado em 9.09%, e não em 10%, como havíamos imaginado em uma primeira aproximação.

Podemos, agora, generalizar esse procedimento. Seja P o principal aplicado em um fundo de renda fixa, e S, o montante, ambos medidos em termos nominais, isto é, em moeda corrente. Por sua vez, seja P_0 o preço do trigo no momento da aplicação, e P_1 seu preço no do resgate. Podemos, então, calcular a taxa de juros real, entendida como o acréscimo na quantidade de trigo. Podemos escrever:

$$\frac{S}{P_1} = \frac{P}{P_0}(1+r). \tag{7.1}$$

Sendo i a taxa nominal de juros, o montante da aplicação será dado pela equação:

$$S = P(1+i). \tag{7.2}$$

Em contrapartida, sendo π a taxa de inflação, a relação entre o preço do bem no momento da aplicação e no momento do resgate será dada pela expressão:

$$P_1 = P_0(1 + \pi). \tag{7.3}$$

Substituindo (7.2) e (7.3) em (7.1) e simplificando, obtemos a equação de Fisher, que estabelece a relação entre taxa de juros real, taxa de juros nominal e taxa de inflação esperada:

$$\frac{P(1+i)}{P_0(1+\pi)} = \frac{P}{P_0}(1+r) \Rightarrow (1+r) = \frac{(1+i)}{(1+\pi)}. \tag{7.4}$$

Como se pode observar, nossa aplicação, em termos monetários, aumenta $(1 + i)$ sob efeito dos juros nominais, e se reduz em $(1 + \pi)$ sob o efeito da inflação. Aplicando essa fórmula aos dados de nosso problema obtemos:

$$r = \left[\frac{(1+0.20)}{(1+0.10)} - 1\right] = 9.19\%.$$

Nessa expressão, a taxa de inflação pode ser entendida como uma taxa *ex-ante*, ou seja, como uma taxa de inflação esperada, se pensarmos no momento da aplicação. Assim, ao fazermos determinada aplicação financeira, sempre objetivamos a taxa de juros real, ou seja, o acréscimo real de riqueza. Portanto, no momento da aplicação, sempre comparamos a taxa de juros prefixada com a taxa de inflação que esperamos para o período de aplicação.

Além disso, ela pode ser entendida também como uma taxa de inflação *ex-post* se, após vencida a aplicação, estivermos interessados em saber quanto de fato nossa riqueza aumentou no período considerado. Essa divergência entre expectativa e realização é crucial nas aplicações financeiras.

Podemos, agora, desenvolver a Equação (7.4), obtendo:

$$r = i - \pi - r\pi.$$

Se as taxas de inflação e de juros são pequenas, o termo $r\pi$ pode ser considerado desprezível e, dessa forma, a taxa real de juros será dada pela diferença entre a taxa nominal de juros e a taxa de inflação:

$$r = i - \pi.$$

Assim, para taxas de inflação e juros muito baixos, nosso raciocínio inicial é, aproximadamente, válido. Por esse método aproximado, obteríamos uma taxa real de juros de 10%, e, pelo método exato, obteríamos 9.09%.

Se tivermos vários períodos de capitalização e a taxa de inflação permanecer constante ao longo do período de aplicação, a relação de Fisher segue sendo válida:

$$(1+r)^n = \frac{(1+i)^n}{(1+\pi)^n} = \left[\frac{(1+i)}{(1+\pi)}\right]^n \Rightarrow (1+r) = \frac{(1+i)}{(1+\pi)}.$$

Se a taxa de inflação por período de capitalização π_t for variável, teremos

$$(1+r)^n = \frac{(1+i)^n}{(1+\pi_1)(1+\pi_2)\cdots(1+\pi_n)} \Rightarrow (1+r) = \frac{(1+i)}{\prod_{t=1}^{n}(1+\pi_t)^{\frac{1}{n}}} = \frac{(1+i)}{(1+\bar{\pi})},$$

em que $\bar{\pi}$ é a média geométrica das taxas de inflação.

Nesse caso, a taxa real de juros obtida por período de capitalização será dada pela razão entre a taxa nominal de juros e a média geométrica das taxas de inflação observadas por período de capitalização.

Exemplo 7.14
Uma aplicação em um fundo de renda fixa promete pagar 4.6% nos próximos três meses. Se a taxa de inflação no primeiro mês for de 0.5%, e de 0.6% e 0.65% nos dois meses subsequentes, calcular a rentabilidade real mensal dessa aplicação.

Taxa média de inflação:

$$\bar{\pi} = \left\{[(1+0.005)(1+0.006)(1+0.0065)]^{\frac{1}{3}} - 1\right\} = 0.583\%.$$

Taxa de juros real ao mês:

$$r = \left[\frac{(1+0.046)^{\frac{1}{3}}}{(1+0.00583)} - 1\right] = 0.92\%.$$

A operação de se calcular a taxa de juros real não é isenta de dificuldades. Desenvolvemos nosso argumento admitindo, para simplificar o raciocínio, que houvesse apenas um único bem na economia: trigo. No entanto, existem inúmeros bens e serviços em relação aos quais podemos medir a variação de nossa riqueza real. Existem inúmeros índices de preços com diferentes metodologias, e que se referem a universos diferentes de bens. Apesar do fato de que esses diferentes índices convirjam no longo prazo, no curto prazo, a divergência entre eles pode ser significativa. Como decorrência, ao realizarmos aplicações de curto prazo, devemos levar em consideração essa divergência e escolher com cuidado o índice de preços que mais se mostre adequado às nossas expectativas.

7.6.2 Capitalização instantânea*
Se a capitalização é instantânea, então podemos reescrever as relações anteriores. Considerando um único período, e sendo i a taxa nominal de juros contínua, teremos:

$$S = Pe^i.$$

Para a taxa contínua de inflação π, podemos escrever:

$$P_1 = P_0 e^{\pi}.$$

Dividindo uma expressão pela outra, obtemos

$$\frac{S}{P_1} = P_0 e^{(i-\pi)} = P_0 e^r,$$

sendo r a taxa de juros real contínua. Portanto, no caso da capitalização instantânea, a relação de Fisher fica:

$$i = r + \pi \Rightarrow r = i - \pi.$$

Ou seja, se a capitalização é instantânea, a taxa de juros real é dada pela simples diferença entre a taxa nominal de juros e a taxa de inflação. Já havíamos observado, no caso discreto, que, se a taxa de inflação fosse pequena, essa seria uma boa aproximação para o cálculo da taxa de juros real. No caso contínuo, isso não é apenas válido com taxa de inflação pequena, mas vale também para quaisquer taxas.

Se tivermos vários períodos de capitalização e a taxa de inflação permanecer constante ao longo do período de aplicação, a relação de Fisher segue sendo válida. O montante após t períodos de capitalização será dado por:

$$S = P_0 e^{it}.$$

Para a taxa de inflação, podemos escrever:

$$P_n = P_0 e^{n\pi}.$$

Dividindo uma expressão pela outra, obtemos:

$$\frac{S}{P_n} = P_0 e^{(i-\pi)n} = P_0 e^n \Rightarrow r = i - \pi.$$

Se a taxa de inflação por período de capitalização for variável, teremos para a taxa de inflação:

$$P_n = P_0 e^{(\pi_1 + \pi_2 + \cdots + \pi_n)}.$$

Portanto, dividindo uma expressão pela outra, obtemos:

$$\frac{S}{P_n} = \frac{P_0 e^{in}}{P_0 \exp \sum_{t=1}^{n} \pi_t} = P_0 e^{rn}.$$

Logo, a taxa de juros real será dada pela equação:

$$r = i - \frac{1}{n}(\pi_1 + \pi_2 + \cdots + \pi_n). \tag{7.5}$$

Ou seja, a taxa de juros real será dada pela taxa nominal menos a média aritmética da taxa de inflação contínua. A Equação (7.5) também pode ser reescrita em função da taxa média de inflação:

$$r = i - \frac{1}{n}\sum_{t=1}^{n} \pi_t = i - \bar{\pi}.$$

Portanto, a taxa de juros real é dada pela taxa nominal menos a taxa média de inflação observada no período. Nesse caso, a taxa média de inflação é dada pela média aritmética.

Exemplo 7.15
Suponha o mesmo problema anterior. Uma aplicação em um fundo de renda fixa promete pagar uma taxa de juros contínua de 4.6% nos próximos três meses. Se a taxa de inflação contínua no primeiro mês for de 0.5%, de 0.6% e 0.65% nos dois meses subsequentes, calcular a taxa de juros real mensal dessa aplicação.

Taxa média de inflação:

$$\bar{\pi} = \frac{0.005 + 0.006 + 0.0065}{3} = 0.583\%.$$

Taxa de juros real ao mês:

$$r = \frac{0.046}{3} - 0.00583 = 0.95\%.$$

7.6.3 FLUXOS DE CAIXA E INFLAÇÃO

Taxa de inflação variável

Até aqui, consideramos o efeito da inflação em aplicações financeiras muito simples. Agora, devemos analisar o efeito da inflação em fluxos de caixa mais complexos, que envolvem pagamentos periódicos. O procedimento é basicamente o mesmo. Consideremos uma série uniforme de pagamentos em que estes estejam medidos em moeda corrente. Podemos escrever o fluxo em moeda corrente e descontá-lo pela taxa interna de retorno em termos nominais TIR.

$$P = \frac{R}{(1+TIR)} + \frac{R}{(1+TIR)^2} + \cdots + \frac{R}{(1+TIR)^n}. \qquad (7.6)$$

Como se trata de um série uniforme de pagamentos, podemos escrever de forma compacta:

$$P = R\left[\frac{(1+TIR)^n - 1}{TIR(1+TIR)^n}\right].$$

Observe que as receitas estão superestimadas, pois incorporam o efeito da inflação. Portanto, devemos retirar esse efeito do fluxo de caixa e determinar a rentabilidade em termos reais. Para calcular a taxa de juros real, devemos medir o fluxo de caixa em termos reais, ou seja, expurgar o efeito da elevação do índice geral de preços. Portanto, devemos dividir cada um dos pagamentos em cada uma das datas pelo respectivo índice de preço na data respectiva. Sendo $P_0, P_1, P_2, \ldots, P_n$ os índices de preços nas diferentes datas de cada uma das receitas, podemos escrever o fluxo de caixa em termos reais, e não mais em termos nominais, obtendo, desse modo, a taxa interna de retorno em termos reais $TIRR$:

$$\frac{P}{P_0} = \frac{R}{P_1}\frac{R}{(1+TIRR)} + \frac{R}{P_2}\frac{R}{(1+TIRR)^2} + \cdots + \frac{R}{P_n}\frac{R}{(1+TIRR)^n}. \qquad (7.7)$$

Observe que nos deparamos, no caso mais geral, com um fluxo de caixa com pagamentos variáveis. Portanto, para encontrar a taxa interna de retorno, devemos levar em consideração todos os diferentes fluxos, complicando um pouco mais o cálculo no caso em que os pagamentos são constantes e que podemos, em decorrência, utilizar uma fórmula compacta. Para isso lançamos mão da *HP–12C*, como já foi visto no Capítulo 3.

Exemplo 7.16
Uma aplicação $ 1000.00 em um fundo de renda fixa promete resgatar o investimento por meio de três parcelas mensais de $ 350.00. Sabendo-se que a taxa de inflação no primeiro mês foi de 0.4%, e de 0.5% e 0.6% nos dois meses subsequentes, calcular a taxa de juros real ao mês obtida no investimento.

Taxa interna de retorno nominal:

$$1000 = 350 \left[\frac{(1 + TIR)^3 - 1}{TIR(1 + TIR)^3} \right] \Rightarrow TIR = 2.48\%.$$

Índice de preços:

$$P_0 = 1000; \quad P_1 = 1004; \quad P_2 = 1009.02; \quad P_3 = 1015.07.$$

Dividindo cada pagamento do fluxo de caixa em moeda corrente pelo respectivo índice de preços, podemos calcular a taxa interna de retorno em termos reais:

$$1000 = \frac{348.61}{(1 + TIRR)} + \frac{346.87}{(1 + TIRR)^2} + \frac{344.80}{(1 + TIRR)^3} \Rightarrow TIRR = 2.00\%.$$

Taxa de inflação constante
CAPITALIZAÇÃO PERIÓDICA. Vamos considerar agora o caso particular em que a taxa de inflação seja constante. Podemos escrever:

$$P_t = P_0 (1 + \pi)^t. \tag{7.8}$$

Substituindo (7.8) em (7.7), obtemos:

$$\frac{P}{P_0} = \frac{R}{P_0(1+\pi)(1+r)} + \frac{R}{P_0(1+\pi)^2(1+r)^2} + \cdots + \frac{R}{P_0(1+\pi)^n(1+r)^n}. \tag{7.9}$$

Comparando essa equação com a (7.6), podemos concluir:

$$(1 + i) = (1 + \pi)(1 + r).$$

Ou seja, se a taxa de inflação é constante, vale a relação de Fisher, como havíamos deduzido para um fluxo de caixa com um único pagamento. Se a inflação não é constante, devemos calcular a taxa interna de retorno do fluxo em termos reais, levando em consideração todos os fluxos. Já sabemos que essa taxa pode ser calculada por diferentes métodos numéricos, destacando-se, dentre eles, o método de Newton–Raphson.

Exemplo 7.17
Uma geladeira no valor de $ 750.00 foi adquirida por meio de seis prestações mensais iguais e sucessivas de $ 150.00. Sabendo-se que a taxa de inflação nesse período foi

constante e igual a 0.5% ao mês, calcular a taxa de juros nominal cobrada pela loja e a taxa de juros real paga pelo cliente.

Taxa de juros nominal:

$$750 = 150 \left[\frac{(1+r)^6 - 1}{r(1+r)^6} \right] \Rightarrow i = 5.47\%.$$

Taxa de juros real:
Como a taxa de inflação é constante, vale a relação de Fisher. Portanto, podemos escrever:

$$(1 + r) = \frac{(1 + 0.0547)}{1 + 0.005} \Rightarrow r = 4.95\%.$$

CAPITALIZAÇÃO INSTANTÂNEA. Se a capitalização for instantânea, então a Equação (7.9) pode ser reescrita:

$$\frac{P}{P_0} = \frac{R}{Pe^{(r+\pi)}} + \frac{R}{Pe^{2(r+\pi)}} + \cdots + \frac{R}{Pe^{n(r+\pi)}}$$

sendo o fluxo nominal dado por:

$$P = \frac{R}{e^i} + \frac{R}{e^{2i}} + \cdots + \frac{R}{e^{ni}}.$$

Comparando estas duas últimas expressões, podemos concluir:

$$r = i - \pi.$$

Exemplo 7.18
Considere no exemplo anterior que a capitalização seja instantânea, e a taxa de inflação, contínua. Calcular a taxa de juros nominal cobrada pela loja e a taxa de juros real paga pelo cliente.

Taxa de juros contínuos nominal:

$$i = \ln(1 + 0.0547) = 5.33\%.$$

Taxa de juros contínuos real:
Como a taxa de inflação é constante, vale a relação de Fisher. Portanto, podemos escrever:

$$r = 0.0533 - 0.005 = 4.83\%.$$

7.7 Perpetuidades e Inflação

Podemos tratar agora do problema da inflação mais claramente, considerando perpetuidades em progressão geométrica. Considere, por exemplo, uma aplicação em um fundo de renda fixa que deve render determinada quantia mensal indefinidamente, sem perder seu poder de compra, em geral corroído pela inflação. Pela equação de Fisher, pode-se concluir que a taxa de juros nominal deve ser maior que a taxa de inflação para se obter uma taxa de juros real positiva. A taxa de juros nominal inclui uma expectativa sobre o comportamento da taxa de inflação futura mais uma taxa de juros real.

Portanto, devemos determinar quanto deve ser depositado em um fundo de renda fixa, hoje, para se obter uma renda perpétua constante em termos reais. Por simplicidade, considere a taxa de juros nominal e a taxa de inflação mensais constantes. A renda mensal perpétua cresce segundo uma progressão geométrica, pois ela vai sendo atualizada pela taxa de inflação. Sendo α a taxa de crescimento dos recebimentos, já vimos que o valor atual de uma perpetuidade em PG é dado por:

$$P = \frac{R}{i - \alpha}.$$

Como os pagamentos crescem segundo uma PG, cuja razão é dada pela taxa de inflação, podemos reescrever essa equação:

$$P = \frac{R}{i - \pi}.$$

Aplicando a relação de Fisher, podemos concluir:

$$P = \frac{R}{r}.$$

Portanto, uma série em PG cuja razão é a taxa de inflação reduz-se a uma série uniforme de pagamentos, ou seja, a uma série em que os pagamentos são constantes em termos reais.

Exemplo 7.19

Quanto deve ser depositado em um fundo de renda fixa na data de hoje para se obter uma renda perpétua mensal de $ 2000.00, constante em termos reais, sabendo-se que a taxa de juros nominal é 1.2% ao mês e a taxa de inflação esperada é 0.5% ao mês?

$$P = \frac{2000}{(0.012 - 0.005)} = 285714.29.$$

7.8 Tabela *Price*

Sendo P a dívida contraída, a prestação na assinatura do contrato R_0 é dada por:

$$P_0 = R_0 \left[\frac{(1 + i)^n - 1}{i} \right] \frac{1}{(1 + i)^n} \Rightarrow \qquad (7.10)$$

$$\Rightarrow R_0 = P_0 \frac{i(1 + i)^n}{(1 + i)^n - 1}. \qquad (7.11)$$

Observe que essa é a prestação que deve ser paga caso não haja inflação. Se houver inflação, mensurada pelo índice de preços, I_t, deve-se recalcular a primeira prestação R_1

levando-se em consideração que o saldo devedor, P_0, deve ser atualizado em função da inflação ocorrida no período:

$$P_1 = P_0 \frac{I_1}{I_0}.$$

$$R_1 = P_1 \left[\frac{i(1+i)^n}{(1+i)^n - 1} \right]. \quad (7.12)$$

$$R_1 = P_0 \left[\frac{i(1+i)^n}{(1+i)^n - 1} \right] \frac{I_1}{I_0}. \quad (7.13)$$

$$R_1 = R_0 \frac{I_1}{I_0}.$$

Ou seja, a indexação do saldo devedor implica necessariamente a indexação da prestação. Generalizando, a prestação de ordem k é dada por

$$R_k = R_0 \frac{I_k}{I_0}, \quad (7.14)$$

e o saldo devedor após o pagamento de k prestações é dado por

$$P_k = R_k \left[\frac{(1+i)^{n-k} - 1}{i} \right] \frac{1}{(1+i)^{n-k}}.$$

Substituindo (7.14) na equação anterior:

$$P_k = R_0 \left[\frac{(1+i)^{n-k} - 1}{i(1+i)^{n-k}} \right] \frac{I_k}{I_0}.$$

Se a taxa de inflação π for constante, a prestação é dada por:

$$R_k = R_0 (1+\pi)^k,$$

e o saldo devedor por

$$P_k = R_0 \left[\frac{(1+i)^{n-k} - 1}{i(1+i)^{n-k}} \right] (1+\pi)^k.$$

Se a taxa de inflação não for constante, deve-se acumular a inflação ocorrida no período, de modo que a prestação é dada por

$$R_k = R_0 \prod_{t=1}^{k} (1+\pi_t),$$

e o saldo devedor por

$$P_k = R_0 \left[\frac{(1+i)^{n-k} - 1}{i(1+i)^{n-k}} \right] \prod_{t=1}^{k} (1+\pi_t).$$

Se a taxa de inflação for zero, recaímos nas fórmulas do sistema sem indexação.

Exemplo 7.20

Considere o mesmo exemplo do Capítulo 5, de um empréstimo de $ 6000.00 concedido para ser pago em sete prestações mensais, a uma taxa de juros mensal de 4.0093%. Supondo que a taxa de inflação mensal ao longo desse período seja constante e igual a 1.0% ao mês, calcular o valor da quinta prestação, bem como o saldo devedor.

Cálculo da prestação se não houver inflação:

$$R = 6000 \frac{0.040093\,(1 + 0.040093)^7}{(1 + 0.040093)^7 - 1} = 1000.00.$$

No cálculo da quinta prestação, basta indexar a prestação inicial de $ 6000.00, obtendo-se:

$$R_5 = 1000\,(1 + 0.01)^5 = 1051.01.$$

Cálculo do saldo devedor:

$$P_5 = 1051.01 \left[\frac{(1 + 0.040093)^{7-5} - 1}{0.040093 \times (1 + 0.040093)^{7-5}} \right] = 1982.04.$$

Regra prática: atualizar a prestação calculada no momento da assinatura do contrato pela inflação ocorrida no período. Uma vez calculada a prestação, utiliza-se esse valor no cálculo do saldo devedor.

O fluxo de caixa completo desse exemplo encontra-se na tabela a seguir

N	Taxa de inflação	Índice de preço	P_t	J_t	A_t	R_t
0	–	100.00	6000.00	–	–	–
1	1.0%	101.00	5292.96	242.96	767.04	1010.00
2	1.0%	102.01	4540.12	214.33	805.77	1020.10
3	1.0%	103.03	3739.07	183.85	846.45	1030.30
4	1.0%	104.06	2887.26	151.41	889.20	1040.60
5	1.0%	105.10	1982.04	116.92	934.09	1051.01
6	1.0%	106.15	1020.60	80.26	981.26	1061.52
7	1.0%	107.21	0.00	41.33	1030.81	1072.14

Exemplo 7.21

Considere o mesmo financiamento, em que a taxa de inflação mensal é variável: {1.00; 1.50; 1.75; 2.00; 2.50; 3.00 e 3.50} em cada um dos meses subsequentes. Qual o valor da prestação e do saldo devedor no pagamento da quinta prestação?

Inflação acumulada no período:

$$\pi = [(1 + 0.01)(1 + 0.015)(1 + 0.0175)(1 + 0.02)(1 + 0.025) - 1] = 9.055\%.$$

Cálculo da prestação:

$$R_5 = 1000(1 + 0.09055) = 1090.55.$$

Cálculo do saldo devedor:

$$P_k = 1090.55 \left[\frac{(1 + 0.040093)^{7-5} - 1}{0.040093 \times (1 + 0.040093)^{7-5}} \right] = 2056.61.$$

O fluxo de caixa completo desse exemplo encontra-se na tabela a seguir.

N	Taxa de inflação	Índice de preço	P_t	J_t	A_t	R_t
0	–	100.00	6000.00	–	–	–
1	1.00%	101.00	5292.96	242.96	767.04	1010.00
2	1.50%	102.52	4562.60	215.39	809.76	1025.15
3	1.75%	104.31	3785.48	186.13	856.96	1043.09
4	2.00%	106.40	2952.05	154.81	909.15	1063.95
5	2.50%	109.06	2056.61	121.32	969.24	1090.55
6	3.00%	112.33	1079.97	84.93	1038.34	1123.27
7	3.50%	116.26	0.00	44.81	1117.77	1162.58

7.9 Principais Conceitos

CONVENÇÕES PARA A TAXA DE JUROS:

Juro comercial ou bancário: ano de 360 dias.

Juro exato: ano de 365 dias.

Juro por dia útil: ano de 252 dias.

CONVENÇÕES NA CONTAGEM DO NÚMERO DE DIAS:

Aproximada: mês de 30 dias.

Exata: número efetivo de dias no mês.

RESUMO DAS CONVENÇÕES PARA TAXA DE JUROS E NÚMERO DE DIAS:

Convenção universal: 30/360 e 30/365.

Regra dos banqueiros: $E/360$ e $E/365$.

Convenção somente no Brasil: 21/252.

Equivalência de taxas de juros: depende da convenção sobre taxa de juros e contagem do número de dias.

TIPOS DE TAXAS DE JUROS:

Taxa por dia útil: remunera somente os dias úteis.

Taxa por dia corrido: remunera todo e qualquer dia.

Taxa de juros nominal: taxa de referência.

Taxa de juros efetiva: taxa referente ao período de capitalização.

Taxa de juros nominal: medida em moeda corrente.

Taxa de juros real: medida em quantidades de bens.

Relação de Fisher: relação entre taxa real, nominal e taxa de inflação esperada.

TIR **(taxa interna de retorno nominal)**: considera os fluxos em moeda corrente.

TIRR **(taxa interna de retorno real)**: considera os fluxos em termos reais, em quantidades de bens.

7.10 Formulário

TAXA DE JUROS NOMINAL E EFETIVA

$$i = \left[\left(1 + \frac{r}{m}\right)^m - 1\right].$$

EQUAÇÃO DE FISHER

$$(1 + i) = (1 + \pi)(1 + r).$$

TAXA DE JUROS COMPOSTOS REAL: UM ÚNICO PERÍODO

$$r = \left[\frac{(1+i)}{(1+\pi)} - 1\right].$$

TAXA DE JUROS CONTÍNUOS REAL: UM ÚNICO PERÍODO

$$r = i - \pi.$$

TAXA DE JUROS COMPOSTOS REAL: VÁRIOS PERÍODOS

$$r = \left[\frac{(1+i)^n}{\prod_{t=1}^{n}(1+\pi_t)}\right]^{\frac{1}{n}} - 1.$$

TAXA DE JUROS CONTÍNUOS REAL: VÁRIOS PERÍODOS

$$r = i - \frac{\sum_{t=1}^{n} \pi_t}{n}.$$

TAXA DE JUROS NOMINAL E EFETIVA

$$S = P\left(1 + \frac{r}{m}\right)^m = P(1 + i).$$

TIR: TAXA INTERNA DE RETORNO NOMINAL

$$\sum_{t=1}^{n} \frac{R_t}{(1 + TIR)^t} - P = 0.$$

$TIRR$: TAXA INTERNA DE RETORNO REAL

$$\sum_{t=1}^{n} \frac{R_t}{P_t(1 + TIRR)^t} - P = 0.$$

PERPETUIDADE E INFLAÇÃO

$$P = \frac{R}{i - \pi}.$$

7.11 Leituras sugeridas

[1] AYRES JR., Frank. *Matemática Financeira. Resumo da Teoria, 500 problemas resolvidos*. São Paulo: McGraw-Hill, 1981.
[2] DE FARO, Clóvis. *Princípios e Aplicação do Cálculo Financeiro*. 2. ed. Rio de Janeiro: Livros Técnicos e Científicos, 1995.
[3] THUESEN, G. J.; FABRYCKY, W. J. *Engineering Economy*. 8. ed. New Jersey: Prentice Hall, 1993.
[4] ZIMA, Petr; BROWN, Robert. *Mathematics of Finance*. 2. ed. Nova York: McGraw-Hill, 1996.

7.12 Exercícios

EXERCÍCIO 7.1

Suponha que o Banco Central fixe a taxa de juros anual efetiva em 18%. Qual a taxa de juros efetiva por dia útil? Qual a taxa de juros nominal na convenção antiga em que os juros eram cotados mensalmente, considerando-se um mês com 30 dias?   R: 0.066%, 1.38%.

EXERCÍCIO 7.2

Oferece-se um empréstimo pelo qual o tomador pode optar entre dois regimes de juros. No primeiro caso, deve-se pagar uma taxa de juros de 3.5% ao mês, capitalizado diariamente. No segundo, a taxa efetiva é de 3.5% ao mês cotada por dias úteis. O empréstimo deverá ser pago em 50 dias corridos, ou 35 dias úteis. Qual regime de juros é melhor para o tomador? Qual a taxa de juros efetiva paga em cada caso durante o período considerado?

Exercício 7.3
Considere ainda o enunciado do exercício anterior. Qual a taxa de juros equivalente para o segundo caso, de tal sorte que ambos os regimes sejam equivalentes? E para o primeiro caso?
R: 3.56%, 3.44%.

Exercício 7.4
Considere, novamente, o enunciado do exercício anterior. Entretanto, considere 70 dias corridos e 48 dias úteis. Qual regime é melhor? Qual a taxa de juros efetiva paga em cada caso durante o período considerado?

Exercício 7.5
Considere fazer um empréstimo de $ 10000.00 a ser pago em 35 dias corridos, sob o regime de capitalização, cuja taxa nominal é de 4% ao mês. Considere a opção de pagar pela convenção de banqueiro, mas a uma taxa de 3.6%. Qual regime é preferível? Qual a taxa de juros paga em cada caso? Qual a taxa de juros equivalente ao primeiro caso? Se fossem 40 dias, qual seria a taxa de juros equivalente?
R: O segundo regime. 4.77%, 4.21%, 3.54%, 3.54%.

Exercício 7.6
Quais as taxas de juros mensal, semestral e anual efetivas correspondentes a uma taxa de juros anual nominal de 18%?

Exercício 7.7
Qual a taxa de juros nominal anual correspondente a uma taxa de juros anual efetiva de 18.5%?
R: 17.09%.

Exercício 7.8
Uma aplicação em um fundo de renda fixa promete pagar uma taxa de juros nominal de 17.5% ao ano. Quanto deverá ser resgatado após três meses para uma aplicação de $ 50000.00?

Exercício 7.9
Um título do tesouro norte-americano promete pagar juros de 5% ao ano. Calcular a taxa de juros efetiva semestral e mensal.
R: 2.5% e 0.42%.

Exercício 7.10
Calcular a taxa de juros real mensal, sabendo-se que a taxa de juros nominal mensal é de 1.5%. Suponha as seguinte taxas de inflação mensais: 1.5%, 2.0% e 1.2%.

Exercício 7.11
Calcular a taxa de juros nominal mensal, sabendo-se que a taxa de juros real mensal é de 0.5%. Suponha as seguinte taxas de inflação mensais: 0.8%, 0.9% e 1.0%.
R: 1.304%, 1.404% e 1.505%.

Exercício 7.12
Uma aplicação financeira pelo prazo de um mês promete pagar uma taxa de juros efetiva de 18.0% ao ano. Qual é a taxa de juros real obtida, sabendo-se que a taxa de inflação mensal é de 1.2%?

Exercício 7.13
Uma aplicação em um fundo de renda fixa no valor de $ 48500.00 rendeu, após um mês, o montante de $ 50000.00. Qual a taxa de juros real obtida, sabendo-se que a taxa de inflação foi de 1.5%? R: 1.57%.

Exercício 7.14
Uma aplicação no valor de $ 12000.00 em um fundo de renda fixa, pelo prazo de um mês, deverá render uma taxa de juro real mensal de 0.5%. Sabendo-se que a taxa de inflação foi de 1.0%, calcular o valor resgatado.

Exercício 7.15
Uma aplicação em um fundo de renda fixa promete pagar 4.8% nos próximos dois meses. Se a taxa de inflação mensal for de 1.5%, calcular a rentabilidade real mensal dessa aplicação. Resolva o mesmo problema supondo que a taxa de juros e a taxa de inflação sejam contínuas. R: 0.86% e 0.90%.

Exercício 7.16
Qual a taxa de juros real semestral obtida em uma aplicação financeira, sabendo-se que a taxa de juros anual é de 24% e que a taxa mensal de inflação é de 1%? Resolva o mesmo problema supondo que a taxa de juros e a taxa de inflação sejam contínuas.

Exercício 7.17
Uma aplicação em um fundo de renda fixa no valor de $ 45000.00 rendeu, após dois meses, o montante de $ 47000.00. Sabendo-se que a taxa de inflação nesse período foi de 3.0%, calcular a taxa de juros real mensal obtida. Resolver o mesmo problema supondo que a taxa de juros e a taxa de inflação sejam contínuas. R: 0.6987% e 0.674%.

Exercício 7.18
Uma aplicação em um fundo de renda fixa promete pagar 4.6% nos próximos três meses. Se a taxa de inflação no primeiro mês for de 0.5%, e de 0.6% e 0.65% nos dois meses subsequentes, calcular a rentabilidade real mensal dessa aplicação. Resolver o mesmo problema para taxa de juros e de inflação contínuas.

Exercício 7.19
Uma pessoa aplica $ 50000.00 por três meses consecutivos às seguintes taxas de juros mensais: 1.24%, 1.28% e 1.20%. Calcular a taxa de juros real obtida e o valor resgatado, sabendo-se que a taxa de inflação no primeiro mês foi de 0.9%, e de 0.84% e 0.78% nos dois meses subsequentes. R: 1.19% e $ 51883.15.

Exercício 7.20
Quanto deve ser depositado em um fundo de renda fixa na data de hoje para se obter uma renda perpétua de $ 5000.00 constante em termos reais, sabendo-se que a taxa de juros nominal é 0.7% ao mês e a taxa de inflação esperada é 0.5% ao mês?

Estudo de caso

Monte tabelas configurando os sistemas de amortização francês, hamburguês e americano para uma dívida de R$ 1000000, contraída em 10/5/1999, estabelecida de acordo com os seguintes termos:
1. A dívida é paga em 144 prestações mensais, sendo a última a vencer em 10/5/2011;
2. A taxa de juros real da dívida é de 11% ao ano;
3. A dívida deve ser reajustada *anualmente* de acordo com o *IGP-M*;
4. Considere que a data de hoje é 11/10/2009.
5. Qual é a configuração das parcelas pagas e vincendas até o fim do período, a menos da inflação a partir de 11/10/2009?
6. Qual é o valor presente da dívida, sabendo que a taxa real de juros é de 9.5% ao ano?

O objetivo desse estudo é mostrar a trajetória das parcelas da dívida quando há reajustes pós-fixados de acordo com algum índice inflacionário. Você deverá discutir as razões da configuração das parcelas e o efeito no saldo devedor da inflação.

Observe que se devem ponderar as parcelas corretamente pelo *IGP-M*, em decorrência das mudanças do mês. Além disso, você deve discutir por que é possível calcular o valor presente da dívida mesmo desconhecendo a inflação futura.

Capítulo 8

Aplicações Financeiras

8.1 Introdução

Após estudarmos as estruturas analíticas básicas nos capítulos anteriores, estamos em condições de analisar as principais aplicações financeiras no mercado de títulos de renda fixa, bem como as principais modalidades de operações de crédito realizadas pelo sistema financeiro nacional. Os mercados financeiros podem ser divididos em mercados à vista – *spot markets* – e futuros – *forward markets*. Neste capítulo, serão analisadas as principais aplicações financeiras em títulos de renda fixa realizadas nos mercados à vista e, no próximo, as principais operações de crédito. As operações de renda fixa em mercados futuros são bem mais complexas que as realizadas no mercado à vista, e envolvem um grau mais elevado de exigência de matemática, fugindo ao escopo deste livro.[1]

Em geral, no mercado monetário, são negociados títulos de curto prazo e, no de capitais, títulos de longo prazo, com maturidade superior a 12 meses. Estes títulos pagam juros periódicos – cupons, sobre o valor de face – e, por isso, recebem a denominação de *coupon bonds*. Os de curto prazo não pagam cupons periódicos, por isso são denominados *zero coupon bonds* (*ZCB*).

No entanto, essa divisão tradicional entre títulos de curto e de longo prazo encontra-se atualmente prejudicada no Brasil, pois, no que se refere aos títulos públicos de curto prazo, seu prazo mínimo de colocação pelo Tesouro Nacional tem sido superior a 12 meses. Assim, os mercados domésticos de títulos de renda fixa podem ser classificados segundo a natureza do emissor: governo, instituições financeiras e não financeiras privadas.

- MERCADO DE TÍTULOS PÚBLICOS:
    - Títulos emitidos pelo Tesouro Nacional: Letras do Tesouro Nacional (*LTN*), Letras Financeiras do Tesouro (*LFT*) e Notas do Tesouro Nacional (*NTN*).

- MERCADO DE TÍTULOS PRIVADOS:
    - Títulos emitidos por instituições financeiras;
        Operações entre instituições financeiras: Certificado de Depósito Interbancário (*CDI*);

---

1. Uma boa introdução sobre o funcionamento dos mercados futuros pode ser encontrada em Hull (2007).

Operações entre instituições financeiras e o público em geral: Certificado de Depósito Bancário (*CDB*), e Letras de Câmbio (*LC*);
– Títulos emitidos por instituições não financeiras: debêntures.

Além da colocação de títulos nos mercados domésticos, tanto o governo quanto o setor privado fazem lançamentos de títulos nos mercados internacionais – *Global Bonds* e *Eurobonds*.

8.2 Mercados Domésticos de Títulos de Renda Fixa

8.2.1 Mercado de títulos públicos – *open market*

No mercado de títulos públicos, são negociados títulos emitidos pelo Tesouro Nacional.[2] Por meio da colocação de títulos públicos, o Tesouro Nacional busca financiar seu déficit orçamentário. Por sua vez, o Banco Central procura regular a taxa de juros: ao vender títulos, retira dinheiro de circulação e, ao recomprá-los, injeta recursos.

Os títulos públicos são ofertados em leilões formais – mercado primário – realizados pelo Banco Central e anunciados com antecedência. Nesses leilões, participam as instituições devidamente credenciadas: Bancos Comerciais e Múltiplos, Corretoras, Distribuidoras, Financeiras e Bancos de Investimento.[3] A colocação de títulos no mercado é feita por meio de leilões semanais. Os títulos públicos adquiridos nesses leilões são emitidos escrituralmente e registrados na conta de custódia do comprador no Sistema Especial de Liquidação e Custódia (*Selic*), e a liquidação financeira é feita em *tempo real* na conta de Reservas Bancárias que as instituições financeiras mantêm junto ao Banco Central.[4] Os títulos adquiridos no mercado primário são posteriormente renegociados no mercado secundário com outras instituições financeiras, com o público em geral por meio dos fundos de investimento e com o próprio Banco Central.

Além disso, o Banco Central, por meio de leilões informais (*go around*), injeta ou retira recursos do mercado financeiro, vendendo ou comprando títulos diariamente. Nesses leilões, só participam os Bancos Comerciais e Múltiplos credenciados junto ao Banco Central, ou seja, os *dealers*. A quase totalidade das operações no mercado aberto com títulos públicos é realizada pelo prazo de um dia é denominada *overnight*. Nessas operações diárias de *open market*, ou seja, oferta e demanda de títulos públicos, forma-se a taxa *Selic*.

---

2. Após a Lei de Responsabilidade Fiscal – Lei Complementar n. 101 de 04.05.2000 – o Banco Central está proibido de emitir títulos próprios (Art. 34). Além disso, ele só pode adquirir títulos da União para fazer a rolagem dos títulos federais que estão em sua carteira.
3. As demais pessoas jurídicas e as pessoas físicas só participam das ofertas públicas por intermédio das instituições credenciadas. Desde 2002, o Tesouro efetua também a venda direta de títulos públicos pela Internet por meio do sistema Tesouro Direto.
4. Conta-corrente que os bancos mantêm junto ao Banco Central denominada "Reservas Bancárias Livres e Compulsórias sobre Depósitos à Vista". Nessa conta são contabilizadas todas as operações passivas e ativas das instituições financeiras.

O Banco Central, na condução da política monetária, tem duas alternativas: ou fixa a taxa de juros de compra e venda de títulos públicos ou fixa a quantidade de títulos a comprar ou a vender. A política atual de fixação de metas inflacionárias conduz o Banco Central à fixação da taxa de juros. Por exemplo, o Banco Central empresta recursos a 10% ao ano – taxa *Selic* – e capta recursos a 9.5% ao ano. Observe que, ao fixar a taxa *Selic*, o Banco Central fixa o juro básico da economia, pois os bancos, captando à taxa *Selic*, realizam operações de empréstimos a taxas mais elevadas.[5]

As operações diárias de compra de títulos pelo Banco Central são compromissadas, isto é, as instituições financeiras vendem títulos ao Banco Central por um dia com o compromisso de recomprá-los no dia seguinte por um preço acertado no momento da venda.[6] No dia seguinte, a instituição financeira recompra o título, e a diferença entre o preço de venda e de compra dá a rentabilidade previamente acertada. Em realidade, as instituições financeiras levantam recursos por um dia oferecendo como garantia títulos públicos.

Além das operações compromissadas diárias de *overnight*, o Banco Central pode recomprar títulos em definitivo que estão em poder do mercado por meio de leilões formais, anunciados com antecedência.

A taxa *Selic* é uma taxa cotada por dia útil (não por dia corrido), e considera o ano de 252 dias úteis, ou seja, 12 meses de 21 dias úteis.

Exemplo 8.1
Qual a taxa *Selic* diária sabendo-se que a taxa anual é 19%?

$$i_{ad} = \left[(1 + 0.19)^{\frac{1}{252}} - 1\right] = 0.069\%.$$

Exemplo 8.2
Qual a taxa *Selic* ao ano sabendo-se que a taxa diária é 0.05%?

$$i_{aa} = \left[(1 + 0.0005)^{252} - 1\right] = 13.4\%.$$

Exemplo 8.3
Uma instituição financeira tomou recursos emprestados por um dia útil no montante de $ 1 milhão pagando uma taxa *Selic* de 18.90% ao ano. Quanto ela deverá devolver no dia seguinte?

$$S = 1000000\,(1 + 0.189)^{\frac{1}{252}} = 1000687.19.$$

---

5. O Comitê de Política Monetária (*Copom*), em função das metas inflacionárias, define a cada 45 dias a meta para a taxa *Selic*. Por meio de operações de mercado aberto, a mesa de operações do Banco Central monitora a taxa *Selic* diária de forma a mantê-la próxima à meta.
6. A taxa *Selic* é também denominada *repo tax – repurchase agreement*.

Exemplo 8.4
Uma instituição financeira tomou $ 5 milhões por dez dias úteis a uma taxa *Selic* média de 19.02% ao ano. Quanto devolveu ao final do prazo?

$$S = 5000000\,(1 + 0.1902)^{\frac{10}{252}} = 5034667.52.$$

Principais títulos públicos
Há uma grande variedade de títulos públicos que seguem diferentes sistemáticas, diferentes prazos, que podem ser prefixados, pós-fixados ou remunerados por taxas de juros flutuantes – *floating rate*. Um título é dito prefixado se, no momento de sua aquisição, é conhecido seu valor de resgate e, portanto, a rentabilidade que o título proporciona. Já pós-fixado é aquele cujo valor de resgate só é conhecido neste momento propriamente dito. No Brasil, como decorrência dos períodos de alta inflação, predominam títulos pós-fixados, diferente dos demais países em que predominam títulos prefixados.[7] Não obstante, essa predominância vem mudando rapidamente.

Na tabela a seguir, encontram-se listados os principais títulos públicos domésticos com suas principais características. Logo a seguir serão analisados detalhadamente cada um desses títulos.

PRINCIPAIS TÍTULOS PÚBLICOS

Título	Sigla	Rentabilidade	Tipo
Letra do Tesouro Nacional	LTN	Desconto	Prefixado
Letra Financeira do Tesouro Nacional	LFT	Selic	Pós-fixado
Nota do Tesouro Nacional - série B	NTN-B	IPCA+juros	Pós-fixado
Nota do Tesouro Nacional - série C	NTN-C	IGPM+juros	Pós-fixado
Nota do Tesouro Nacional - série D	NTN-D	Dólar+juros	Pós-fixado
Nota do Tesouro Nacional - série F	NTN-F	Desconto	Prefixado

Letra do tesouro nacional – LTN
A *LTN* é um título que não paga cupons periódicos, de modo que os juros só são pagos na sua data de resgate, juntamente com o valor de face. Do ponto de vista de sua estrutura, esses títulos são de curto prazo, pois não pagam cupons periódicos, e deveriam ser emitidos com o prazo máximo de 12 meses, como ocorre nos demais países. No entanto, no Brasil, atualmente esses títulos podem ser emitidos com prazos superiores a 12 meses.

As *LTNs* são títulos prefixados, resgatados no vencimento pelo valor de face igual a $ 1000.00 e negociados com desconto em relação ao valor de face – *discount bonds*.

---
7. Nos Estados Unidos, o mercado de títulos pós-fixados não tem prosperado, a atualização do valor de face é trimestral.

A rentabilidade para o investidor é dada pela diferença entre o preço de aquisição e o valor de resgate, sendo a taxa de juros referenciada ao ano de 252 dias úteis:

$$1000 = P(1 + YTM)^{\frac{n}{252}},$$

em que YTM é o acrônimo para *yield to maturity*. Esse termo tem o mesmo significado que TIR, utilizado no seu lugar quando os fluxos se referem a um título financeiro.

Exemplo 8.5
Uma *LTN* de 35 dias foi adquirida pelo preço de $ 990.65. Sabendo-se que, nesse período, existem 26 dias úteis, qual a rentabilidade anual obtida pelo investidor?

$$1000 = 990.65(1 + YTM)^{\frac{26}{252}} \Rightarrow YTM = 9.53\% \text{ ao ano.}$$

Exemplo 8.6
Uma *LTN* de 396 dias foi adquirida pelo preço de $ 955.50. Sabendo-se que, nesse período, existem 275 dias úteis, qual a rentabilidade anual obtida pelo investidor?

$$1000 = 905.50(1 + YTM)^{\frac{275}{252}} \Rightarrow YTM = 9.52\% \text{ ao ano.}$$

Letra financeira do tesouro nacional – LFT
São títulos pós-fixados do tipo *floating rate*, pagando taxa de juros *Selic* sobre o valor de face igual a $ 1000.00, sendo a rentabilidade anual do investidor dada por:

$$1000(1 + Selic)^{\frac{n}{252}} = P(1 + YTM)^{\frac{n}{252}} \qquad (8.1)$$

em que *Selic* é a taxa de juros acumulada entre as datas de emissão e de resgate expressas ao ano. A Equação (8.1) também pode ser escrita:

$$(1 + YTM) = \frac{1000(1 + Selic)}{P}.$$

O título pode ser adquirido ao par, ou seja, pelo valor de face – *par bond* – com ágio – *premium bond* – ou com deságio – *discount bond*. Se o título é adquirido pelo valor de face, sua rentabilidade é igual à taxa *Selic*. Se o título é adquirido com ágio, então a rentabilidade é menor que a taxa *Selic* e, se adquirido com deságio, a rentabilidade é maior que a taxa *Selic*. A rentabilidade do investidor pode ser decomposta em taxa *Selic* e taxa de ágio $d < 0$ ou deságio $d > 0$, também expressa ao ano:

$$(1 + YTM) = (1 + d)(1 + Selic) \Rightarrow (1 + d) = \frac{(1 + YTM)}{(1 + Selic)}.$$

Exemplo 8.7

Uma *LFT* de 183 dias corridos e 126 dias úteis foi adquirida em leilão pelo preço de $ 985.00. Sabendo-se que, nesse período, a taxa *Selic* acumulada ficou em 10.50% ao ano, calcular a rentabilidade anual obtida pelo investidor e a taxa de deságio.

Rentabilidade anual:

$$YTM = \frac{1000(1 + 0.105)}{985} - 1 = 12.1\% \text{ ao ano.}$$

Taxa de deságio:

$$d = \frac{(1 + 0.121)}{(1 + 0.105)} - 1 = 1.82\% \text{ ao ano.}$$

Exemplo 8.8

Uma *LFT* de 472 dias corridos e 353 dias úteis foi adquirida em leilão por $ 990.00. Sabendo que ela foi resgatada por $ 1182.17, qual foi a taxa *Selic* média do período? Qual a rentabilidade efetiva para o investidor? Qual a taxa de deságio obtida no leilão?

Taxa *Selic*:

$$1182.17 = 1000\,(1 + Selic)^{\frac{353}{252}} \Rightarrow Selic = 12.69\% \text{ ao ano.}$$

Rentabilidade efetiva:

$$1182.17 = 990\,(1 + YTM)^{\frac{353}{252}} \Rightarrow YTM = 13.50\%.$$

Taxa de deságio:

$$d = \left[\frac{(1 + 0.1350)}{(1 + 0.1269)} - 1\right] = 0.72\% \text{ ao ano.}$$

Nota do tesouro nacional – NTN

As *NTNs* são títulos de longo prazo que pagam juros semestrais sobre o valor de face ou cupons, podendo ser prefixados – *NTN-F* – ou pós-fixados – *NTN-B*; *NTN-C*; *NTN-D*. Os títulos pós-fixados utilizam três índices diferentes para atualização monetária do valor de face: *IPCA*, *IGPM* e variação cambial. Pagam juros semestrais sobre o valor de face atualizado e podem ser adquiridos ao par, com ágio ou deságio. Nos títulos com correção cambial, *NTN-D*, a taxa de juros anual é nominal, ou seja, a taxa de juros semestral é obtida dividindo-se a anual por dois, considerando-se o ano de 360 dias corridos. Já nos títulos indexados em reais – *IPCA* e *IGPM* –, a taxa de juros anual é efetiva, ou seja, a taxa semestral é obtida pelo critério exponencial, considerando-se o ano com 252 dias úteis.

Nota do tesouro nacional série F – NTN-F.

As *NTNs série F* são títulos prefixados emitidos pelo prazo mínimo de 12 meses, pagando juros semestrais ou taxa de cupom *i* sobre o valor de face de $1000.00, e adquiridos pelo preço P ao par, com ágio ou deságio. Para encontrar a rentabilidade do título, devemos descontar o fluxo de cupons e o valor de face a ser pago na maturidade do título. Os cupons são calculados multiplicando-se o valor de face pela taxa de cupom i:

$$R = i \times 1000.$$

Desse modo, a rentabilidade do título é dada por

$$P = \sum_{t=1}^{n} \frac{R_t}{(1+YTM)^t} + \frac{1000}{(1+YTM)^n}$$

ou de forma compacta

$$P = R\left[\frac{1-(1+YTM)^{-n}}{YTM}\right] + \frac{1000}{(1+YTM)^n}.$$

A rentabilidade semestral YTM pode ser decomposta em taxa de deságio d e taxa de juros de cupom i:

$$(1+YTM) = (1+d)(1+i).$$

Portanto, a taxa de deságio semestral será dada por:

$$d = \left[\frac{(1+YTM)}{(1+i)} - 1\right].$$

Exemplo 8.9

Uma *NTN-F* de dez anos foi adquirida em leilão pelo preço de $ 950.00. Sabendo-se que a taxa anual de cupom é 10.25%, calcular a rentabilidade nominal obtida pelo investidor.

Inicialmente, devemos converter a taxa anual de cupom de 10.25% em taxa semestral para que se possa calcular o cupom de juros:

$$i = \left[(1+0.1025)^{\frac{1}{2}} - 1\right] = 5\%.$$

Os juros semestrais ou cupons são calculados multiplicando-se o valor de face $ 1000.00 pela taxa semestral de cupom

$$R_t = 0.05 \times 1000 = 50$$

sendo a rentabilidade obtida pelo investidor dada pela equação:

$$950 = 50\left[\frac{1-(1+YTM)^{-20}}{YTM}\right] + \frac{1000}{(1+YTM)^{20}} \Rightarrow YTM = 5.41\%.$$

Como o título foi adquirido por um preço abaixo do valor de face, a rentabilidade obtida de 5.41% é maior que o cupom de 5%. Logo, a taxa de deságio semestral será dada por:

$$d = \left[\frac{(1+0.0541)}{(1+0.05)} - 1\right] = 0.39\%.$$

NOTA DO TESOURO NACIONAL SÉRIE B – NTN-B. As *NTNs série B* são emitidas pelo prazo mínimo de 12 meses, pagam juros semestrais ou cupom i sobre o valor de face de $ 1000.00 atualizado pelo Índice de Preços ao Consumidor Ampliado (*IPCA*), calculado pelo Instituto Brasileiro de Geografia e Estatística (*IBGE*). O título pode ser adquirido pelo valor de face, com ágio ou deságio.

Os juros semestrais R_t são pagos atualizando-se o valor de face pelo *IPCA* da data de emissão até a data de pagamento dos juros semestrais. Sendo I_0 o valor do *IPCA* na data de emissão do título, e P_t seu valor no pagamento do t-ésimo cupom, podemos escrever:

$$R_t = i \times 1000 \times \frac{I_t}{I_0}.$$

Em contrapartida, sendo I_n o *IPCA* na data de resgate do título, o valor de face atualizado até a data do resgate é dado por:

$$VR = 1000 \frac{I_n}{I_0}.$$

Desse modo, a rentabilidade do título YTM é dada pela equação:

$$P = \sum_{t=1}^{n} \frac{R_t}{(1+YTM)^t} + \frac{VR}{(1+YTM)^n}.$$

A rentabilidade semestral YTM pode ser decomposta em taxa de deságio d, variação do *IPCA* π, e taxa de juros de cupom i:

$$(1+YTM) = (1+d)(1+\pi)(1+i),$$

em que $\left(1+\pi = \sqrt[n]{\frac{I_n}{I_0}}\right)$.

Portanto, a taxa de ágio $d < 0$ ou deságio $d > 0$ semestral será dada por:

$$d = \left[\frac{(1+YTM)}{(1+\pi)(1+i)} - 1\right].$$

Exemplo 8.10

Uma *NTN-B* de dois anos[8] foi adquirida em leilão por $ 965.00. Sabendo-se que a taxa de juros anual é de 10.25%, calcular o valor de resgate, o valor dos juros semestrais e a rentabilidade obtida pelo investidor. Os valores do *IPCA* nas datas de emissão e de pagamentos de cupons são os seguintes: $I_0 = 100.00$; $I_1 = 102.50$; $I_2 = 105.32$; $I_3 = 107.69$ e $I_4 = 110.00$.

Valor de face atualizado até a data de resgate:

$$VR = 1000 \times \frac{110}{100} = 1100.$$

---

8. As *NTNs série B* são emitidas por prazos bem mais dilatados. No exemplo, consideramos dois anos para simplificar o processo de cálculo.

Taxa de juros semestral ou taxa de cupom:

$$i = \left[(1 + 0.1025)^{\frac{1}{2}} - 1\right] = 5.0\%.$$

Pagamento de juros semestrais:
1º semestre:

$$R_1 = 0.05 \times 1000 \times \frac{102.50}{100.00} = 51.25.$$

2º semestre:

$$R_2 = 0.05 \times 1000 \times \frac{105.32}{100.00} = 52.66.$$

3º semestre:

$$R_3 = 0.05 \times 1000 \times \frac{107.69}{100.00} = 53.85.$$

4º semestre:

$$R_4 = 0.05 \times 1000 \times \frac{110.00}{100.00} = 55.00.$$

Portanto, a rentabilidade para o investidor terá sido:

$$965 = \frac{51.25}{(1+YTM)} + \frac{52.66}{(1+YTM)^2} + \frac{53.85}{(1+YTM)^3} + \frac{55.00}{(1+YTM)^4} + \frac{1100}{(1+YTM)^4} \Rightarrow$$

ou $YTM = 8.58\%$ ao semestre.

Para decompor a rentabilidade, devemos calcular a taxa média de variação semestral do *IPCA*:

$$110 = 100(1+\pi)^4 \quad \Rightarrow \quad \pi = 2.41\%$$

Logo, a taxa de deságio semestral será dada por:

$$d = \left[\frac{(1+0.0858)}{(1+0.0241)(1+0.05)} - 1\right] = 0.976\% \text{ ao semestre.}$$

NOTA DO TESOURO NACIONAL SÉRIE C – *NTN-C*. As *NTNs série C* são emitidas pelo prazo mínimo de 12 meses, pagam juros semestrais sobre o valor de face de S 1000.00 atualizado pelo Índice de Geral de Preços de Mercado (*IGPM*), calculado pela Fundação Getulio Vargas (FGV). A taxa de cupom é uma taxa efetiva expressa ao ano considerando-se 252 dias úteis. A sistemática de cálculo é exatamente igual à de uma *NTN-C*. A única mudança é a substituição do *IPCA* pelo *IGPM*.

NOTA DO TESOURO NACIONAL SÉRIE D – *NTN-D*. As *NTNs série D* são títulos emitidos pelo prazo mínimo de 12 meses, pagam juros semestrais sobre o valor de face de $ 1000.00, atualizado pela variação cambial verificada entre o dia útil imediatamente anterior às datas de emissão e vencimento do título. A taxa de cupom é uma taxa de juros nominal expressa ao ano considerando-se 360 dias corridos, ou seja, se a taxa de cupom anual é de 10%, a taxa semestral é de 5%. A sistemática de cálculo é exatamente igual à de uma *NTN-C*. A única mudança é a substituição do *IPCA* pelo preço do dólar, ou seja, pela taxa de câmbio.

8.2.2 Mercados de títulos privados

É permitida às instituições financeiras – bancos, corretoras e distribuidoras – a compra de um volume de títulos acima de seu patrimônio líquido. Para financiar essa compra, as instituições captam recursos junto ao público por meio de seu caixa, vendendo títulos próprios – *CDB* – ou cotas de fundos de investimento lastreados em títulos públicos.

Outra forma de financiamento dos títulos é obter recursos junto a outras instituições financeiras. Ou seja, a instituição financeira toma recursos por um dia, pagando taxa de juros *overnight*. No dia seguinte, ela devolve os recursos acrescidos de taxa *overnight*. Para tanto, ela toma novamente recursos por um dia. Esse processo de carregamento de títulos continua até a instituição vender ou resgatar os títulos em definitivo. Essa é a forma pela qual o mercado financeiro, por meio de um conjunto de operações diárias consecutivas, financia títulos governamentais de médio e longo prazos. Portanto, a existência de um volume considerável de recursos, que não poderiam ser destinados para a compra de um título de médio e longo prazos, constitui a base das operações compromissadas de *overnight*. Como já foi visto, as instituições financeiras também podem levantar recursos junto ao Banco Central, por meio de operações compromissadas por um dia, oferecendo títulos públicos como garantia.

Mercado entre instituições financeiras: interbancário

Uma forma de captar recursos é junto às próprias instituições financeiras por meio do mercado interbancário, no qual são negociados títulos emitidos pelas próprias instituições financeiras: Certificado de Depósitos Interfinanceiros (*CDI*). Os participantes desse mercado são as instituições financeiras com dificuldade de caixa – oferta de títulos – e aquelas com sobra de recursos – demanda de títulos. Estas operações são escriturais e registradas eletronicamente na Central de Liquidação e Custódia de Títulos Privados (*Cetip*).

Os prazos dessas operações variam de 1 dia até 120 dias. O mais comum, no entanto, são operações de *overnight* realizadas por um dia. Essas podem envolver garantias ou não. As garantidas ou compromissadas envolvem o compromisso de recompra do título no dia seguinte. Há três tipos de operações *overnight* entre instituições financeiras: *Selic*, *ADM* e *DI*.

Operações *overnight* do tipo *Selic* consistem na troca de reservas entre instituições financeiras pelo prazo de um dia útil com garantia de títulos públicos.[9] Nas operações do tipo *ADM*, há troca de recursos que viram reservas em $D + 1$ garantidas por títulos privados. Finalmente, nas operações do tipo *DI* há troca de recursos que viram reservas em $D + 1$ sem garantia de títulos. Neste último tipo de operação, forma-se a taxa de juros *DI* que, da mesma forma que a taxa *Selic*, é cotada por dia útil considerando-se o ano com 252 dias úteis.

---

9. Essas operações são registradas no sistema *Selic* e entram na formação da taxa *Selic* diária.

Exemplo 8.11
Um banco tomou $ 20 milhões por um dia útil a uma taxa *DI* de 12.5% ao ano. Quanto devolveu no dia seguinte?

$$VR = 20000000 \, (1 + 0.125)^{\frac{1}{252}} = 20009350.04.$$

Exemplo 8.12
Um banco tomou $ 1 milhão por dez dias úteis a uma taxa *DI* média de 10.6% ao ano. Quanto ele devolveu ao final desse prazo?

$$VR = 1000000 \, (1 + 0.106)^{\frac{10}{252}} = 1004006.02.$$

Formação das taxas de juros: DI, Selic e CDB
Nos mercados de títulos públicos e interbancário não há qualquer forma de tributação. Já vimos que a taxa *Selic* é formada nas operações de *overnight* no mercado de títulos públicos, e a taxa *DI* no mercado interbancário em operações de *overnight*. Qual a relação entre as *Selic* e *DI*? Uma instituição financeira com sobra de recursos tanto pode adquirir títulos públicos quanto emprestar seus recursos no interbancário. Se a taxa *Selic* estiver mais elevada, a instituição preferirá destinar seus recursos para a compra de títulos públicos. Caso contrário, empresta seus recursos no interbancário. Portanto, estando os dois mercados em equilíbrio, as duas taxas deveriam ser iguais. No entanto, há uma intensa movimentação de fundos entre esses dois mercados de forma que essas duas taxas podem divergir na operação diária. Para que não haja prejuízo para as instituições financeiras na aquisição de títulos públicos, devemos observar a seguinte equação:

Taxa *Selic* ≥ Taxa *DI* ≥ Taxa *CDB*.

A taxa do *DI* reflete o custo do dinheiro para a manhã do dia seguinte. Ou seja, a taxa do *DI* ao final de determinado dia sinaliza qual deve ser a taxa *Selic* mínima esperada para o dia seguinte. Se esta taxa estiver abaixo do *DI*, é preferível aplicar os recursos no interbancário. O risco da operação bancária, na aquisição de títulos públicos, é ter de recorrer ao mercado interbancário e se deparar com taxas mais elevadas que a dos títulos públicos adquiridos. Por sua vez, as instituições financeiras captam recursos junto ao público por meio da colocação de *CDB*. Como decorrência, para as instituições sólidas, a taxa que pagam no *CDB* deve ser menor que a taxa *DI*, ou seja, pagam *CDB* e recebem *DI* apropriando-se de um *spread*.

Suponha que a taxa *DI* de hoje esteja a 10.5% ao ano. Qual deve ser a taxa de juros mínima paga por uma *LTN* para que não haja prejuízo para as instituições financeiras e qual a taxa de juros máxima de um *CDB*?

A taxa mínima de uma *LTN* deve ser de 10.5%, e a máxima de um *CDB*, menor que 10.5%.

Exemplo 8.13
Suponha que uma instituição financeira tenha adquirido, hoje, um lote de *LTN* por uma taxa de 10.52% ao ano. No fechamento do dia, por insuficiência de recursos, ela recorre ao mercado interbancário e só consegue recursos a uma taxa *DI* de 0.0412% ao dia. Essa instituição obteve ganhos ou perdas na operação hoje?

Taxa *DI* ao ano:

$$\left[(1 + 0.000412)^{252} - 1\right] = 10.94\% \text{ ao ano}.$$

Obteve prejuízo, pois a taxa *DI* é maior que a da *LTN*.

8.2.3 Mercado entre instituições financeiras e o público em geral

As instituições financeiras, para financiar suas necessidades de recursos, emitem títulos privados que podem ser adquiridos por outras instituições financeiras, por instituições não financeiras e por pessoas físicas. Os bancos comerciais e múltiplos emitem *CDBs*. Já as Sociedades de Crédito, Financiamento e Investimentos, as financeiras, no financiamento do crédito direto ao consumidor, captam recursos emitindo Letras de Câmbio.

Certificado de Depósito Bancário – CDB

São títulos emitidos pelos bancos comerciais e múltiplos para captação de recursos junto ao público. Os títulos são escriturais e registrados eletronicamente na *DI*. Nesse tipo de aplicação, há incidência do Imposto de Renda na Fonte (*IRF*) sobre os ganhos brutos obtidos pelo investidor no momento do resgate do título.[10] A rentabilidade efetiva do título para o investidor é determinada pela taxa líquida, que consiste na taxa bruta menos o *IRF*. Podem ser prefixados ou pós-fixados.

CDB PREFIXADO. São negociados por meio da taxa bruta anual *ib* conhecida no momento da aplicação, cotada com relação ao ano de 360 dias, e a contagem de dias entre datas leva em consideração o número de dias efetivos. Nosso interesse é calcular a rentabilidade líquida do título após a dedução do *IRF*. Sendo *VA* o valor aplicado, o valor bruto de resgate *VBR*, ou seja, sem o desconto do *IRF*, será dado por:

$$VBR = VA\,(1 + ib)^{\frac{n}{360}}. \tag{8.2}$$

O *IRF* incide sobre o rendimento bruto obtido na operação a uma alíquota α. Portanto, podemos escrever:

$$IRF = (VBR - VA)\,\alpha.$$

Portanto, o rendimento líquido será dado por:

$$VLR = VBR - IRF = VBR - (VBR - VA)\,\alpha.$$

10. As alíquotas são diferenciadas segundo o prazo das aplicações. Até 6 meses, a alíquota é de 22.50%; de 6 meses a 1 ano, de 20%; de 1 a 2 anos, de 17.50%; e acima de 2 anos, de 15%.

Simplificando, obtemos:

$$VLR = VBR(1 - \alpha) + \alpha VA. \tag{8.3}$$

Substituindo (8.2) em (8.3) e simplificando, obtemos:

$$VLR = VA\left[(1 + ib)^{\frac{n}{360}}(1 - \alpha) + \alpha\right].$$

Uma vez obtido o rendimento líquido, é possível determinar a taxa de juros líquida il obtida na aplicação:

$$il = ib(1 - \alpha). \tag{8.4}$$

Finalmente, conhecida a taxa de inflação π no período, podemos calcular a taxa de juros real líquida obtida. Para isso, basta somar 1 de ambos os lados da Equação (8.4) e dividir por $(1 + \pi)$.

$$r = \left[\frac{ib(1 - \alpha) - \pi}{(1 + \pi)}\right],$$

em que $\dfrac{1 + il}{1 + \pi} = 1 + r$.

Exemplo 8.14

Um investidor aplicou $ 100000.00 em um *CDB* prefixado de 180 dias que paga uma taxa bruta anual de 11.5%. Quanto será depositado na conta do cliente no vencimento do título, e qual a taxa líquida da operação sabendo-se que a alíquota do *IRF* é de 20%? Determinar qual a taxa de juros real recebida pelo investidor, sabendo-se que a inflação no período foi de 2.5%.

Solução pelo 1º método:
Valor bruto de resgate:

$$VBR = 100000(1 + 0.115)^{\frac{180}{360}} = 105593.56.$$

Ganho bruto:

$$105593.56 - 100000 = 5593.56.$$

IRF:

$$IRF = 0.20 \times 5593.56 = 1118.71.$$

Valor líquido de resgate:

$$VLR = 105593.56 - 1118.71 = 104474.85.$$

Taxa líquida para 180 dias:

$$il = \frac{104474.85}{100000} - 1 = 4.47\%.$$

Taxa líquida anual:
$$il = (1 + 0.0447)^2 - 1 = 9.14\%.$$

Taxa de juros real:
$$r = \frac{(1 + 0.0447)}{(1 + 0.025)} - 1 = 1.93\%.$$

Solução pelo 2º método (utilização de fórmula):
Valor líquido de resgate:
$$VLR = 100000 \left[(1 + 0.115)^{\frac{180}{360}} (1 - 0.20) + 0.20\right]$$
$$= 104474.85.$$

Taxa líquida:
$$il = (1 - 0.20) \left[(1 + 0.115)^{\frac{180}{360}} - 1\right] = 4.47\%.$$

CDB pós-fixado. No CDB pós-fixado, o valor aplicado é atualizado até o momento do resgate, sendo que o investidor percebe uma taxa de juros anual acima do indexador, que pode ser a TR ou a TBF.[11] O valor líquido de resgate é dado por:

$$VLR = VA \left[(1 + TR)(1 + ib)^{\frac{n}{360}} (1 - \alpha) + \alpha\right]$$

e a taxa líquida

$$il = (1 - \alpha)[(1 + TR)(1 + ib) - 1].$$

Exemplo 8.15

Suponha uma aplicação no valor de $ 50000.00 pelo prazo de 120 dias em um CDB pós-fixado, que paga uma taxa bruta anual de 6% mais TR. Calcular quanto foi depositado na conta do cliente, sabendo-se que a TR para 120 dias é de 3.5%.

Solução pelo 1º método:
Valor bruto de resgate:
$$50000 (1 + 0.035)(1 + 0.06)^{\frac{120}{360}} = 52764.96.$$

Rendimento bruto:
$$52764.96 - 50000 = 2764.96.$$

IRF:
$$0.20 \times 2764.96 = 552.99.$$

---

11. A TR é uma taxa prefixada que corresponde a uma porcentagem da TBF – taxa básica financeira –, que é uma média diária dos CDBs prefixados negociados pelas 30 maiores instituições financeiras.

Valor líquido de resgate:

$$52764.96 - 552.99 = 52211.97.$$

Taxa líquida:

$$il = \left(\frac{52211.97}{50000} - 1\right) = 4.42\%.$$

Solução pelo 2º método (utilização de fórmula):
Valor líquido de resgate:

$$VLR = 50000\left[(1 + 0.035)(1 + 0.06)^{\frac{120}{360}}(1 - 0.20) + 0.20\right] =$$
$$= 52211.97.$$

Taxa líquida:

$$il = (1 - 0.20)\left[(1 + 0.035)(1 + 0.06)^{\frac{120}{360}} - 1\right] = 4.42\%.$$

O tipo de *CDB* de maior liquidez é, no entanto, o *CDB* atrelado ao mercado interbancário, *DI*. Em geral, os bancos pagam um percentual (*g*) da taxa *DI* acumulada entre o momento de aplicação e o de resgate, dependendo do volume dos recursos aplicados. Nesse caso, o valor líquido de resgate é dado por:

$$VLR = VA\left[(1 + gDI)^{\frac{n}{360}}(1 - \alpha) + \alpha\right].$$

Exemplo 8.16

Suponha uma aplicação no valor de $ 50000.00 pelo prazo de 120 dias em um *CDB* pós-fixado, que vai pagar 95% da taxa *DI* acumulada nesse período. Suponha também que, nesse período, a taxa *DI* acumulada tenha sido de 9.5% ao ano e que existam 93 dias úteis nesse período. Considere a alíquota do *IR* de 20%. Qual o valor do resgate?

Solução pelo 1º método:
Taxa *CDB* ao ano $= 0.095 \times 0.95 = 0.09025$.
Valor bruto de resgate:

$$50000(1 + 0.09025)^{\frac{93}{252}} = 51620.11.$$

Rendimento bruto:

$$51620.11 - 50000 = 1620.11.$$

IRF:

$$0.20 \times 1620.11 = 324.02.$$

Valor líquido de resgate:

$$51620.11 - 324.02 = 51296.09.$$

Taxa líquida:

$$\left(\frac{51296.09}{50000} - 1\right) = 2.59\%.$$

Solução pelo 2º método (utilização de fórmula):
Valor líquido de resgate:

$$VLR = 50000\left((1 + 0.09025)^{\frac{93}{252}}(1 - 0.20) + 0.20\right)$$
$$= 51296.09.$$

Taxa líquida:

$$il = (1 - 0.20)\left[(1 + 0.09025)^{\frac{93}{252}} - 1\right] = 2.59\%.$$

Mercado entre instituições não financeiras e o público em geral
As instituições não financeiras, para financiar seus investimentos de longo prazo ou suas necessidades de capital de giro, captam recursos no mercado, por meio dos mercados de ações ou de títulos de renda fixa, com a emissão de debêntures e notas promissórias – *commercial papers*. Outra forma é colocar títulos nos mercados externos lançando *eurobonds*.

DEBÊNTURES. As debêntures são títulos de longo prazo, emitidos pelas sociedades anônimas não financeiras, podendo ser resgatadas em dinheiro ou convertidas em ações no vencimento. Além disso, podem estipular cláusulas de resgate antecipado pelo emissor. São títulos emitidos escrituralmente e registrados no Sistema Nacional de Debêntures (*SND*) da DI.

Há uma grande variedade de prazos e formas de remuneração. Elas podem ser prefixadas ou pós-fixadas. Para as debêntures prefixadas, o prazo mínimo é de 60 dias e funcionam como as *LTN*, diferenciando-se apenas na forma de expressão da taxa de juros. Adota-se o critério por dia corrido e não por dia útil, ou seja, utiliza-se o critério de 30/360 dias.

Exemplo 8.17
Uma debênture prefixada de 90 dias foi adquirida pelo preço de $ 972.00. Calcular a rentabilidade mensal obtida pelo investidor.

$$972 = \frac{1000}{(1 + YTM)^3} \Rightarrow YTM = 0.95\% \text{ ao mês.}$$

Para as debêntures pós-fixadas atualizadas pela *TBF*, o prazo mínimo é de quatro meses, e funcionam de forma semelhante a uma *LFT*. A única diferença é na forma de cotar a taxa de juros: tanto a *TBF* como a taxa de juros são expressas pelo critério 30/360 dias.

Exemplo 8.18

Uma debênture de seis meses que paga *TBF* mais juros de 12% ao ano foi adquirida pelo preço de $ 965.00. Calcular a rentabilidade mensal obtida pelo investidor, sabendo-se que a *TBF* referente a esse período foi de 3%.

Valor de resgate:

$$VR = 1000\,(1 + 0.03)\,(1 + 0.12)^{\frac{180}{360}} = 1090.05.$$

Rentabilidade obtida pelo investidor:

$$965 = \frac{1090.05}{(1+r)^6} \Rightarrow YTM = 2.05\% \text{ ao mês}.$$

No caso das debêntures indexadas pela *TR*, o prazo mínimo é de quatro meses, e funcionam como uma *NTN-H*. Nas que são indexadas pelo *IGPM*, o prazo mínimo é de 1 ano, havendo pagamento de juros semestrais. Nesse último caso, a debênture comporta-se de forma semelhante a uma *NTN-C*.

Exemplo 8.19

Uma debênture de quatro meses que paga *TR* mais juros de 14% ao ano foi adquirida pelo preço de $ 985.00. Calcular a rentabilidade mensal obtida pelo investidor, sabendo-se que a *TR* referente a esse período foi de 1.96%.

Valor de resgate:

$$VR = 1000\,(1 + 0.0196)\,(1 + 0.14)^{\frac{120}{360}} = 1065.12.$$

Rentabilidade obtida:

$$985 = \frac{1065.12}{(1+r)^4} \Rightarrow YTM = 1.97\% \text{ ao mês}.$$

Exemplo 8.20

Uma debênture de 18 meses que paga *IGPM* mais juros de 14% ao ano foi adquirida pelo preço de $ 955.00. Calcular os juros semestrais recebidos, o valor de resgate e a rentabilidade semestral obtida pelo investidor sabendo-se que a variação do *IGPM* foi de 0.5% no primeiro semestre e de 0.6% e 0.7% nos dois semestres subsequentes.

Taxa de juros semestral:

$$i_{as} = \left[(1 + 0.14)^{\frac{180}{360}} - 1\right] = 6.77\%.$$

Juros semestrais:
1º semestre:

$$R_1 = 1000\,(1 + 0.005)\,0.0677 = 68.04.$$

2º semestre:

$$R_2 = 1000(1 + 0.005)(1 + 0.006)0.0677 = 68.45.$$

3º semestre:

$$R_3 = 1000(1 + 0.005)(1 + 0.006)(1 + 0.007)0.0677 = 68.93.$$

Valor de resgate:

$$P = 1000(1 + 0.005)(1 + 0.006)(1 + 0.007) = 1018.11.$$

Rentabilidade semestral:

$$945 = \frac{68.04}{(1+YTM)} + \frac{68.45}{(1+YTM)^2} + \frac{68.93}{(1+YTM)^3} + \frac{1018.11}{(1+YTM)^3} \Rightarrow YTM = 9.59\% \; a.s.$$

NOTA PROMISSÓRIA – *commercial paper*. Nota promissória é um título de curto prazo emitido pelas sociedades anônimas não financeiras por um prazo mínimo de 30 dias e máximo de 180 dias. Podem ser prefixadas ou pós-fixadas. Nesse último caso, o prazo mínimo é de 120 dias. São títulos emitidos escrituralmente e registrados no Sistema Nacional de Notas Promissórias da *DI*. Da mesma forma que as debêntures, a taxa de juros das notas promissórias é expressa pelo critério 30/360 dias.

Exemplo 8.21
Uma nota promissória prefixada de 60 dias foi adquirida pelo preço de $ 978.00. Calcular a rentabilidade mensal obtida.

$$958 = \frac{1000}{(1+YTM)^2} \Rightarrow YTM = 2.17\%.$$

Exemplo 8.22
Uma nota promissória de 120 dias que paga *TBF* mais juros de 16% ao ano foi adquirida pelo preço de $ 980.00. Calcular a rentabilidade obtida pelo investidor, sabendo-se que a *TBF* referente a esse período foi de 2.9%.

Valor de resgate:

$$VR = 1000(1 + 0.029)(1 + 0.16)^{\frac{120}{360}} = 1081.19.$$

Rentabilidade obtida:

$$980 = \frac{1081.19}{(1+YTM)^4} \Rightarrow YTM = 2.49\%.$$

Exemplo 8.23
Uma nota promissória de 180 dias que paga *IGPM* mais juros de 18% ao ano foi adquirida pelo preço de $ 984.00. Calcular a rentabilidade mensal obtida pelo investidor, sabendo-se que a variação do *IGPM* referente a este período foi de 3.05%.

Valor de resgate:

$$VR = 1000\,(1 + 0.0305)\,(1 + 0.18)^{\frac{180}{360}} = 1119.41.$$

Rentabilidade obtida:

$$984 = \frac{1119.41}{(1 + YTM)^6} \Rightarrow YTM = 2.17\%.$$

8.3 Mercado Internacional de Títulos de Renda Fixa

Nas últimas duas décadas, houve um grande desenvolvimento dos mercados internacionais de títulos de renda fixa. Até o início dos anos 1980, a principal forma de endividamento externo de governos e empresas privadas consistia em empréstimos bancários. Hoje em dia, tanto governos quanto empresas privadas captam recursos no mercado internacional por meio da emissão de títulos de renda fixa. Em geral, são títulos de longo prazo que pagam juros semestrais, podendo ser prefixados ou pós-fixados. O principal só é resgatado no vencimento do título, e podem ser adquiridos ao par ou com ágio ou deságio em relação ao valor de face.

Há dois tipos de títulos lançados no mercado internacional por empresas privadas e pelo governo. No caso das empresas, são lançados *eurobonds*, que consistem em títulos denominados em dólar lançados fora dos Estados Unidos em um país específico. Os *globals* são títulos geralmente denominados em dólar lançados em vários mercados simultaneamente, excetuando-se os Estados Unidos.[12]

8.3.1 Eurobonds

Eurobonds são títulos emitidos em dólar por empresas brasileiras fora dos Estados Unidos. A estrutura de um *eurobond* é exatamente igual à de uma *NTN-F*. A única diferença é que a taxa de cupom é referenciada ao ano de 360 dias corridos, sendo uma taxa nominal de juros.

Exemplo 8.24
Uma empresa brasileira emitiu um *eurobond* de dez anos, pagando uma taxa de juros anual de 12%. Investidores adquiriram esse título pelo preço de $ 965.00. Calcular a rentabilidade do título.

---

[12]. O Brasil, em 2005, lançou o Global BRL 2016, denominado em R$.

Cupom semestral:
$$R = 1000 \times 0.06 = 60.$$

Rentabilidade:
$$965 = 60\left[\frac{(1+YTM)^{20}-1}{YTM(1+YTM)^{20}}\right] + \frac{1000}{(1+YTM)^{20}} \Rightarrow YTM = 6.31\% \; a.s.$$

Os títulos pós-fixados, em vez de definirem uma taxa de juros prefixada para toda a vida do título, contemplam a repactuação da taxa de juros a cada seis meses, ou seja, os cupons são pagos pela taxa de juros prefixada no início de cada semestre. Em geral, esses títulos utilizam a taxa *Libor* para empréstimos de seis meses para o pagamento dos cupons. O pagamento semestral de juros R_t é obtido multiplicando-se a taxa de juros, ou taxa de cupom, i_{t-1}, vigente no início do semestre, pelo valor de face:

$$R_t = 1000 i_{t-1}.$$

Nesse caso, o fluxo de pagamento de cupons varia, pois a taxa de juros prefixada semestralmente varia. Portanto, não é possível obter uma expressão compacta. A rentabilidade do investidor será dada por:

$$P = \sum_{t=1}^{n} \frac{1000 i_{t-1}}{(1+YTM)^t} + \frac{1000}{(1+YTM)^n}.$$

Exemplo 8.25
Uma empresa brasileira emitiu um *eurobond* de dois anos, pagando uma *spread* de 6% ao ano sobre a *Libor*. Esse título foi adquirido pelo preço de US$ 975.00. Calcular a rentabilidade do título, sabendo-se que a LIBOR semestral na data de emissão estava cotada a 4% e que, no início dos semestres subsequentes, as cotações observadas foram: 4.5%, 5% e 4.75%.

Pagamentos de cupons:
1º semestre:
$$\text{Taxa de cupom} = Libor + spread = 0.04 + \frac{0.06}{2} = 0.07.$$

$$R_1 = \left(0.04 + \frac{0.06}{2}\right)1000 = 70.$$

2º semestre:
$$R_2 = \left(0.045 + \frac{0.06}{2}\right)1000 = 75.$$

3º semestre:
$$R_3 = \left(0.05 + \frac{0.06}{2}\right)1000 = 80.$$

4º semestre:

$$R_4 = \left(0.0475 + \frac{0.06}{2}\right)1000 = 77.50.$$

Rentabilidade do investidor:

$$975 = \frac{70}{(1+YTM)} + \frac{75}{(1+YTM)^2} + \frac{80}{(1+YTM)^3} + \frac{1077.50}{(1+YTM)^4} \Rightarrow YTM = 8.29\%.$$

8.4 Principais Conceitos

Taxa *Selic*:
- operações compromissadas diárias de compra e venda de títulos públicos.
- taxa cotada por dia útil: ano de 252 dias úteis, ou seja, 12 meses de 21 dias.

Taxa *DI*:
- operações de *overnight* entre os bancos.
- *Selic* – garantia de títulos públicos.
- *ADM* – garantia de títulos privados.
- *DI* – sem garantias.
- taxa cotada por dia útil: ano de 252 dias úteis, ou seja, 12 meses de 21 dias.

Relação entre taxas: $Selic \geq DI \geq CDB$.

Títulos públicos e privados: prefixados, pós-fixados ou remunerados por taxa de juros flutuante (*floating rate*).

LTN: título prefixado de curto prazo, negociado com desconto sobre o valor de face.

LFT: título de curto prazo que paga taxa de juros *Selic* sobre o valor de face.

NTN-C: título de longo prazo que paga juros sobre o valor de face atualizado pelo *IGPM*.

NTN-D: título de curto e longo prazos que paga juros sobre o valor de face atualizado pela variação cambial.

NTN-H: título de curto prazo que paga juros sobre o valor de face atualizado pela *TR*.

NTN-S: título de curto prazo pré e pós-fixado adquirido com deságio e que paga taxa de juros *Selic*.

CDB: títulos emitidos pelos bancos comerciais e múltiplos.

Debêntures: título de longo prazo emitido pelas sociedades anônimas não financeiras.

Nota promissória: título de curto prazo emitido pelas sociedades anônimas não financeiras.

Eurobonds: títulos em dólar emitidos por empresas brasileiras no exterior.

Global bonds: títulos em dólar emitidos pelo governo brasileiro no exterior.

8.5 Formulário

TÍTULO DE LONGO PRAZO E *eurobonds*

$$P = R\left[\frac{(1+YTM)^n - 1}{YTM(1+YTM)^n}\right] + \frac{1000}{(1+YTM)^n}.$$

TÍTULO DE CURTO PRAZO

$$P = \frac{1000}{(1+YTM)^n}.$$

LTN

$$VR = 1000 = P(1+YTM)^{\frac{n}{252}}.$$

LFT

$$VR = 1000\prod_{t=1}^{n}(1+i_t) = 1000(1+\bar{\imath})^{\frac{n}{252}}.$$

NTN-C

$$VR = 1000\prod_{t=1}^{n}(1+\pi_t).$$
$$VR = 1000(1+\bar{\pi})^n.$$

NTN-D

$$VR = 1000\prod_{t=1}^{n}(1+\lambda_t).$$
$$VR = 1000\left(1+\bar{\lambda}\right)^n.$$

CDB PREFIXADO

$$VLR = VA\left[(1+i)^{\frac{n}{360}}(1-\alpha)+\alpha\right].$$

CDB PÓS-FIXADO

$$VLR = VA\left[(1 + TR)(1 + ib)^{\frac{n}{360}}(1 - \alpha) + \alpha\right].$$

DEBÊNTURES

$$VLR = 1000(1 + TR)(1 + i)^{\frac{n}{360}}.$$

NOTA PROMISSÓRIA

$$VLR = 1000(1 + TBF)(1 + i)^{\frac{n}{360}}.$$

8.6 Leituras sugeridas

[1] FABOZZI, Frank J. *Bond Markets, Analysis and Strategies*. 3. ed. New Jersey: Prentice Hall, 1996.
[2] FORTUNA, Eduardo. *Mercado Financeiro. Produtos e Serviços*. 11. ed. Rio de Janeiro: Qualitymark, 1998.
[3] HULL, John. *Options, Futures and Other Derivatives*. 7. ed. New Jersey: Prentice Hall, 2009.
[4] SILVA, Armindo Neves da. *Matemática das Finanças*. Lisboa: McGraw-Hill, 1993.
[5] SECURATO, José Roberto (Org.). *Cálculo Financeiro das Tesourarias. Bancos e Empresas*. São Paulo: Saint Paul, 1999.
[6] VIEIRA SOBRINHO, José Dutra. *Matemática Financeira*. 6. ed. São Paulo: Atlas, 1997.

8.7 Exercícios

EXERCÍCIO 8.1
Qual a taxa *Selic* diária, sabendo-se que a taxa anual é de 21.5%; e qual a taxa *Selic* ao ano, sabendo-se que a taxa diária é 0.045%? As taxas *Selic* dos últimos cinco dias úteis ficaram em: 19.20%, 19.10%, 19.35%, 18.95% e 19.05% ao ano. Qual foi a taxa média do período? R: 0.077%, 12.01% e 19.13%.

EXERCÍCIO 8.2
Uma *LTN* de 35 dias foi adquirida pelo preço de $ 975.65. Sabendo-se que, nesse período, existem 25 dias úteis, qual a rentabilidade ao ano obtida pelo investidor? R: $28.2%.

EXERCÍCIO 8.3
Uma *LFT* de 185 dias úteis foi adquirida em leilão pelo preço de $ 965.00. Sabendo-se que nesse período a taxa *Selic* média ficou em 20.1% ao ano, calcular o valor resgatado, a taxa de juros efetiva e a taxa de deságio. R: $ 1143.92, 26.07% e 4.97%.

Exercício 8.4
Uma *LTN* de 91 dias está sendo leiloada por $ 936.28. Ao mesmo tempo, uma *LFT* de mesmo prazo pode ser adquirida por $ 995.50. Suponha que, para esse período, a expectativa da taxa *Selic* acumulada seja de 5.8%. Qual dos dois títulos você adquiriria? Qual a rentabilidade dos dois títulos?

Exercício 8.5
Um banco está em dúvida entre comprar uma *LTN* de um ano e uma *LFT* de mesmo prazo. Sabendo que ele espera que o acumulado de taxa *Selic* fique em 17% no ano, e que compra a *LFT* por $ 990.00, qual o preço máximo de compra da *LTN*? R: $ 846.15.

Exercício 8.6
Um banco pretende comprar um título de 183 dias corridos (126 dias úteis) por $ 912.80. Para financiar essa compra, ele pretende tomar recursos diariamente em *overnight Selic*. Qual a taxa máxima que o banco deve captar em recursos para não ter prejuízo? Suponha que ele tenha tomado recursos a 19% ao ano. Qual o resultado?

Exercício 8.7
Uma *NTN-C* de 1.5 anos foi adquirida em leilão por $ 955.00. Sabendo-se a taxa de juros anual é de 6% e que a variação do *IGPM* foi de 2.5% no primeiro semestre e de 3% e 3.2% nos semestres subsequentes, calcular o valor de resgate, o valor dos juros semestrais e a rentabilidade nominal obtida pelo investidor.
R: $ 1089.53, $ 30.30, $ 31.21, $ 32.21 e 7.62%.

Exercício 8.8
Uma *NTN-D* de 120 dias foi adquirida em leilão pelo preço de $ 985.00. Sabendo-se que a taxa de juros anual é de 10% e que a variação cambial nesse período foi de 0.5% no primeiro mês e 0.65%, 0.7% e 0.64% nos meses subsequentes, determinar o valor de resgate e a rentabilidade obtida pelo investidor.

Exercício 8.9
Uma *NTN-H* de nove meses foi adquirida em leilão pelo preço de $ 947.50. Sabendo-se que a taxa de juros anual é de 6% e que a *TR* média, nesse período, foi de 0.84% ao mês, calcular o valor de resgate e a rentabilidade do investidor. R: $ 1126.35 e 25.93% ao ano.

Exercício 8.10
Um investidor aplicou $ 15500.00 em um *CDB* prefixado de 120 dias que paga uma taxa bruta anual de 21.5%. Quanto será depositado na conta do cliente no vencimento do título e qual a taxa líquida da operação, sabendo-se que a alíquota do *IRF* é de 20%? Determinar qual a taxa de juros real recebida pelo investidor, sabendo-se que a inflação no período foi de 2.01%.

Exercício 8.11
Um investidor aplicou a quantia de $ 18000.00 em um *CDB* pós-fixado de 180 dias. A remuneração da aplicação é de *TR* mais 18% ao ano. Calcular quanto foi depositado na conta do cliente, sabendo-se que a *TR* é de 6.3%. R: $ 20227.88.

Exercício 8.12
Um investidor está na dúvida entre comprar 3 diferentes prefixados: *CDB* de 63 dias corridos e taxa de 19.20% ao ano; *LTN* de 63 dias corridos (42 dias úteis) que rende taxa de *Selic* de 19.30% ao ano e outro título de 63 dias corridos que está sendo oferecida por $ 973.50. Qual das três aplicações deve ser escolhida? R: A primeira.

Exercício 8.13
Uma debênture de nove meses que paga *TBF* mais juros de 14% ao ano foi adquirida pelo preço de $ 935.00. Calcular a rentabilidade mensal obtida pelo investidor, sabendo-se que a *TBF* referente a esse período foi de 12.5%. R: 3.19%.

Exercício 8.14
Uma debênture de 12 meses que paga *IGPM* mais juros de 12% ao ano foi adquirida pelo preço de $ 995.00. Calcular os juros semestrais recebidos, o valor de resgate e a rentabilidade semestral obtida pelo investidor, sabendo-se que a variação do *IGPM* foi de 0.8% e 0.9% nos dois semestres.

Exercício 8.15
Uma nota promissória de 180 dias que paga *TBF* mais juros de 16% ao ano foi adquirida pelo preço de $ 976.00. Calcular a rentabilidade obtida pelo investidor, sabendo-se que a *TBF* referente a esse período foi de 2.4%. R: 27.7% ao ano.

Exercício 8.16
Uma empresa brasileira emitiu um *eurobond* de 5 anos pagando uma taxa de juros anual de 14%. Investidores adquiriram esse título pelo preço de $ 955.00. Calcular a rentabilidade do título.

Exercício 8.17
Uma empresa brasileira emitiu um *eurobond* de 10 anos pagando juros semestrais de 18% a.a. A rentabilidade para o investidor ficou em 21.5% ao ano. Calcular o preço de aquisição. R: $ 897.13.

Exercício 8.18
Um título do Tesouro norte-americano de 10 anos que paga uma taxa de juros semestral de 4% foi adquirido pelo preço de $ 955.50. Calcular a rentabilidade do investidor.

Exercício 8.19
Um título do Tesouro norte-americano de 5 anos que paga uma taxa de juros anual de 8% promete uma rentabilidade de 15% ao ano. Calcular o preço de aquisição do título.
R: $ 765.35.

Exercício 8.20

Um título do Tesouro norte-americano de 10 anos que paga uma taxa de juros anual de 8% foi adquirido por $ 895.00. Calcular a rentabilidade prometida por esse título. Suponha que, logo após a aquisição, a taxa de juros tenha se elevado para 10.5% ao ano. Por quanto o título deveria ter sido adquirido para que não houvesse perda para o investidor?

Capítulo 9

Operações de Crédito

9.1 Introdução

As operações de crédito realizadas pelas instituições financeiras podem ser classificadas segundo o tomador do empréstimo – pessoas físicas e jurídicas – e a natureza da operação. No caso das pessoas físicas, as principais operações de crédito são:
- Crédito direto ao consumidor.
- Crédito pessoal.

No caso das pessoas jurídicas, as principais operações de crédito são:
- *Hot-money.*
- Capital de giro.
- Desconto de duplicatas.
- *Vendor* e *Compror.*

Toda operação de empréstimo está sujeita à cobrança do Imposto sobre Operações Financeiras (*IOF*). O *IOF* é um encargo do tomador do empréstimo, cobrado antecipadamente no ato da operação, e recolhido pela instituição financeira aos cofres do Tesouro Nacional. Antes de analisarmos a especificidade de cada uma das operações de crédito, é necessário analisar a cobrança do *IOF* sobre as operações de crédito que seguem um procedimento padrão.

9.2 Cobrança do *IOF*

O *IOF* é cobrado à alíquota anual de 1.5% tanto para pessoas físicas quanto para pessoas jurídicas. É um imposto cuja base de incidência depende não somente do montante do empréstimo, mas também do prazo de pagamento. A incidência do imposto é linear, ou seja, proporcional ao prazo de pagamento. Para operações em bases mensais, a alíquota mensal de 0.125% é obtida dividindo-se a alíquota anual por 12. Para operações em base diária, a alíquota é obtida dividindo-se a alíquota anual por 365. O imposto incide somente no primeiro ano, ou seja, para operações com prazos superiores a 12 meses, paga-se imposto relativo apenas ao primeiro ano.

Toda operação de empréstimo implica, para o tomador, o pagamento do *IOF* no ato da operação. Como decorrência, há duas situações possíveis: ou o cliente recebe o valor desejado menos o *IOF* ou recebe o valor desejado. Neste último caso, o valor total do empréstimo concedido pelo banco é maior que o valor desejado pelo cliente, devido ao imposto. Em contrapartida, um empréstimo pode ser pago de duas maneiras: por meio de um único pagamento ou de um conjunto de prestações sucessivas e iguais, reguladas pela Tabela *Price*. Cada uma dessas situações implica sistemáticas diferentes de cobrança do *IOF*.

9.2.1 Uma única prestação: base mensal

Vamos considerar a situação mais usual em que o banco financia a quantia líquida desejada pelo cliente P mais o *IOF*, de modo que o valor total financiado, VF, é dado por:

$$VF = P + IOF. \tag{9.1}$$

Desejamos saber qual o valor total a pagar, S, no vencimento do empréstimo. Observe que o próprio imposto entra na base de incidência, que é o valor total financiado. O *IOF* é um imposto que incide proporcionalmente ao prazo e sobre o valor total. Sendo α a alíquota nominal mensal, podemos escrever:

$$IOF = \alpha n VF, \tag{9.2}$$

em que n representa o total de meses para pagar o empréstimo.

Substituindo-se a Equação (9.2) na Equação (9.1) e simplificando, obtemos:

$$VF = \left[\frac{1}{(1-\alpha n)}\right] P. \tag{9.3}$$

Portanto, dados o valor líquido desejado pelo cliente, a alíquota do imposto e o prazo, determinamos o valor total a ser financiado. Dada a taxa de juros, podemos determinar o valor total a ser pago no vencimento da dívida:

$$S = VF(1+i)^n = P\left[\frac{1}{(1-\alpha n)}\right](1+i)^n. \tag{9.4}$$

O *IOF* é um imposto cuja base de incidência é o valor financiado e o prazo. Portanto, a mesma quantia financiada em prazos diferentes implica pagamentos diferenciados de imposto. Ele onera a taxa de juros, ou seja, o cliente, além da taxa de juros usual cobrada pelo banco, acaba pagando uma taxa de juros efetiva mais elevada devido à incidência do *IOF*.[1] Portanto, qual a taxa de juros efetiva r paga pelo cliente?

$$S = P(1+r)^n. \tag{9.5}$$

Substituindo (9.5) em (9.4) e simplificando, podemos estabelecer a relação entre taxa de juros cobrada pelo banco i, alíquota do imposto α, prazo n e taxa de juros efetiva r:

$$(1+r)^n = \left[\frac{1}{1-\alpha n}\right](1+i)^n. \tag{9.6}$$

---

1. Denominada cunha fiscal.

Operações de Crédito **211**

> **Nota 9.1**
> Se não houvesse imposto, a taxa de juros efetiva paga pelo cliente seria igual à taxa de juros. Na presença do imposto, a taxa de juros efetiva é maior que a taxa de juros.

Portanto, dada a alíquota nominal do imposto α, estamos interessados em determinar a alíquota efetiva δ, ou seja, o quanto de fato a presença do imposto onera a operação de empréstimo. A Equação (9.3) pode, então, ser reescrita:

$$VF = (1 + \delta)^n P.$$

Portanto, a relação entre alíquota efetiva e nominal é dada pela equação:

$$(1 + \delta)^n = \left[\frac{1}{1 - \alpha n}\right]. \qquad (9.7)$$

Substituindo (9.7) em (9.6), obtemos a relação entre taxa de juros cobrada pelo banco, taxa de juros efetiva e alíquota efetiva do imposto.

$$(1 + r) = (1 + \delta)(1 + i).$$

Exemplo 9.1
Um cliente deseja levantar um empréstimo no valor de $ 10000.00 para ser pago em uma única parcela no final de quatro meses. Sabendo-se que a taxa de juros cobrada pelo banco é de 5% ao mês e que o *IOF* é de 1.5% ao ano, determinar quanto deverá ser pago no vencimento do contrato.

Inicialmente, devemos determinar o valor total a ser financiado incluindo o *IOF*:

$$VF = \left[\frac{1}{(1 - \alpha n)}\right] P = \frac{1}{(1 - 0.00125 \times 4)} \times 10000 = 10050.25.$$

Portanto, para obter $ 10000.00, o cliente deverá contrair uma dívida de $ 10050.25. O total do imposto a pagar é dado pela diferença entre essas duas quantias ou pela equação:

$$IOF = \alpha n VF = 0.00125 \times 4 \times 10000 = 50.25.$$

Portanto, o cliente deverá pagar no vencimento da dívida:

$$S = 10050.25\,(1 + 0.05)^4 = 12216.14.$$

Qual a taxa de juros efetiva para o cliente?

$$12216.14 = 10000\,(1 + r)^4 \Rightarrow r = 5.1317.$$

Portanto, a existência do *IOF* onera a taxa de juros em 0.132%. A alíquota efetiva do imposto será dada por:

$$(1 + \delta) = \frac{(1 + r)}{(1 + i)} = \frac{(1 + 0.0513)}{(1 + 0.05)} \Rightarrow \delta = 0.1254\%.$$

Portanto, a alíquota nominal do imposto é 0.1250% ao mês; e a alíquota efetiva, 0.1254%.

9.2.2 UMA ÚNICA PRESTAÇÃO: BASE DIÁRIA

Se a operação de empréstimo é feita em bases diárias, o *IOF* é cobrado por dia, sendo a alíquota diária de 0.0041%, obtida dividindo-se a alíquota anual de 1.5% por 365 dias.

Exemplo 9.2

Uma empresa obteve recursos no valor de $ 100000.00 pelo prazo de oito dias, a uma taxa de juros de 19.0% ao ano. Calcular quanto ela teve de pagar pelo empréstimo.

Valor financiado:
$$VF = \left[\frac{1}{1 - 0.000041 \times 8}\right] 100000 =$$
$$= 100032.81.$$

Valor a pagar:
$$S = 100032.81\,(1 + 0.19)^{\frac{8}{360}} =$$
$$= 10420.25.$$

9.2.3 IOF SOBRE PAGAMENTOS PERIÓDICOS

Considere, como no exemplo anterior, um empréstimo no valor total de $ 10000.00 a ser pago em quatro prestações mensais iguais, sabendo-se que a taxa de juros é de 5% ao mês e que o *IOF* é de 1.5% ao ano. Nesse caso, a base de incidência do *IOF* é "o principal de cada uma das parcelas", segundo definição da Receita Federal. No caso de uma única prestação, o principal é amortizado em uma única parcela. No caso de prestações, o principal vai sendo amortizado em cada uma das prestações pagas. Portanto, em cada uma das prestações devemos calcular a amortização do principal. O *IOF* incide sobre esse valor e varia segundo os diferentes prazos correspondentes a cada uma das prestações.

Dada a taxa de juros, podemos calcular as prestações mensais:

$$10000 = R\left[\frac{(1 + 0.05)^4 - 1}{0.05}\right]\frac{1}{(1 + 0.05)^4} \Rightarrow R = 2820.12.$$

Na tabela *Price*, a amortização embutida na k-ésima prestação é dada pela equação:

$$A_k = R\,(1 + i)^{k-n-1} = \frac{R}{(1 + i)^{n-k+1}}.$$

Na tabela a seguir, encontra-se o cálculo do *IOF*.

Operações de Crédito **213**

t	Prestação	Amortização	Alíquota nominal	IOF
1	2820.12	2320.12	0.00125	2.90
2	2820.12	2436.13	0.00250	6.09
3	2820.12	2557.93	0.00375	9.59
4	2820.12	2685.83	0.00500	13.43
Total	11280.48	10000	0.003201	32.01

Portanto, para um empréstimo de $ 10000.00, deverão ser pagos $ 32.01 de *IOF*, ficando, portanto, líquidos $ 9967.99 para o cliente. A taxa de juros efetiva paga pelo cliente é dada por:

$$9967.99 = 2820.12 \left[\frac{(1+i)^4 - 1}{i} \right] \frac{1}{(1+i)^4} \Rightarrow i = 5.138\%.$$

Podemos agora generalizar esse procedimento. Considere o empréstimo dado pelo fluxo de caixa:

$$VF = P + IOF.$$

O valor total do *IOF* será dado pela soma das amortizações embutidas em cada uma das prestações multiplicadas pela alíquota nominal do imposto e pelo prazo:

$$IOF = \alpha \frac{R}{(1+i)^n} + 2\alpha \frac{R}{(1+i)^{n-1}} + \cdots + n\alpha \frac{R}{(1+i)}.$$

Colocando αR em evidência, obtemos:

$$IOF = \alpha R \left[\frac{1}{(1+i)^n} + \frac{2}{(1+i)^{n-1}} + \cdots + \frac{n}{(1+i)} \right].$$

A expressão entre colchetes é o valor atual de uma série gradiente decrescente de razão igual a $\frac{1}{1+i}$. Logo, podemos escrever de forma compacta:

$$IOF = \frac{\alpha R}{i} \left\{ n(1+i)^n - \left[\frac{(1+i)^n - 1}{i} \right] \right\} \frac{1}{(1+i)^n}. \qquad (9.8)$$

Por sua vez, o valor de *R* é dado pela equação:

$$R = VF \left[\frac{i(1+i)^n}{(1+i)^n - 1} \right]. \qquad (9.9)$$

Substituindo, (9.9) em (9.8) e simplificando, obtemos o valor total do *IOF*:

$$IOF = \alpha VF \left[\frac{n(1+i)^n}{(1+i)^n - 1} - \frac{1}{i} \right]. \qquad (9.10)$$

Substituindo e simplificando, obtemos o valor total financiado para que o cliente disponha da quantia líquida igual a *P*:

$$VF = P + \alpha VF \left[\frac{n(1+i)^n}{(1+i)^n - 1} - \frac{1}{i} \right].$$

Isolando VF obtemos:

$$VF = \frac{P}{1 - \alpha\left[\frac{n(1+i)^n}{(1+i)^n - 1} - \frac{1}{i}\right]} = \frac{P}{1 - \alpha\bar{n}},$$

em que $\bar{n}$ representa o prazo médio dado por:

$$\bar{n} \equiv \left[\frac{n(1+i)^n}{(1+i)^n - 1} - \frac{1}{i}\right].$$

Como existem vários pagamentos, a alíquota do imposto deve ser multiplicada pelo prazo médio dos pagamentos. Para entender melhor, o contraponto é que, na situação anterior, havia um único pagamento e um único prazo.

Portanto, dados o valor líquido almejado pelo cliente, a taxa de juros, o prazo e a alíquota do *IOF*, determinamos o valor total financiado. Qual a taxa de juros efetiva paga pelo cliente? O cliente recebe liquidamente o valor P e paga prestações de valor R. Logo, a taxa de juros efetiva será dada por:

$$P = R\left[\frac{(1+r)^n - 1}{r}\right]\frac{1}{(1+r)^n}.$$

Podemos escrever:

$$S = P(1+r)^n;$$
$$S = VF(1+i)^n.$$

Substituindo, obtemos:

$$P(1+r)^n = VF(1+i)^n; \quad VF = \left[\frac{1}{1 - \alpha\bar{n}}\right]P;$$

$$(1+r)^n = \left[\frac{1}{1 - \alpha\bar{n}}\right](1+i)^n. \tag{9.11}$$

Nota 9.2
Se não houvesse imposto, a taxa de juros efetiva paga pelo cliente seria igual à taxa de juros. Na presença do imposto, a taxa de juros efetiva é maior que a taxa de juros.

Nota 9.3
As contas anteriores supõem $n \leq 12$ meses.

Portanto, dada a alíquota nominal do imposto, estamos interessados em determinar a alíquota efetiva, ou seja, o quanto a presença do imposto onera a operação de empréstimo. A relação entre alíquota efetiva e nominal é dada pela equação:

$$(1+\delta)^n = \frac{1}{1 - \alpha\bar{n}}. \tag{9.12}$$

Observe que, nesse caso, a alíquota efetiva depende do prazo médio, que é uma função da taxa de juros, pois as amortizações são uma função da taxa de juros. Substituindo (9.12) em (9.11), obtemos a relação entre taxa de juros cobrada pelo banco, taxa de juros efetiva e alíquota efetiva do imposto:

$$(1 + r) = (1 + \delta)(1 + i).$$

Por essa equação, podemos observar que o *IOF* é um imposto que onera a taxa de juros cobrada pelo banco.

Com relação ao exemplo analisado, podemos calcular o valor do *IOF* utilizando a Equação (9.10):

$$IOF = 0.00125 \times 10000 \left[\frac{4(1 + 0.05)^4}{(1 + 0.05)^4 - 1} - \frac{1}{0.05} \right] = 32.01.$$

Portanto, chegamos à mesma conclusão do cálculo iterativo. Um empréstimo de $ 10000.00, para ser pago em quatro prestações, deverá pagar $ 32.01 de *IOF*, ficando, portanto, líquidos $ 9967.99 para o cliente.

Se, entretanto, o cliente quisesse receber líquido $ 10000, teria que emprestar:

$$VF = \frac{P}{1 - \alpha \left[\frac{n(1+i)^n}{(1+i)^n - 1} - \frac{1}{i} \right]} = \frac{P}{1 - \alpha \bar{n}} = \frac{10000}{1 - 0.00125 \left[\frac{4(1+0.05)^4}{1+0.05} - \frac{1}{0,05} \right]}$$
$$= \frac{10000}{1 - 0.0125 \times 2.560} = 10032.$$

No caso em que $n > 12$, o cálculo do *IOF* fica bem mais complicado, mas a lógica é semelhante. De novo, o empréstimo é dado por:

$$VF = P + IOF.$$

O valor total do *IOF* será calculado pela soma das amortizações embutidas em cada uma das 12 prestações iniciais multiplicadas pela alíquota do imposto e pelo prazo:

$$IOF = \alpha \frac{R}{(1 + i)^{12}} + 2\alpha \frac{R}{(1 + i)^{11}} + \cdots + 12\alpha \frac{R}{(1 + i)}.$$

Colocando αR em evidência, obtemos:

$$IOF = \alpha R \left[\frac{1}{(1 + i)^{12}} + \frac{2}{(1 + i)^{11}} + \cdots + \frac{12}{(1 + i)} \right].$$

A expressão entre colchetes é o valor atual de uma série gradiente de razão igual a $\frac{1}{1+i}$. Logo, podemos escrever de forma compacta:

$$IOF = \frac{\alpha R}{i} \left\{ 12 - \left[\frac{(1 + i)^{12} - 1}{i(1 + i)^{12}} \right] \right\}.$$

Por sua vez, o valor de R é dado pela expressão:

$$R = VF\left[\frac{i(1+i)^n}{(1+i)^n - 1}\right].$$

Substituindo a última equação na anterior e simplificando, obtemos:

$$IOF = \frac{\alpha}{i}VF\left[\frac{i(1+i)^n}{(1+i)^n - 1}\right]\left\{12 - \left[\frac{(1+i)^{12} - 1}{i(1+i)^{12}}\right]\right\}$$

$$= \alpha VF\left\{\frac{12(1+i)^n}{(1+i)^n - 1} - \left[\frac{(1+i)^{12} - 1}{(1+i)^n - 1}\right]\left[\frac{(1+i)^{n-12}}{i}\right]\right\}$$

$$= \alpha VF\hat{n},$$

em que $\hat{n} = \left\{\frac{12(1+i)^n}{(1+i)^n - 1} - \left[\frac{(1+i)^{12} - 1}{(1+i)^n - 1}\right]\left[\frac{(1+i)^{n-12}}{i}\right]\right\}.$

Substituindo e simplificando, obtemos o valor financiado para que o cliente disponha da quantia líquida igual a P:

$$VF = P + \alpha VF\hat{n} \rightarrow$$

$$VF = \frac{P}{1 - \alpha\hat{n}}.$$

9.3 Operações de Crédito a Pessoas Físicas

9.3.1 Crédito direto ao consumidor

O crédito direto ao consumidor tem por objetivo financiar a aquisição de bens e serviços de pessoas físicas e jurídicas, tendo como garantia a alienação fiduciária – transferência do bem à instituição de crédito até a liquidação do débito. Em geral, o crédito direto ao consumidor é utilizado na aquisição de veículos e eletrodomésticos. Essas operações são realizadas pelas empresas de Crédito, Financiamento e Investimentos e pelos Bancos Múltiplos e Comerciais. As financeiras captam recursos por meio da colocação de LC, e os bancos múltiplos e comerciais, pela colocação de CDB.

> **Exemplo 9.3**
> Uma geladeira no valor de $ 650.00 foi adquirida para ser paga em 6 prestações mensais iguais. Sabendo-se que a taxa de juros cobrada pela loja no financiamento é de 5.0% ao mês, calcular o valor das prestações e a taxa de juros efetiva.
> Prazo médio do financiamento:
>
> $$\bar{n} = \frac{6(1+0.05)^6}{(1+0.05)^6 - 1} - \frac{1}{0.05} = 3.642 \text{ meses}.$$
>
> Valor financiado:
>
> $$VF = \frac{650}{1 - 0.00125 \times 3.642} = 652.97.$$

Valor da prestação:

$$652.97 = R\left[\frac{(1 + 0.05)^6 - 1}{0.05}\right]\frac{1}{(1 + 0.05)^6} \Rightarrow R = 128.65.$$

Taxa de juros efetiva:

$$650 = 128.65\left[\frac{(1 + r)^6 - 1}{r}\right]\frac{1}{(1 + r)^6} \Rightarrow r = 5.14\%.$$

9.3.2 Crédito pessoal

O crédito pessoal é a linha de crédito especial que os bancos colocam à disposição de seus clientes, pessoas físicas, tendo por objetivo financiar suas necessidades momentâneas de recursos.

Exemplo 9.4

Um cliente obteve um empréstimo no valor de $ 10000.00 para ser pago em 18 parcelas mensais iguais. Sabendo-se que a taxa de juros cobrada pelo banco é de 7.5% ao mês, calcular o valor da prestação e a taxa de juros efetiva.

Prazo médio das 12 primeiras prestações:

$$\bar{n} = \frac{12(1 + 0.075)}{(1 + 0.075)^{18} - 1} - \left[\frac{(1 + 0.075)^{12} - 1}{(1 + 0.075)^{18} - 1}\right]\left[\frac{(1 + 0.075)^{18-12}}{0.075}\right]\frac{1}{0.075} = 5.86.$$

Valor financiado:

$$VF = \frac{10000}{1 - 0.00125 \times 5.86} = 10073.77.$$

Valor da prestação:

$$10073.77 = R\left[\frac{(1 + 0.075)^{18} - 1}{0.075}\right]\frac{1}{(1 + 0.075)^{18}} \Rightarrow 1037.89.$$

Taxa de juros efetiva:

$$10000 = 1037.89\left[\frac{(1 + r)^{18} - 1}{r}\right]\frac{1}{(1 + r)^{18}} \Rightarrow r = 7.60\%.$$

Observe que o financiamento ocorre por 18 meses, mas o *IOF* só incide sobre as 12 primeiras prestações.

9.4 Operações de Crédito a Pessoas Jurídicas

9.4.1 Operações de *hot-money*

São empréstimos de curtíssimo prazo, concedidos pelas instituições financeiras a clientes preferenciais. Trata-se de uma linha de crédito pré-aprovada, tendo como garantia duplicatas ou notas promissórias. Nessas operações, é cobrada a taxa do *DI–over* mais um *spread* que varia de acordo com a instituição financeira.

Exemplo 9.5
Um cliente tomou, por meio de uma operação de *hot-money*, recursos por um dia junto a um banco comercial. A taxa cobrada nessa operação foi a do *DI*, de 19% ao ano mais um *spread* de 0.5% ao mês. Quanto o cliente deverá pagar ao banco no dia seguinte, sabendo-se que o montante do empréstimo foi de $ 500000.00?

Valor financiado:
$$VF = \frac{500000}{1 - \frac{0.015}{365} \times 1} = 50002.05.$$

Taxa por dia útil do *DI*:
$$i = (1 + 0.19)^{\frac{1}{252}} - 1 = 0.069\%.$$

Spread por dia útil:
$$s = (1 + 0.005)^{\frac{1}{21}} - 1 = 0.0237\%.$$

Valor de reembolso = 50002.02 (1 + 0.00069 + 0.000237) = 50048.46.

9.4.2 CAPITAL DE GIRO
Linha de financiamento colocada à disposição das empresas pelas instituições financeiras para suprir suas necessidades de capital de giro, tendo como garantia duplicatas e notas promissórias. Os prazos da operação normalmente variam de 30 a 180 dias.

Exemplo 9.6
Uma empresa tomou $ 100000.00 para capital de giro para ser pago em 6 prestações mensais por uma taxa de 60% ao ano. Calcular o valor das prestações do financiamento.

Taxa de juros mensal:
$$i = \left[(1 + 0.60)^{\frac{30}{360}} - 1\right] = 3.99.$$

Prazo médio do financiamento:
$$\bar{n} = \frac{6(1 + 0.0399)^6}{(1 + 0.0399)^6 - 1} - \frac{1}{0.0399} = 3.614 \text{ meses.}$$

Valor financiado:
$$VF = \frac{100000}{1 - 0.00125 \times 3.614} = 100453.80.$$

Prestação:
$$100453.80 = R\left[\frac{(1 + 0.0399)^6 - 1}{0.0399}\right]\frac{1}{(1 + 0.0399)^6} \Rightarrow 19156.52.$$

9.4.3 Desconto de duplicatas

Taxa de juros e taxa de desconto
No desconto de duplicatas, há que se diferenciar dois tipos de taxas. Primeiro, a taxa de desconto, que incide sobre o valor de resgate, também denominada taxa por fora, e a taxa de juros, que incide sobre o principal, ou por dentro.

Suponha que um investidor vá resgatar, dentro de 30 dias, a quantia de $ 100.00 referente a uma aplicação financeira no valor de $ 80.00 feita hoje. Portanto, os juros obtidos na operação terão sido de $ 20.00. A forma correta de calcular a rentabilidade da operação é relacionar o ganho com o capital aplicado, ou seja, a taxa de juros obtida terá sido de 25%. No entanto, a rentabilidade da operação poderá ser expressa também relacionando-se o juro obtido com o valor do resgate, ou seja, a taxa de desconto terá sido de 20%. A única operação no mercado financeiro brasileiro regida pela taxa de desconto é o desconto de duplicatas.

Desconto de duplicatas
Duplicatas são títulos de dívida de curto prazo, normalmente de dois até três meses, emitidos em operações de compra e venda de bens e serviços e que, frequentemente, são descontados antes de seu vencimento junto aos bancos, por meio da taxa de desconto. O possuidor da duplicata antecipa o recebimento do dinheiro para hoje, e o banco se encarrega de cobrar o emitente da duplicata na data estipulada nesse documento. Para o possuidor da duplicata trata-se da venda de um ativo. Para o banco, consiste em uma operação de empréstimo. O banco adianta recursos ao possuidor da duplicata, que paga ao banco com a duplicata que se encontra em seu poder. As duplicatas são descontadas pelo banco por meio da taxa de desconto que incide linearmente sobre o valor de face do título, como se fossem juros simples.

Como se trata de uma operação de empréstimo, é cobrado o *IOF* sobre o valor de face, a uma alíquota linear de 1.5% ao ano. As instituições financeiras cobram, adicionalmente, uma taxa de serviço bancário – despesas incorridas pelo banco na cobrança da duplicata –, que incide também de forma linear sobre o valor de face do título.

Desconto de uma única duplicata. Desejamos saber quanto será depositado na conta do cliente hoje, denominado valor descontado VD, sabendo-se a taxa de *desconto mensal* cobrada pelo banco d. Ou seja, o banco cobra uma taxa de desconto d que incide sobre o valor da duplicata e deposita na conta do cliente a quantia:

$$VD = VR - D \qquad (9.13)$$

em que VR é o valor de face da duplicata e D é o valor do desconto.

A taxa de desconto cobrada pelo banco incide sobre o valor de face da duplicata VR proporcionalmente ao prazo n. Logo, o desconto D é dado por:

$$D = VR\frac{d}{30}n, \qquad (9.14)$$

em que n é o número de dias para liquidação do papel.

Uma vez calculado o desconto sobre o valor de face, podemos calcular o valor descontado a ser depositado na conta do cliente, substituindo (9.14) em (9.13):

$$VD = VR\left(1 - \frac{d}{30}n\right). \qquad (9.15)$$

Como já foi observado, a taxa de juros ao mês cobrada pelo banco na operação, ou taxa de juros implícita i, deve ser calculada sobre o valor recebido ou valor descontado. Portanto, podemos escrever:

$$VR = VD(1+i)^{\frac{n}{30}}. \qquad (9.16)$$

Por meio das Equações (9.15) e (9.16), podemos estabelecer a relação entre taxa de desconto e taxa de juros implícita cobrada pelo banco:

$$(1+i)^{\frac{n}{30}} = \frac{1}{\left(1 - \frac{d}{30}n\right)}.$$

A cobrança do *IOF*, bem como dos serviços bancários, incide da mesma maneira sobre o valor de face da duplicata, ou seja, linearmente com relação ao prazo. Sendo TX a taxa de serviços bancários, podemos escrever:

$$VD = VR - D - IOF - TX. \qquad (9.17)$$

Sendo t a *taxa mensal* de serviços bancários, podemos escrever:

$$TX = VR\frac{t}{30}n. \qquad (9.18)$$

Substituindo a Equações (9.18), (9.14) e (9.2) em (9.17), obtemos o valor descontado:

$$VD = VR\left[1 - \left(\frac{d}{30} + \frac{\alpha}{365} + \frac{t}{30}\right)n\right].$$

A taxa de juros implícita cobrada pelo banco será dada por:

$$(1+i)^{\frac{n}{30}} = \frac{1}{\left(1 - \frac{d}{30}n\right)}.$$

A taxa de juros efetiva paga pelo cliente r, considerando-se os encargos bancários e a cobrança do *IOF*, será:

$$VR = VD(1+r)^{\frac{n}{30}}.$$

Exemplo 9.7
Uma duplicata para vencimento daqui a 45 dias foi descontada pelo banco a uma taxa de desconto de 4.5% ao mês. Quanto foi depositado na conta do cliente, sabendo-se que o valor da duplicata é de $ 15000.00? Qual a taxa de juros cobrada pelo banco?

$n = 45$ dias; $d = 4.5\%$ ao mês; $VR = 15000$; $VD = ?$

Valor descontado:

$$VD = 15000\left(1 - \frac{0.045}{30}45\right) = 13987.50.$$

Taxa de juros mensal implícita cobrada pelo banco:

$$15000 = 13987.50\,(1+i)^{\frac{45}{30}} \Rightarrow i = 4.77\%.$$

Exemplo 9.8
Calcular o valor descontado de uma duplicata no valor de $\$\,60000.00$ para vencimento daqui a 90 dias, sabendo-se que o banco cobra uma taxa de desconto de 3.5% ao mês e taxa de administração de 0.5% ao mês. Calcular também a taxa de juros cobrada pelo banco incluindo-se os encargos.

$VR = 60000$; $d = 3.5\%\ a.m.$; $n = 90$ dias; $t = 0.5\%\ a.m.$; $VD = ?$; $i = ?$

$$VD = 60000\left[1 - \left(\frac{0.035}{30} + \frac{0.015}{365} + \frac{0.005}{30}\right)90\right] = 52578.08.$$

Taxa de juros implícita:

$$(1+i)^{\frac{90}{30}} = \frac{1}{\left(1 - \frac{0.035}{30}90\right)} \Rightarrow i = 3.77\%\ a.m.$$

Taxa de juros efetiva:

$$60000 = 52578.08\,(1+r)^{\frac{90}{30}} \Rightarrow r = 4.50\%\ a.m.$$

DESCONTO DE VÁRIAS DUPLICATAS – PRAZO MÉDIO. No caso do desconto de várias duplicatas de um mesmo cliente, é possível obter-se uma expressão simplificada, não sendo necessário calcular o desconto de cada uma das duplicatas para se obter o desconto total e, portanto, a quantia a ser depositada na conta do cliente. Sejam m duplicatas de um mesmo cliente a serem descontadas; o desconto total será dado pela soma dos descontos de cada uma das duplicatas:

$$D = VR_1\frac{d}{30}n_1 + VR_2\frac{d}{30}n_2 + \cdots + VR_m\frac{d}{30}n_m. \tag{9.19}$$

Sendo VR a soma de todas as duplicatas, e n o prazo médio, o desconto total pode ser escrito de forma compacta:

$$D = VR\frac{d}{30}\bar{n}. \tag{9.20}$$

Igualando (9.19) e (9.20), obtemos a expressão do prazo médio:

$$\bar{n} = \frac{VR_1}{VR}n_1 + \frac{VR_2}{VR}n_2 + \cdots + \frac{VR_m}{VR}n_m.$$

O prazo médio é dado pela soma dos prazos de cada uma das duplicatas, ponderados pela participação do valor de cada duplicata no valor total das duplicatas. Portanto, o valor descontado será dado por:

$$VD = VR\left(1 - \frac{d}{30}\bar{n}\right).$$

Exemplo 9.9
Um comerciante deseja descontar cinco duplicatas nos valores de $ 5000.00, $ 10000.00, $ 7000.00, $ 15000.00 e $ 8000.00 com os seguintes prazos: 15, 20, 27, 30 e 35 dias, respectivamente. Calcular o valor depositado em sua conta, sabendo-se que a taxa de desconto mensal cobrada pelo banco é de 5%.

Valor total das duplicatas:

$$VF = 5000 + 10000 + 7000 + 15000 + 8000 = 45000.$$

Prazo médio:

$$\bar{n} = \frac{5000}{45000}15 + \frac{10000}{45000}20 + \frac{7000}{45000}27 + \frac{15000}{45000}30 + \frac{8000}{45000}35 = 26.53 \text{ dias}.$$

Valor descontado:

$$VD = 45000\left(1 - \frac{0.05}{30}26.53\right) = 43010.25.$$

Vendor e compror
São operações de financiamento da venda de mercadorias que vinculam fornecedores e compradores. No *vendor*, o vendedor recebe à vista e dá garantias ao banco, que concede ao comprador crédito para pagamento a prazo. No *compror*, é o próprio comprador quem apresenta garantias ao banco.

Exemplo 9.10
Um fornecedor acertou a venda de mercadorias no valor de $ 25000.00 para pagamento à vista. O comprador, não dispondo dos recursos à vista, obteve um financiamento junto a um banco para pagamento em cinco parcelas mensais a uma taxa de juros mensal de 5%. Calcular o valor das prestações.

Prazo médio da operação:

$$\bar{n} = \frac{5(1+0.05)^5}{(1+0.05)^5 - 1} - \frac{1}{0.05} = 3.097 \text{ meses}.$$

Valor total financiado:

$$VF = \frac{25000}{1 - 0.00125 \times 3.097} = 25097.16.$$

Prestação:

$$25097.16 = R\left[\frac{(1 + 0.05)^5 - 1}{0.05}\right]\frac{1}{(1 + 0.05)^5} \Rightarrow R = 5796.81.$$

9.5 Principais Conceitos

Operação de empréstimo: há incidência do *IOF*.

Alíquota do *IOF*: 1.5% ao ano proporcional ao prazo.

Alíquota nominal: incide sobre o valor de resgate.

Alíquota efetiva: incide sobre o valor aplicado.

Um único pagamento: *IOF* proporcional ao prazo.

Várias prestações: *IOF* proporcional ao prazo médio.

Taxa de juros implícita: taxa de juros cobrada pelo banco.

Taxa de juros efetiva: taxa paga considerando-se o *IOF*.

Crédito direto ao consumidor: aquisição de bens e serviços.

Crédito pessoal: necessidade de recursos da pessoa física.

Hot-money: empréstimos de curtíssimo prazo; taxa do *DI* + *spread*.

Capital de giro: financiamento de capital de giro.

Duplicatas: títulos de dívida emitidos em operações de compra e venda de bens e serviços.

Taxa de desconto: calculada sobre o valor de resgate.

IOF: incide sobre o valor de resgate.

Valor descontado: valor pago pelo banco pelas duplicatas.

Desconto: abatimento sobre o valor da duplicata.

Vendor* e *compror: financiamento da venda de mercadorias.

9.6 Formulário

Operação de crédito: um pagamento

IOF

$IOF = \alpha n VF.$

VALOR FINANCIADO

$$VF = \frac{P}{1 - \alpha n}.$$

TAXA DE JUROS EFETIVA

$$(1 + r)^n = \left[\frac{1}{1 - \alpha n}\right](1 + i)^n.$$

ALÍQUOTA EFETIVA DO IOF

$$(1 + \delta)^n = \frac{1}{1 - \alpha n}.$$

TAXA DE JUROS EFETIVA, ALÍQUOTA E TAXA DE JUROS NOMINAL

$(1 + r) = (1 + \delta)(1 + i).$

Operação de crédito: vários pagamentos

IOF

$$IOF = \frac{\alpha R}{i}\left\{n(1+i)^n - \left[\frac{(1+i)^n - 1}{i}\right]\right\}\frac{1}{(1+i)^n}.$$

VALOR FINANCIADO

$$VF = \frac{P}{1 - \alpha n}.$$

PRAZO MÉDIO OU *Macaulay duration*, $m \leq 12$

$$\bar{n} = \left[\frac{n(1+i)^n}{(1+i)^n - 1} - \frac{1}{i}\right].$$

PRAZO MÉDIO, $n \geq 12$

$$\bar{n} = \frac{12(1+i)^n}{(1+i)^n - 1} - \left[\frac{(1+i)^{12} - 1}{(1+i)^n - 1}\right]\left[\frac{(1+i)^{n-12}}{i}\right].$$

ALÍQUOTA EFETIVA DO IOF

$$(1 + \delta)^n = \frac{1}{1 - \alpha \bar{n}}.$$

TAXA DE JUROS EFETIVA, ALÍQUOTA E TAXA DE JUROS NOMINAL

$$(1 + r)^n = \left[\frac{1}{1 - \alpha\bar{n}}\right](1 + i)^n.$$

Desconto de duplicatas

DESCONTO

$$D = VR\frac{d}{30}n.$$

VALOR DESCONTADO SEM ENCARGOS

$$VD = VR\left(1 - \frac{d}{30}n\right).$$

VALOR DESCONTADO COM ENCARGOS

$$VD = VR\left[1 - \left(\frac{d}{30} + \frac{\alpha}{365} + \frac{t}{30}\right)n\right].$$

TAXA DE JUROS E TAXA DE DESCONTO

$$(1 + i)^{\frac{n}{30}} = \frac{1}{\left(1 - \frac{d}{30}n\right)}.$$

PRAZO MÉDIO: VÁRIAS DUPLICATAS

$$\bar{n} = \frac{VR_1}{VR}n_1 + \frac{VR_2}{VR}n_2 + \cdots + \frac{VR_k}{VR}n_k.$$

VALOR DESCONTADO: VÁRIAS DUPLICATAS

$$VD = VR\left(1 - \frac{d}{30}\bar{n}\right).$$

9.7 Leituras sugeridas

[1] DE FARO, Clóvis. *Princípios e Aplicação do Cálculo Financeiro*. 2. ed. Rio de Janeiro: Livros Técnicos e Científicos, 1995.
[2] HAZZAN, Samuel; POMPEO, José Nicolau. *Matemática Financeira*. 4. ed. São Paulo: Atual, 1993.
[3] VIEIRA SOBRINHO, José Dutra. *Matemática Financeira*. 6. ed. São Paulo: Atlas, 1997.

9.8 Exercícios

EXERCÍCIO 9.1
Calcular a alíquota efetiva mensal do *IOF* cobrada em uma operação de empréstimo de 60 dias, sabendo-se que a alíquota nominal anual é de 1.5%.   R: 0.1252%.

Exercício 9.2
Calcular a alíquota efetiva mensal decorrente do *IOF* cobrado em uma operação de empréstimo em 6 prestações mensais, sabendo-se que a alíquota nominal anual é 1.5% e a taxa de juros mensal é 3%.

Exercício 9.3
Calcular o *IOF* cobrado em uma operação de crédito de 10 prestações, sabendo-se que o valor da prestação é de $ 450.00 e a taxa de juros é 5%.   R: $ 25.63.

Exercício 9.4
Calcular o prazo médio de um conjunto de 8 prestações mensais iguais, sabendo-se que a taxa de juros mensal é 2.5%.

Exercício 9.5
Calcular a taxa de juros efetiva mensal cobrada em uma operação de empréstimo de 12 meses, sabendo-se que a taxa de juros nominal é 4.5% ao mês e a alíquota anual do *IOF* é 1.5%.   R: 4.63%.

Exercício 9.6
Um cliente obteve um empréstimo pessoal no valor de $ 5000.00 para ser pago em uma única parcela ao final de 3 meses. A taxa de juros cobrada pelo banco é de 4.5% ao mês e o *IOF* é de 1.5% ao ano. Determinar quanto deverá ser pago no vencimento do contrato e a taxa de juros efetiva paga pelo cliente.

Exercício 9.7
Uma empresa obteve um empréstimo no valor de $ 150000.00 pelo prazo de 3 dias a uma taxa de juros de 24% ao ano. Calcular quanto teve de pagar no vencimento do contrato, o total de imposto pago e a taxa de juros efetiva anual, sabendo-se que a alíquota diária do *IOF* é de 0.0041%.   R: $ 150287.62, $ 18.45 e 25.85%.

Exercício 9.8
Uma televisão no valor de $ 1250.00 foi adquirida em 12 prestações mensais iguais. Sabendo-se que a taxa de juros cobrada pela loja no financiamento é de 4.0% ao mês, calcular o valor das prestações e a taxa de juros efetiva.

Exercício 9.9
Um automóvel no valor de $ 17000.00 foi adquirido em 30 parcelas mensais iguais. Sabendo-se que a taxa de juros cobrada pela concessionária é de 2.5% ao mês, calcular o valor da prestação e a taxa de juros efetiva.   R: $ 17376.49, $ 830.21 e 2.57%.

Exercício 9.10
Por meio de uma operação de *hot-money*, foram obtidos recursos por 5 dias junto a um banco comercial. A taxa cobrada nessa operação foi a do *DI*, de 21.5% ao ano, mais um *spread* de 0.5% ao mês. Quanto deverá ser pago ao banco, sabendo-se que o montante do empréstimo foi de $ 150000.00?

Exercício 9.11
Um empréstimo para capital de giro no valor de $ 75000.00 foi obtido por uma taxa de juros anual de 25% para ser pago em 9 prestações mensais iguais. Calcular o valor das prestações do financiamento e a taxa de juros efetiva paga na operação.

R: $ 9193.65, 1.95% ao mês.

Exercício 9.12
Calcular a taxa de desconto mensal, sabendo-se que a taxa de juros é de 2.5% ao mês. A seguir, calcular a taxa de desconto mensal para uma operação de empréstimo de 3 meses com a mesma taxa de juros.

Exercício 9.13
Calcular a taxa de juros mensal, sabendo-se que a taxa de desconto é de 3.5%. Calcular também a taxa de juros para uma operação de empréstimo de 6 meses. R: 3.63% e 4.0%.

Exercício 9.14
Uma duplicata para vencimento em 35 dias foi aceita pelo banco a uma taxa de desconto de 5% ao mês. Quanto foi depositado na conta do cliente, sabendo-se que o valor da duplicata é de $ 12500.00? Qual a taxa de juros mensal cobrada pelo banco?

Exercício 9.15
Calcular quanto se recebeu pelo desconto de uma duplicata no valor de $ 45000.00 para vencimento daqui a 42 dias, sabendo-se que o banco cobra uma taxa de desconto de 4.5% ao mês e taxa de administração de 0.5% ao mês. Calcular também a taxa de juros efetiva mensal cobrada pelo banco, incluindo-se os encargos e impostos.

R: $ 41772.33 e 5.46%.

Exercício 9.16
Três duplicatas no valor de $ 15000.00, $ 12000.00 e $ 4500.00 vencíveis em 9, 18 e 27 dias, respectivamente, foram descontadas por uma taxa de desconto de 5% ao mês. Calcular o valor pago pelo banco e a taxa de juros efetiva mensal cobrada na operação.

Exercício 9.17
Uma duplicata no valor de $ 32000.00 vencível em 36 dias foi descontada junto a um banco por uma taxa de desconto de 4.5% ao mês e taxa de administração de 0.5% ao mês. Calcular quanto foi recebido pelo desconto das duplicatas e a taxa de juros efetiva mensal cobrada pelo banco, considerando-se todos os encargos, inclusive impostos.

R: $ 30032.66 e 5.43%.

Exercício 9.18
Um comerciante vendeu mercadorias no valor de $ 12500.00 para pagamento à vista. O comprador, não dispondo dos recursos, obteve financiamento junto a um banco para pagamento em três parcelas mensais a uma taxa de juros mensal de 4.5%. Calcular o valor das prestações.

Exercício 9.19
Quatro duplicatas, no valor de $ 15000.00, $ 12000.00, $ 24500.00 e $ 25000.00 vencíveis em 15, 21, 25 e 34 dias, respectivamente, foram descontadas por uma taxa de desconto de 4.8% ao mês. Calcular o valor pago pelo banco. R: $ 73396.80.

Exercício 9.20
Um comerciante adquiriu mercadorias no valor de $ 125500.00 para pagamento à vista. Não dispondo dos recursos, ele obteve financiamento, após oferecer garantias junto ao banco, para pagamento em 10 parcelas mensais a uma taxa de juros mensal de 4.2%. Calcular o valor das prestações.

Estudo de caso
Uma empresa gasta em compras de fornecedores o valor de R$ 40 milhões anuais a preço de custo. Seus fornecedores prometem 3% de desconto se a mercadoria for paga em até 10 dias, 2% se for paga em até 30 dias, e não há desconto se for paga em até 50 dias.

1. Calcule o custo efetivo e nominal de se pagar a mercadoria em até 30 dias, sendo que a operação se encerra em um ano.
2. Calcule o custo efetivo e nominal de se pagar a mercadoria em até 30 dias, sendo que a operação é repetida por tempo indeterminado.
3. Calcule o custo efetivo e nominal de se pagar a mercadoria em até 50 dias, sendo que a operação se encerra em um ano.
4. Calcule o custo efetivo e nominal de se pagar a mercadoria em até 50 dias, sendo que a operação é repetida por tempo indeterminado.

A ideia do estudo é mostrar que esse desconto proposto é muito relevante para a empresa, já que se aplica a empréstimo feito por alguns dias. Note que é desnecessária a cobrança de *IOF*, por ser uma operação real.

ÍNDICE REMISSIVO

A
Ágio, 187, 201
Alíquota
   efetiva, 214
   nominal, 214
Amortização, 91, 92, 95, 102, 107, 109
   constante, 92
Análise de investimentos
   ciclos de vida, 143
   diferentes escalas, 142
   projetos excludentes, 140
   replicação de projetos, 145
Análise de risco, 146
Ao par, 187, 188, 201
Avaliação de projetos, 124

C
Caderneta de poupança, 31, 165
Capacidade de poupança, 107
Capital de giro, 218
Capitalização
   contínua, 15, 20
   discreta, 15
   instantânea, 21, 31
   periódica, 5, 6, 8–11, 22, 31
CDB, 192–194, 196
CDI, 192
Cetip, 192
Commercial papers, 198
Comparação entre sistemas *SAC* e *Price*, 106
Compror, 222
Consistência de juros, 25
Cupom, 188–191
Curto prazo, 91, 168, 183, 200

D
Debêntures, 198
Deságio, 187, 201
Desconto
   valor do resgate, 219
Dia útil, 3, 162
Dinâmica da *TIR*, 127
Duration, 150

E
Empréstimo, 36, 91, 111, 209–211
Equação de Fisher, 167, 169
Eurobonds, 201

F
Fator de acumulação de capital, 6, 34
Fator recuperação do capital, 36
Fator valor atual, 35
Fluxo de caixa
   convencional, 125
   crescente, 46
      aritmético, 42
      geométrico, 47
   decomposto, 46
   decrescente
      linear, 44
   líquido, 134
   não convencional, 125
   real, 170
   uniforme, 33, 38
   variável, 40
Função contínua, 63, 64, 66, 68
Função exponencial, 14
Função linear, 64, 66

Função taxa de desconto, 126
Função valor futuro, 10
Função *VPL*, 136
Fundo de amortização, 93

I
IBGE, 190
IGPM, 191
Imposto de renda na fonte, 194
Indexador, 95, 196
Índice de preços, 168, 170, 190, 191
Índice de rentabilidade, 122, 138, 142
Índice de Sharpe, 152
Inversão de sinais, 125
IOF, 209, 210, 212, 220
IPCA, 190

J
Juros
  comercial, 3, 160
  compostos, 9
  contagem do número de dias, 160
  contínuos, 5, 55
  equivalentes, 8, 19, 20, 22
  exato, 3, 160
  simples, 5
    incindibilidade, 23
    inconsistência, 23

L
LFT, 187
Longo prazo, 91, 168, 183, 188, 198, 201
LTN, 186, 193

M
Método Newton–Raphson, 130, 171
Modelo
  contínuo, 23
  discreto, 23

N
Nota promissória, 200
NTN, 188
NTN-B, 190
NTN-C, 191
NTN-D, 191
NTN-F, 188

O
Open Market, 184
Overnight, 184

P
Pagamentos
  contínuos, 31
  discretos, 31
Payback
  contábil, 146
  descontado, 148
Periodicidade de juros e capitalização, 7, 11
Poupança, 3, 121
Prazo
  fracionário, 23
Prazo de aplicação, 6
Prazo de pagamento, 209
Prazo de recuperação do capital, 146, 149
Prazo fracionário, 147
Prazo médio, 150, 214, 221
Preços de ações, 85
Progressão
  aritmética, 5, 31, 42, 45, 103, 104
  geométrica, 31, 32, 47, 48, 55, 61, 172
    crescente, 33
    decrescente, 33
    infinita, 145
    soma dos termos, 33
Projetos de investimento, 123, 126, 135, 138, 140, 142

R
Razão custo-benefício, 138
Regra de decisão, 124, 136
Regra de Descartes, 125
Regra de L'Hôpital, 15, 77, 80
Regra dos banqueiros, 161
Retorno
  média, 151
  variância, 151

S
Selic, 160, 185, 192, 193
Série
  contínua
    depósitos contínuos e capitalização instantânea, 83, 84
    uniforme, 63, 76
  finita, 31
  gradiente, 42
    crescente, 42, 58, 77, 80
    decrescente, 44, 59, 77
  infinita, 31, 75
    capitalização instantânea, 79
    depósitos discretos e capitalização instantânea, 80, 81

depósitos e capitalização discretos, 78
   inflação, 173
progressão
   aritmética, 64, 66
   geométrica, 47, 61, 68
uniforme, 31
   antecipada, 38, 57
   depósitos contínuos, 82
   postecipada, 33
   valor inicial diferente da razão, 46, 60
   variável, 40
Sinking-fund, 93
Sistema de amortização
   alemão, 108
      equações, 112
         soma contábil, 113
         soma financeira, 114
   americano, 92
   francês, 94
      equações, 96
         soma contábil, 98
         soma financeira, 100
   hamburguês, 101
      equações, 102
         soma contábil, 104
         soma financeira, 105
   Price, 92
   SAC, 101
   SAP, 108
SND, 198

T
Tabela
   americana, 93

Tabela *Price*, 94, 210
Tabela *SAC*, 101
Tabela *SAP*, 110
Taxa de desconto, 219
Taxa de inflação, 166, 167, 169
   variável, 170
Taxa efetiva de juros, 111, 165, 210
Taxa interna de retorno, 123
Taxa interna de retorno modificada, 133
Taxa nominal de juros, 165–167, 169
Taxa por dentro, 219
Taxa por fora, 219
Taxa real de juros, 166, 167, 169
TBF, 198
TIR, 123, 125
TIRM, 134
Títulos públicos, 186
TR, 196, 199

U
Unicidade da taxa interna de retorno, 125

V
Valor da função, 131
Valor de face, 187
Valor presente líquido, 135
Vendor, 222
VPL, 135

Y
YTM (yield to maturity), 137

Z
Zero cupom, 183

Impressão e acabamento
psi7 | book7

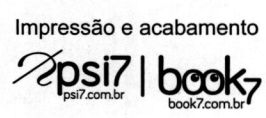